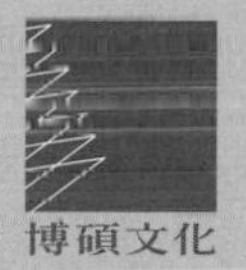
博碩文化

博碩文化

Notion 與 Notion AI 全能實戰手冊

生活、學習與職場的智慧策略

吳燦銘 著

Notion完全解析 由淺入深，從核心特性到獨特優勢，一書掌握Notion與Notion AI的所有要點。

全方位應用領域 結合日常生活管理、學習成就與職業技巧，打造個人化Notion策略，提升工作效率與生活品質。

互動實例操作 提供豐富的範例與實用技巧，讓您輕鬆掌握Notion的各種功能！

AI功能應用指南 揭密Notion AI，從基礎到進階，提升工作效率、學習成就，發現Notion與AI的巧妙結合。

本書如有破損或裝訂錯誤，請寄回本公司更換

作　　者：吳燦銘
責任編輯：魏聲圩

董 事 長：曾梓翔
總 編 輯：陳錦輝

出　　版：博碩文化股份有限公司
地　　址：221 新北市汐止區新台五路一段 112 號 10 樓 A 棟
　　　　　電話 (02) 2696-2869　傳真 (02) 2696-2867

發　　行：博碩文化股份有限公司
郵撥帳號：17484299　戶名：博碩文化股份有限公司
博碩網站：http://www.drmaster.com.tw
讀者服務信箱：dr26962869@gmail.com
訂購服務專線：(02) 2696-2869 分機 238、519
（週一至週五 09:30 ～ 12:00；13:30 ～ 17:00）

版　　次：2024 年 4 月初版一刷

建議零售價：新台幣 560 元
I S B N：978-626-333-839-5
律師顧問：鳴權法律事務所 陳曉鳴律師

國家圖書館出版品預行編目資料

Notion 與 Notion AI 全能實戰手冊：生活、學習與職場的智慧策略 / 吳燦銘著 . -- 初版 . -- 新北市：博碩文化股份有限公司 , 2024.04
　面；　公分

ISBN 978-626-333-839-5 (平裝)

1.CST: 套裝軟體

312.49　　113005072

Printed in Taiwan

博碩粉絲團　歡迎團體訂購，另有優惠，請洽服務專線 (02) 2696-2869 分機 238、519

序

這是一本解析 Notion 及其 AI 功能的全面指南。這本書從基礎介紹開始，涵蓋了 Notion 的各種面向，包括功能簡介、設計元素與內容編輯、資料管理、資料庫實用的輔助功能，以及更進階的應用場景，例如日常生活管理、學業應用和職場實用技巧等。每一章節都提供了豐富的實例和操作指引，希望能夠為您在 Notion 的世界中找到更多可能性。

第一章帶你探索 Notion 的基本架構，解析 Notion 的發展歷程與獨特優勢及簡介 Notion 的使用者介面，讓你快速上手 Notion 的基礎操作。第二章介紹 Notion 的基礎：頁面、區塊與模板，第三章重心在探索 Notion 的設計元素與內容編輯，並掌握多媒體元素的創意運用。

第四章則討論 Notion 的資料管理，包括 Notion 資料庫的基礎、資料庫的建立與管理技巧及 Notion 支援的資料庫區塊類型。第五章專注介紹如何在 Notion 中利用各種實用工具來增強資料庫的功能。從篩選器及排序工具的應用，到 Notion Automation 的自動化，每一個小節都詳細探討了各種功能的使用方法。例如，資料庫模板清單介紹了如何利用預設模板快速新增資料，而同步區塊則解釋了如何在不同頁面間同步區塊內容。此外，還有關於 Notion Button 的使用、Relation 與 Rollup 的建立，以及自動化功能的介紹。本章內容豐富，適合想要更深入了解 Notion 資料庫功能的讀者。

第六章則提供日常生活的智慧型管理策略，包括日常生活追蹤看板、時間規劃、財務規劃等，助你提升生活品質。第七章深入 Notion 的學習應用，教你設計全域學習系統、整理閱讀清單與筆記，並提供學術研究工作站的使用指南。第八章則集中在職場應用，從數位履歷製作到任務與項目管理，助你在職業生涯中更具競爭力。

第九章是 Notion AI 的革命，解析 Notion AI 的功能、與 ChatGPT 的區別，並提供 AI 在生活、學習和職場中的應用實例。最後一章探討 Notion 的未來發展潛力，並提供豐富的學習資源，幫助各位讀者不斷提升進階應用的能力。

隨著 Notion 不斷發展和更新，我們也將不斷學習和探索，保持與時俱進。希望這本書能夠成為您在 Notion 旅程中的良師益友，伴隨您不斷進步和成長。

本書雖然校稿時力求正確無誤，但仍惶恐有疏漏或不盡理想的地方，誠望各位不吝指教。

目錄

第 1 章／Notion 功能簡介

第 2 章 Notion 的基礎—頁面、區塊與模板

第 3 章 Notion 的設計元素與內容編輯

第 4 章 / Notion 的資料管理

第 5 章／資料庫實用的輔助功能

第 6 章／Notion 生活策略—日常生活的智能管理

第 7 章／Notion 學習好幫手—學術成就的加速器

第 8 章 / Notion 職場進階：職業生涯的實用技巧

第 9 章 ／ Notion AI 革命—人工智慧的工作伙伴

第 10 章／Notion 的未來航道與成長資源

NOTE

第 1 章

Notion 功能簡介

Notion 是一款革命性的筆記應用程式，自 2016 年在美國舊金山誕生以來，可能在全球已吸引了超過 3000 萬用戶，而且人數持續在增加中。表面看來，Notion 似乎只是一個普通的筆記工具，但其實功能遠不止於此。它的多功能性表現在不僅能夠整合各類筆記，還能夠管理知識資料庫、協調專案、處理資料，以及追蹤日常生活中的各種任務。這款多合一的整合工具廣泛支援各大作業系統，包括 Windows、MacOS、iOS 和 Android，並提供離線編輯的便利。舉例來說，使用者可以在 Notion 中同時追蹤個人的學習計劃、商務會議記錄以及家庭事務，使它成為市面上極具人氣的筆記軟體之一。本章將從多角度深入解析 Notion，包括其核心特性、發展歷程，以及它在個人和團隊生產力中的獨特定位。

1-1 概述 Notion 的核心特性

在這個數位化迅速發展的年代，有效的知識管理和生產力提升工具變得越來越重要。Notion 以其獨特的設計和強大的功能組合，在生產力工具市場中顯得特別突出。

Notion 本質上是一個多功能的數位筆記本，其使用範圍遠超出一般文字處理。它不僅支援文字輸入，還能夠輕鬆插入圖片、音訊、影片甚至附件，其多媒體整合功能使其成為一個極具彈性的工具。在這個資訊爆炸的時代，Notion 特別適合用作收集和整理各種資訊的平台，無論是個人的學習筆記、工作會議記錄還是日常生活的隨手記錄。更加引人注目的是，Notion 提供了從其他筆記軟體匯入資料的功能，讓使用者可以無縫轉換，將以前的資料輕鬆整合到 Notion 中，增強了其實用性和便捷性。這使得 Notion 不僅是一個筆記工具，更是一個綜合性的知識管理系統。

▲ Notion 提供從其他筆記軟體匯入資料的功能

對於經常使用電腦進行工作和記錄的使用者來說，常見的記錄工具如 Google Doc、Word 和備忘錄等都有其局限性。這些工具雖然在文字處理方面表現優異，但往往在其他功能上存在限制。這時，全面的 Notion 就顯得尤為突出，因為它集合了所有這些功能於一身。無論是要加入多媒體元素，如圖片和影片，還是需要進行複雜的文件排版，Notion 都能輕鬆應對。例如，市場行銷人員在製作產品介紹時，可以在 Notion 中融合文字介紹、產品圖片、宣傳影片和詳細的 PDF 附件，打造一個豐富且吸引人的展示文件。這樣的多功能整合，使 Notion 成為文件處理和資訊整合的強大工具。

本節我們將深入探討 Notion 的幾個核心特性，並說明這些特性如何幫助提升工作效率和知識管理。

以區塊為基礎的內容管理

Notion 的一大亮點是以區塊為基礎（block-based）的內容管理方式。使用者可以在一個頁面中，透過不同的區塊來整合文字、圖片、清單、程式碼、甚至嵌入其他網頁內容。例如，一名行銷企劃人員可能在一個頁面中組織產品的市場分析（文字區塊）、顧客回饋（表格區塊）、競品分析（嵌入網頁區塊），以及行銷策略草稿（待辦事項清單區塊）。這樣的組合不僅讓資訊整合得更高效，也讓管理和查看資訊變得更直觀。

▲ Notion 提供多種區塊協助頁面的編輯工作

強大的資料庫功能

Notion 的資料庫功能是其另一個重點。使用者可以建立多種類型的資料庫，像是表格、看板、日曆，甚至混合多種顯示方式。舉例來說，一家新創公司可以使用 Notion 建立一個項目管理資料庫，包括每一個任務的狀態（例如：進行中、已完成）、負責人、截止日期等。透過設定不同的檢視，如看板檢視來追蹤任務進度，或日曆檢視來查看即將到來的截止日期，使得項目管理更為高效和清晰。

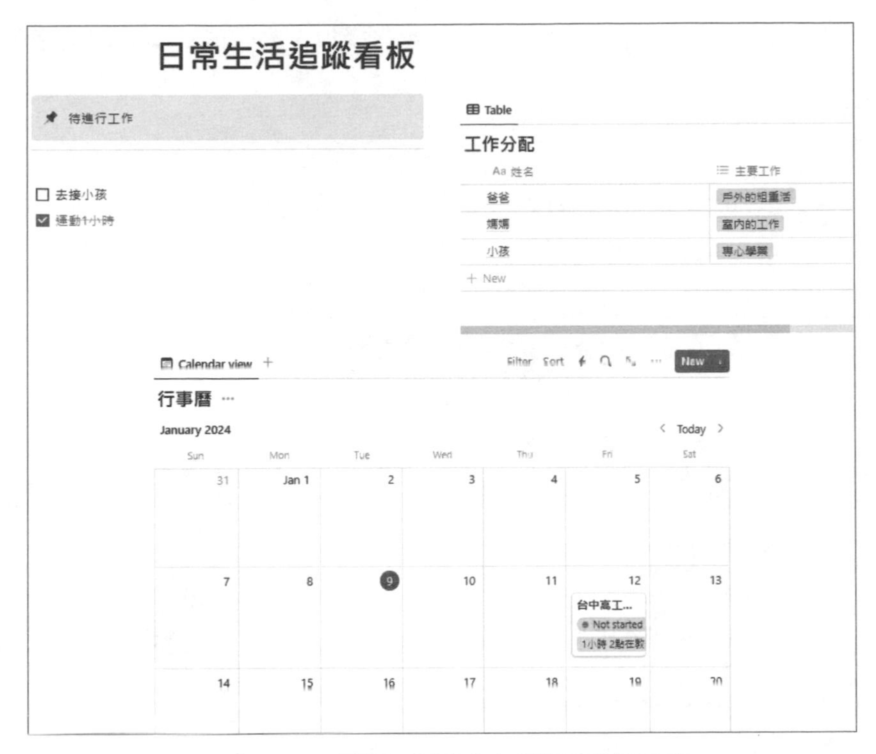

▲ 在 Notion 頁面可以建立多種類型的資料庫

高效的時間和任務管理工具

作為一名負責專案管理的經理，高效的時間和任務管理工具是您工作中不可或缺的部分。在 Notion 中，「看板畫面」和「時間軸（Timeline）」功能為專案管理者提供了極大的便利。這些功能允許您在同一個資料庫中從不同的視角查看和追蹤各個專案的進度，無論是分配給不同負責人的任務還是多重專案的進展。例如，您可以在看板畫面中對各個階段的任務進行視覺化管理，並透過切換到時間軸檢視來檢視整體專案的時間安排和進度。這樣的多視角功能，使得 Notion 成為專案管理者在繁忙工作中的得力助手，幫助您更有效地協調和監控專案進展。

模板的多元化與客製化

Notion 提供了豐富的模板庫，覆蓋從任務管理、筆記、知識庫到行事曆等各種用途。使用者不僅可以使用現成的模板，還可以根據自己的需求進行客製化。例如，一名大學生可以使用 Notion 來建立個人學習計畫，包含課程筆記模板、作業

追蹤表格、以及考試準備時間表。透過客製化模板，學生能更有效地管理學習資源和時間。

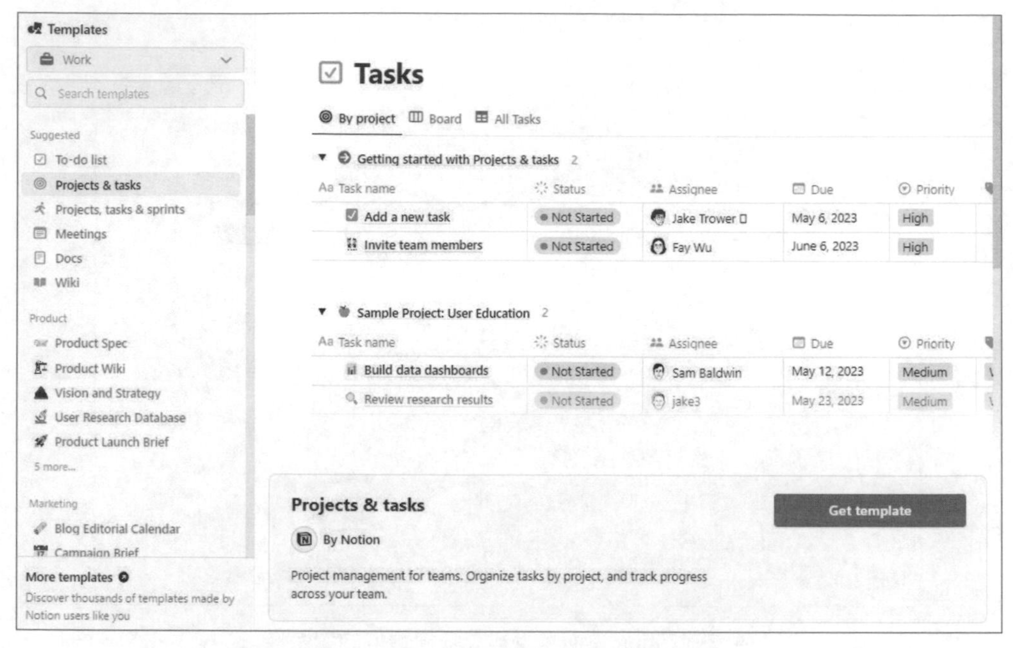

▲ Notion 提供了豐富的模板庫

連結和關聯的應用

Notion 中的頁面和資料庫項目可以輕鬆互相連結，甚至建立關聯。這讓資訊的串連和參照變得極為方便。舉例來說，一名產品經理可以在 Notion 中建立一個產品路線圖的頁面，並將其連結到相關的市場分析報告或設計文件。如此一來，團隊成員可以輕鬆地從路線圖存取到所有相關資訊，使得資訊溝通更流暢。

使用者體驗的簡潔與直觀

最後，Notion 在使用者體驗設計上也表現卓越。其簡潔且直觀的使用者介面，讓新使用者可以快速上手，即便是資訊量龐大的頁面，也能保持清晰和易於導航。這對於節奏快速且多任務的工作環境來說，是一大優勢。

總結來說，Notion 憑藉其靈活的區塊式內容管理、強大的資料庫功能、豐富的模板選擇、有效的連結與關聯應用，以及出色的使用者體驗設計，在提升工作效率和知識管理方面發揮巨大的作用。這些特性使它成為不同行業和不同需求使用者的理想選擇。

1-1-1 Notion 的發展歷程

要深入了解 Notion 這個工具，就必須從它的發展歷程開始著手。Notion 的歷程不僅展現了創新精神，也反映了當代數位工作環境的演變與需求。接下來，我將帶領大家回顧 Notion 從初創概念到成為當今生產力工具巨頭的發展軌跡。

Notion 的故事始於 2013 年，創辦人 Ivan Zhao 當時構想出一款集筆記、任務管理、資料庫以及文件編輯等多功能於一身的工具。這個想法源自一個簡單的問題：為什麼我們需要使用多個不同的應用程式來處理工作中的各種事項？是否有可能有一個一站式的解決方案？

經過幾年的開發，Notion 於 2016 年對外推出。起初，它以簡潔的使用者介面和強大的功能迅速吸引了許多早期採用者的關注。隨著使用者基礎的擴大，Notion 開始受到更廣泛的關注，尤其是在個人生產力和團隊協作領域。

隨著時間的推移，Notion 不斷增加和完善其功能。例如，推出了資料庫檢視功能，讓使用者可以用不同的方式（如清單、看板、日曆等）來展示同一份資料。這樣的創新讓 Notion 不僅僅是一個筆記應用，更成為了一個多功能的工作和知識管理平台。

以一家新創公司為例，他們使用 Notion 來管理專案，建立了一個涵蓋市場分析、產品開發進度和客戶回饋的資料庫。每位團隊成員都可以即時更新資訊，並透過自定義模板來生成報告。這種方式不僅提升了工作效率，也增強了團隊間的溝通和協作。

隨著使用者和市場的認可，Notion 開始吸引全球的關注。它的使用者群組從個人使用者擴展到企業團隊，甚至教育機構。憑藉其高度客製化和強大的整合能力，Notion 成為許多組織和個人不可或缺的工具。

如今，Notion 仍在不斷進化中，持續增加新功能和改善使用者體驗。它不僅僅是一個產品，更代表了一種推動數位工作和協作方式邁向新高度的理念。隨著遠端工作和數位化管理的趨勢，Notion 的未來前景看似更加光明。

總結來說，Notion 的發展歷程不僅是技術創新的故事，也是對現代工作方式需求的深刻洞察與回應。從一個小型創意到成為全球知名的生產力平台，Notion 證明了一個好的構想，配合持續的創新和完善，可以真正改變人們的工作與生活方式。

1-1-2 Notion 在個人和團隊生產力中的地位

Notion 的出現不僅僅是生產力工具市場的一次創新，更是對個人和團隊工作方式的一次深刻變革。在這個小節中，我們將來探討 Notion 在當代生產力領域的地位，以及它如何影響個人和團隊的工作模式。

個人生產力的革新

對於個人使用者來說，Notion 提供了一個集中化、高度可客製化的工作空間。使用者可以在同一平台上進行日程安排、筆記記錄、任務追蹤，甚至建立個人資料庫。舉例來說，一位自由撰稿人運用 Notion 來追蹤不同客戶的稿件進度、記錄研究資料和撰寫文章。Notion 的多樣化模板和資料庫功能讓她能夠輕鬆整合所有資訊，因此提高工作效率。

團隊協作的重塑

在團隊協作方面，Notion 徹底改變了傳統的工作流程。它讓團隊成員能夠在同一平台共享文件、共同編輯和追蹤項目進度。例如，一家科技公司使用 Notion 來計劃產品開發的各個階段、分配任務和監控進度。透過建立共享的知識庫和項目管理系統，Notion 幫助該團隊實現了資訊的透明化和工作流程的效率化。

整合多功能工具的優勢

Notion 結合了筆記、任務管理、資料庫和協作工具於一身，提供了全方位的生產力解決方案。這種一站式的特點使得它在個人和團隊生產力領域中佔有一席之地。無論是自由職業者、學生還是企業團隊，都能在 Notion 中找到適合自己的工作模式。

在教育領域的應用，現在有許多學校和教育工作者也開始採用 Notion。以大學授課為例，他們利用 Notion 來管理課程資源、學生作業和研究項目。教師與學生透過共享的頁面進行互動，並運用 Notion 的資料庫功能來整理學習資料，這不僅提升了教學和學習的效率，也豐富了教學方式。

總之 Notion 在個人和團隊生產力方面的地位，得益於其靈活性、多功能性以及友好的使用者體驗設計。它不只改變了我們管理工作和知識的方式，也促進了協作和溝通方式的進步。隨著數位化工作環境的不斷發展，Notion 的角色和影響力將持續擴大。

1-2 為什麼選擇 Notion

在眾多的生產力工具中，選擇一款適合自己的工具對於提升工作和學習效率至關緊要。Notion 以其獨特的特性和強大的功能，在這個領域中脫穎而出，成為許多人的首選。接下來，我們將深入了解 Notion 與其他生產力工具的比較，以及它的獨特優勢。

1-2-1 Notion 與其他生產力工具的比較

在眾多生產力工具中，Notion 是如何脫穎而出的？本小節將比較 Notion 和其他主流工具，揭露其競爭優勢和不同之處。

Notion 在生產力工具中的獨特之處，在於它將筆記、任務管理、資料庫、以及協作功能整合於一身。相較於其他工具，如 Evernote 主打筆記，Trello 專注於看板任務管理，Notion 則提供了更全面的解決方案。例如，一名專案經理在使用 Notion 時，可以在同一平台上記錄會議筆記、追蹤任務進度，並管理項目相關文件，而不需要在多個應用軟體間切換。

提示（prompt）詞

Trello 是什麼軟體？

ChatGPT 回答內容

ChatGPT

Trello 是一款專注於項目管理和團隊協作的軟體。它使用了看板（Kanban）風格的界面，讓用戶能夠輕鬆地組織任務和項目。以下是Trello的一些主要特點：

1. **看板式佈局**：Trello 的界面包含多個看板，每個看板代表一個項目。在每個看板中，您可以創建多個列表，以表示不同階段或類別，如「待辦事項」、「進行中」、「已完成」等。
2. **卡片系統**：在列表中，您可以添加卡片來代表任務或事項。這些卡片可以包含詳細信息，如截止日期、附件、評論和標籤。
3. **協作功能**：Trello 允許多個用戶協作，用戶可以共享看板、分配任務給團隊成員，並追蹤項目進展。
4. **自定義和靈活性**：用戶可以根據自己的需要自定義看板和卡片，例如添加自定義標籤、設置提醒等。
5. **集成其他應用**：Trello 可以與其他應用程序集成，例如 Slack、Google Drive、Dropbox 等，從而提高工作效率。
6. **跨平台使用**：Trello 可以在網頁版、iOS 和 Android 應用中使用，方便用戶隨時隨地訪問和管理他們的項目。

Trello 適用於各種規模的團隊和個人，從小型項目到大型企業的項目管理都很有用。由於其直觀的界面和強大的自定義功能，它在世界各地的用戶中非常受歡迎。

1-2-2 Notion 的獨特優勢

本小節將深入探討 Notion 的特色功能和獨有的使用體驗，解釋為何它能在眾多工具中脫穎而出。Notion 受到廣泛好評的原因，源於它的幾個獨特優勢：

- **全面性與一體化**：Notion 結合了筆記、任務管理、資料庫和協作工具於一體，提供了一站式的工作解決方案。這讓使用者無需在不同應用間切換，大大提升了工作效率。
- **高度客製化**：Notion 允許使用者按照自己的需求來訂製頁面和資料庫。例如，一名教師可以建立一個課程計劃資料庫，包括課程安排、學生名單和考試成績，並根據需要調整顯示格式和排序方式。
- **強大的協作功能**：Notion 支援團隊協作，成員可以共享頁面、同時編輯和留下評論。這對於遠端工作和團隊項目管理特別有用。
- **易用性與直觀性**：即使是功能豐富，Notion 的使用者介面仍然直觀易用，使得新用戶可以迅速上手。
- **多平台支援**：Notion 支援跨平台使用，無論是在電腦還是移動設備上，使用者都能無縫接軌自己的工作空間。

綜上所述，Notion 以其全面性、客製化能力、協作功能、易用性和多平台支援，在眾多生產力工具中脫穎而出，為個人和團隊提供了強大的生產力支援。這些特點讓它不僅適用於個人用途，也適合企業和教育機構等不同類型的團隊使用。

1-3 Notion 軟體的收費方案

Notion 提供了不同的定價計劃，以下是各種收費方案的摘要重點：

方案名稱	此方案的摘要重點
第一種：免費方案	• 個人無限區塊 • 團隊有限區塊試用 • 7 天頁面歷史 • 邀請最多 10 位訪客

方案名稱	此方案的摘要重點
第二種：Plus 方案（每用戶 / 月 $8，按年計費；按月計費則為 $10）	• 團隊無限區塊及檔案上傳 • 30 天頁面歷史 • 邀請最多 100 位訪客
第三種：商業方案（每用戶 / 月 $15，按年計費；按月計費則為 $18）	• 高級功能，如 SAML SSO、私人團隊空間、批量 PDF 匯出、進階頁面分析 • 90 天頁面歷史 • 邀請最多 250 位訪客
第四種：企業方案（自訂價格）	• 進階控制與支援、用戶配置、審計日誌、無限頁面歷史、安全與整合性高

有關詳細資訊及其他功能，請參考 Notion 官方網址所提供最新的收費資訊。

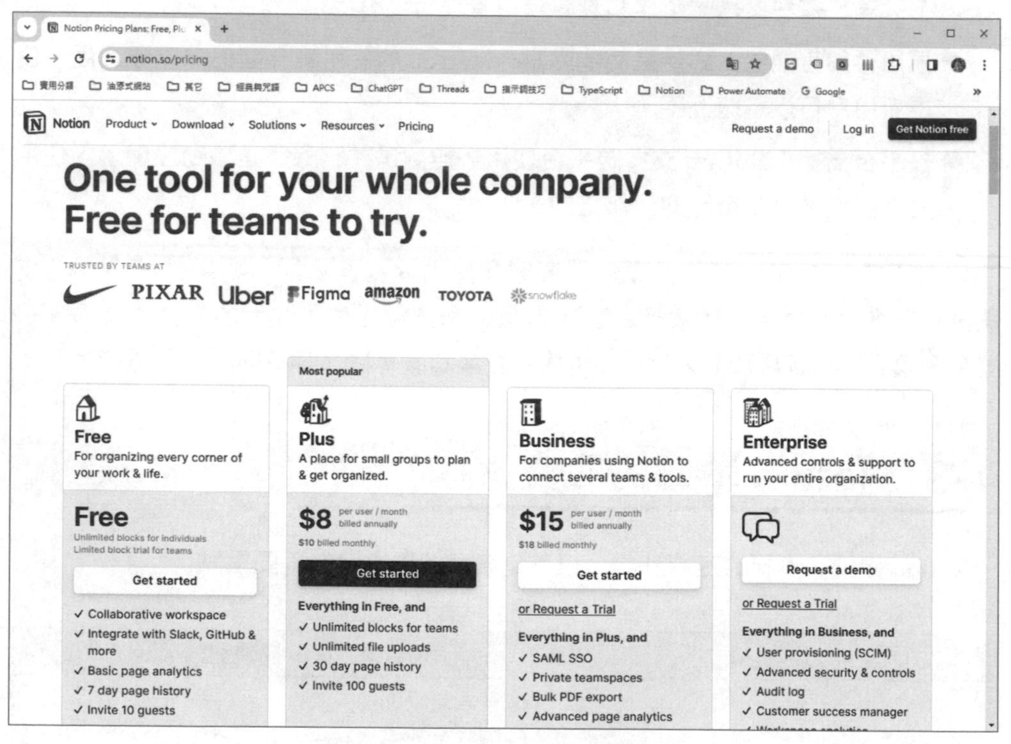

▲ https://www.notion.so/pricing

1-4 如何 Notion 註冊、下載和登錄

Notion 提供了三種便利的註冊方法，適合不同使用者的需求。您可以選擇透過 Google 帳戶、Apple 帳戶，或者直接使用電子郵件進行註冊。

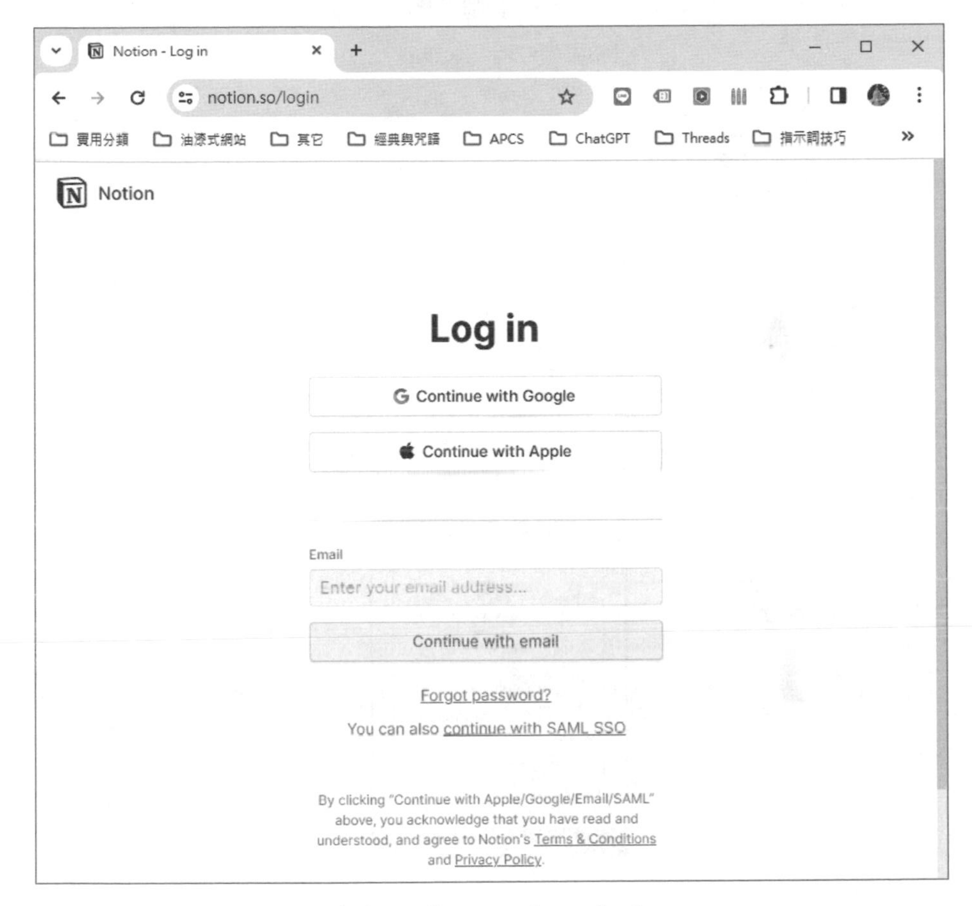

▲ https://www.notion.so/login

1-4-1 Google 帳戶註冊

當您選擇以 Google 帳戶註冊時，首先點選「continue with Google」選項，然後從您的 Google 帳號中選擇一個進行登入。過程中，您會被要求選擇您的使用身份和目的。最後，根據您的需求，您可以選擇「團隊使用」、「個人使用」或「學校使用」。如果您主要用於個人記錄和管理，則選擇「個人使用」即可。

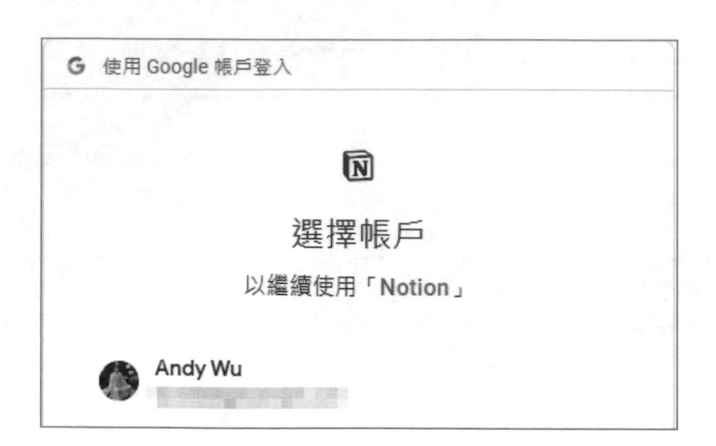

使用 Google 帳戶登入
選擇帳戶
以繼續使用「Notion」
Andy Wu

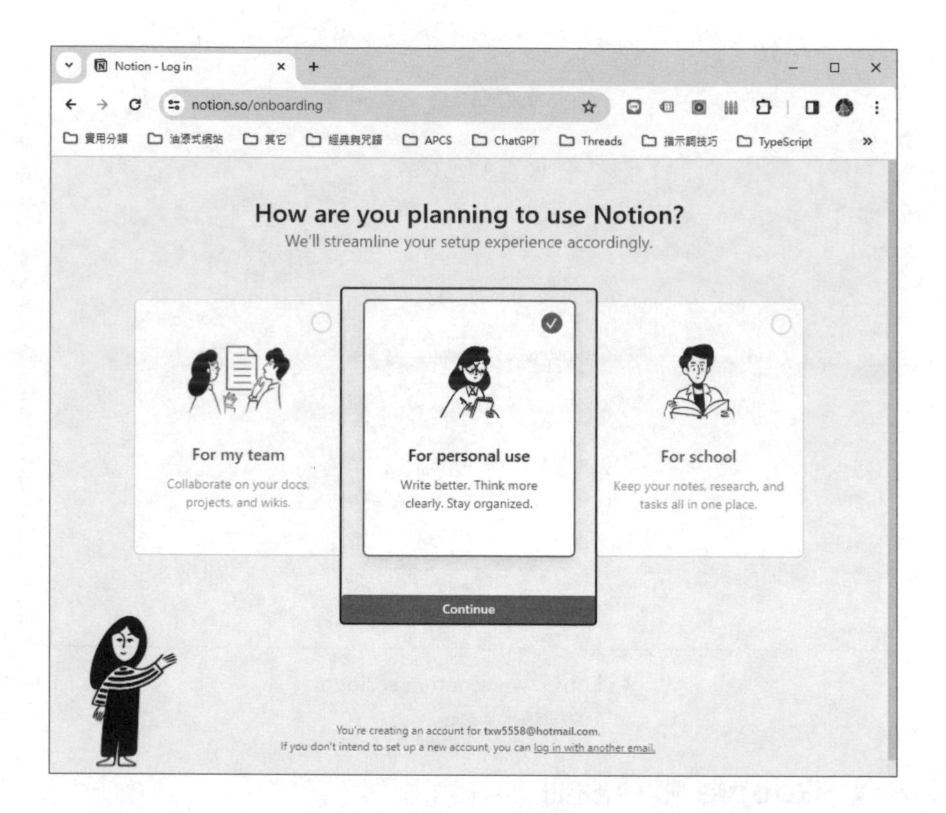

Notion - Log in
notion.so/onboarding
APCS
ChatGPT
Threads
TypeScript
How are you planning to use Notion?
We'll streamline your setup experience accordingly.
For my team
Collaborate on your docs, projects, and wikis.
For personal use
Write better. Think more clearly. Stay organized.
For school
Keep your notes, research, and tasks all in one place.
Continue
You're creating an account for txw5558@hotmail.com.
If you don't intend to set up a new account, you can log in with another email.

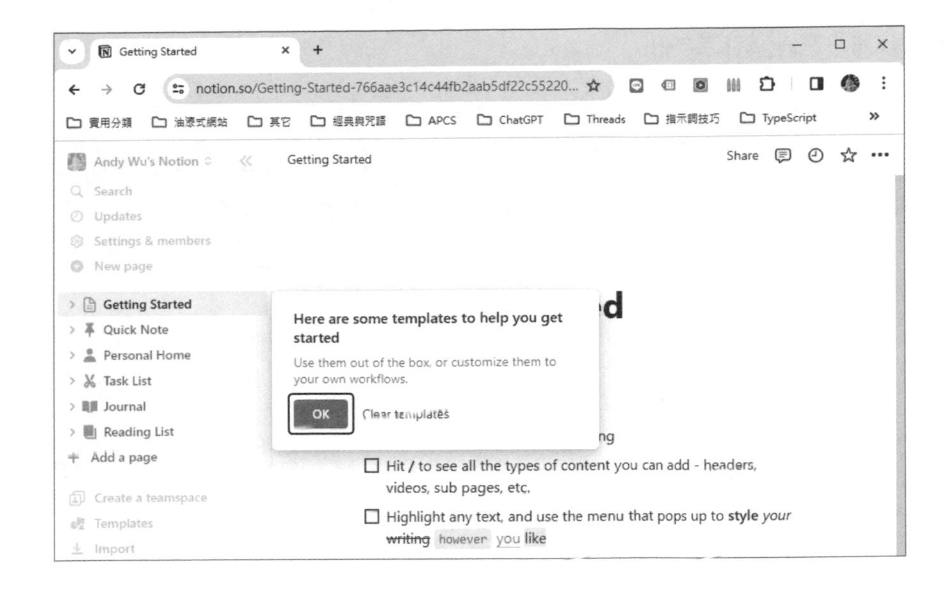

1-4-2 Apple 帳戶註冊

如果您偏好使用 Apple 帳戶，請點選「continue with Apple」。完成雙重驗證後，您同樣需要選擇使用身份和目的，並在最後選擇「團隊使用」、「個人使用」或「學校使用」。如果您主要用於個人記錄和管理，則選擇「個人使用」即可。

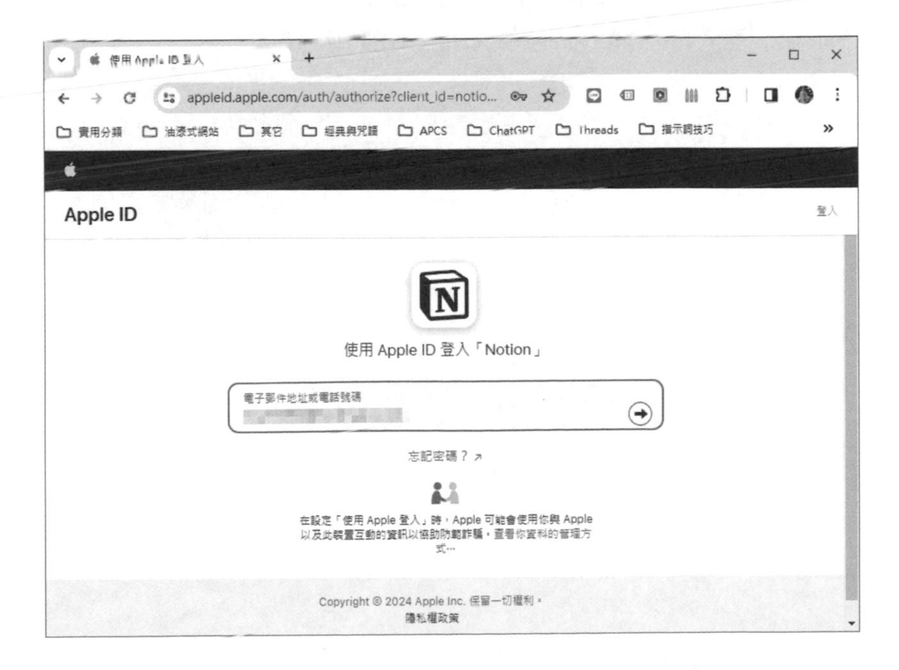

1-4-3 Email 註冊

另一個選項是直接使用您的電子郵件進行註冊。在「enter your email address」處輸入您的郵件地址，並點擊「continue with email」。完成電子郵件驗證後，按照指引選擇身份和用途，並在最後選擇適合您的使用類型。

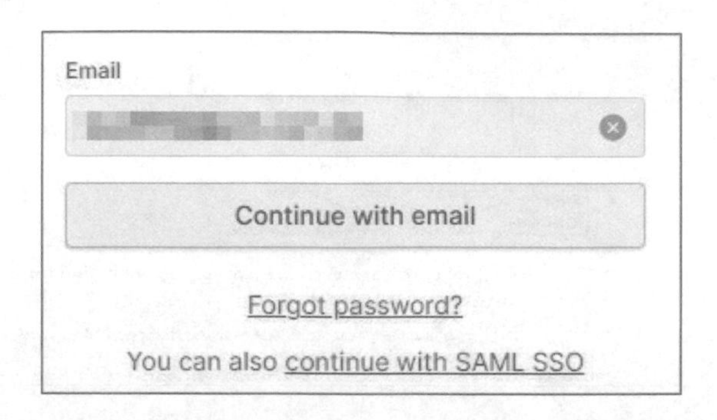

另外 Notion 的安裝和下載也相當方便，提供網頁版、電腦版和手機 APP 三個版本，讓您可以隨時隨地進行編輯和管理：

1-4-4 電腦版下載

於官方網站下載頁面，根據您的作業系統選擇 Mac 或 Windows 版本下載。下載並安裝完成後，登入您的 Notion 帳號即可開始使用。

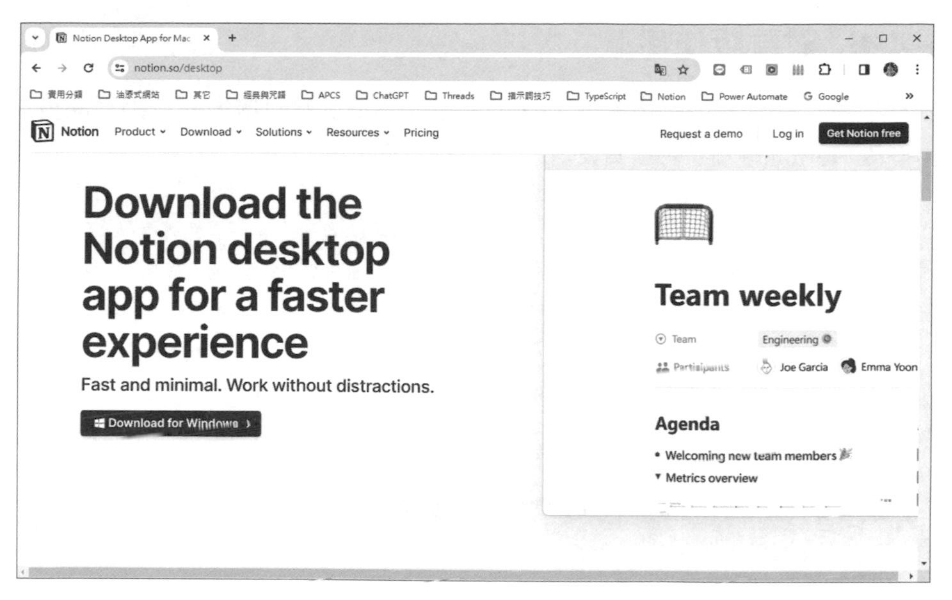

▲ https://www.notion.so/desktop

1-4-5 手機版下載

手機用戶可以在 Android 或 iOS 應用商店中找到 Notion APP。下載後，輸入您的帳號和密碼即可開始在手機上使用 Notion。

1-4-6 網頁版使用

對於無法下載軟體的使用者，Notion 提供了方便的網頁版。您只需在網頁瀏覽器中登入 Notion 帳號，即可直接在網頁上進行操作。

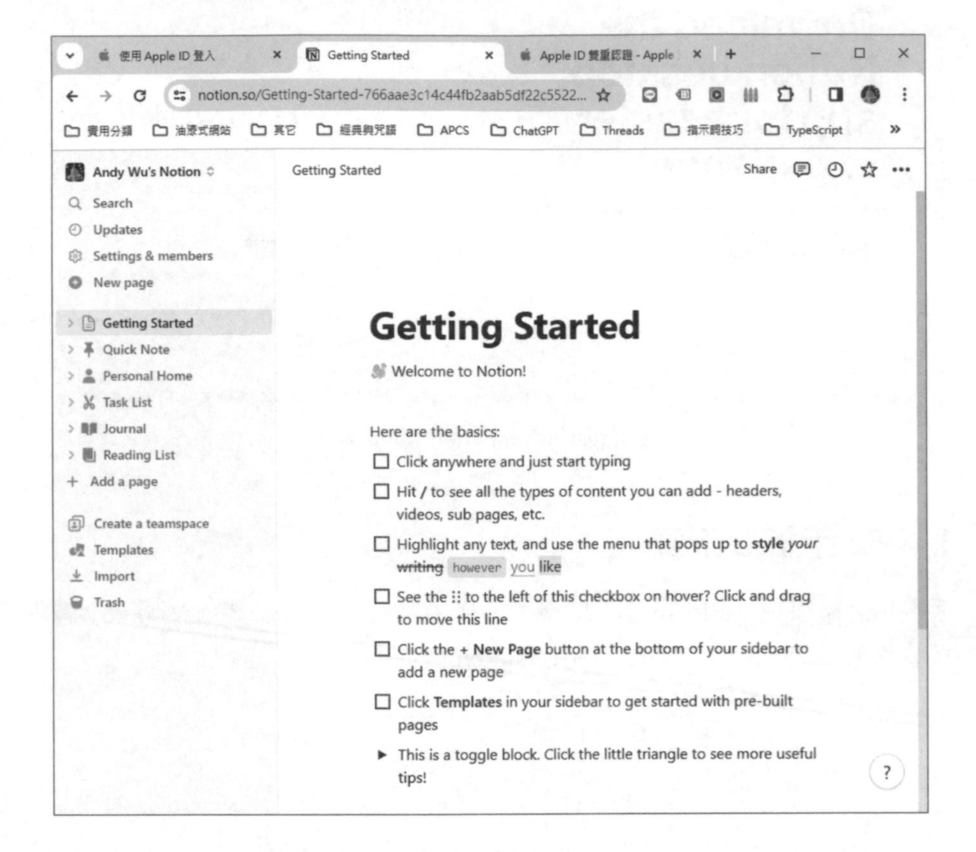

無論是專業工作、學習記錄還是日常管理，Notion 的多平台支援和靈活的註冊選項都能滿足您的需求，為您的數位生活帶來便利。這些步驟完成後，您就成功建立了一個 Notion 帳號，並可以開始使用其功能了。

1-5 Notion 網頁版的操作介面

Notion 的介面設計簡潔，支援高度自訂，適合多種不同的工作流程和需求。

Notion 網頁版操作介面的主要功能包括：

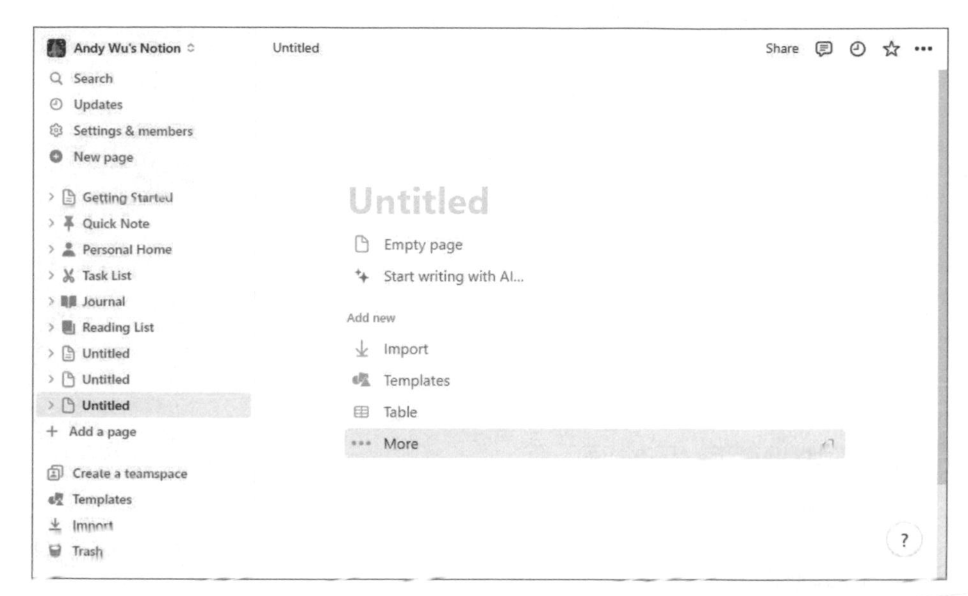

1-5-1 左邊側邊欄

快速導航到不同的頁面和資料庫，並支援建立新頁面。

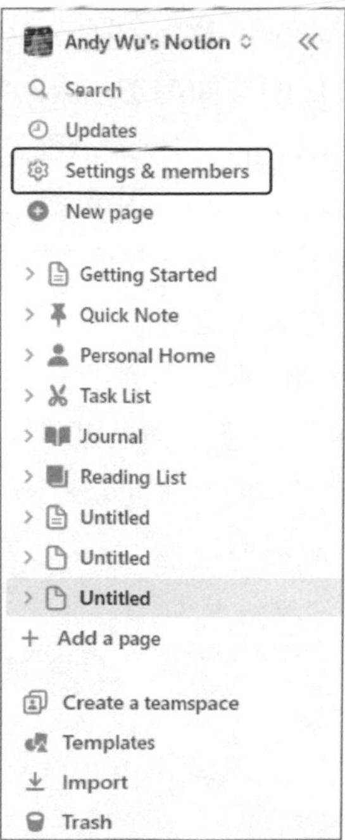

其中「Setting & members」會進入下圖視窗，主要功能是筆記工作區的相關設定工作，例如調整個人設置、帳號資訊和工作空間的設定。

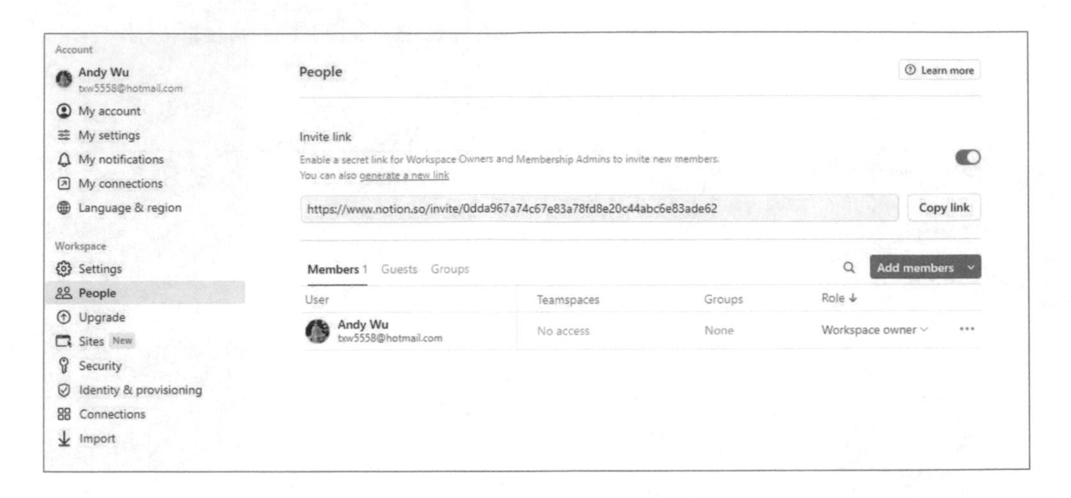

1-5-2 中間頁面編輯區

Notion 的主要編輯介面就像一張乾淨的白紙，包含了四個主要部分：「封面」、「圖示（Icon）」、「標題」以及「內容」。您可以點擊「add cover」來為您的頁面增加一個視覺吸引的圖片封面，並透過「Change Cover」自訂您喜愛的封面。此外，選擇「Add icon」則可以為該頁面建立一個小圖示，這在分享或多頁籤顯示時都會顯示出來，增添辨識度。之後，您可以在大標題處輸入頁面主題，接著便可開始編輯內容部分。主要的工作空間，可以在此輸入文字、插入媒體、製作清單等。另外建立頁面內容的基本元素，例如文字塊、待辦事項、圖片、表格等。

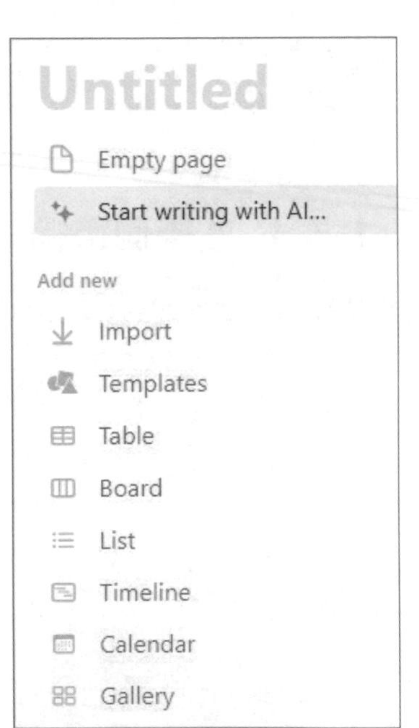

例如，若您正在製作一個關於旅遊規劃的頁面，您可以選擇一張引人入勝的旅遊景點圖片作為封面，並為其加入一個與旅行相關的圖示。在大標題中輸入您的目的地，然後在內容區塊中詳細規劃您的行程、住宿和活動。如此一來，Notion 便能助您有系統地整合和展示旅行計劃的各個細節。

1-5-3 右側邊功能

在 Notion 的介面中，右側的功能欄提供了多種實用的選項。其中「share」按鈕允許您將頁面分享給網路上的朋友或同事，同時還可以自訂編輯權限，確保資訊安全。此外，利用星星符號將常用的頁面加入到「我的最愛」，可以方便您日後在左側的導航欄快速找到這些頁面。

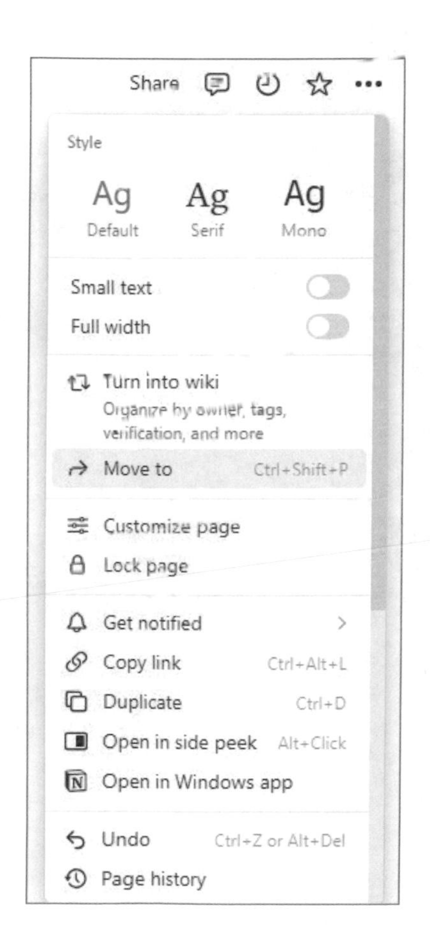

除了分享和書籤功能，Notion 還提供了更多其他實用功能。比如，您可以調整編輯區的邊界設置，以適應您的閱讀和編輯習慣。此外，Notion 還支援從其他筆記系統如 Evernote 導入內容，使搬移和整合現有資料變得輕而易舉。舉例來說，如果您過去使用 Evernote 記錄會議記錄或個人筆記，可以輕鬆地將這些內容轉移到 Notion 中，實現資料的無縫搬移和整合。

總而言之，Notion 的這些功能不僅提高了使用的便利性，也加強了工作效率和資料管理的靈活性。無論是分享協作、快速存取重要資料，還是整合不同平台的資訊，Notion 都能有效地滿足您的需求。

1-6 第一次建立 Notion 頁面就上手

本節將教導使用者如何初次建立並熟練使用 Notion 頁面，這個例子涵蓋了建立頁面的基本步驟，以及一些初學者的提示和技巧，以便新用戶能夠快速且有效地開始使用 Notion。接著就來示範如何建立一個簡單的 Notion 頁面的參考步驟：

登錄：首先，存取 Notion 的官方網站 https://www.notion.so/login，然後登錄進入您的 Notion 工作空間。

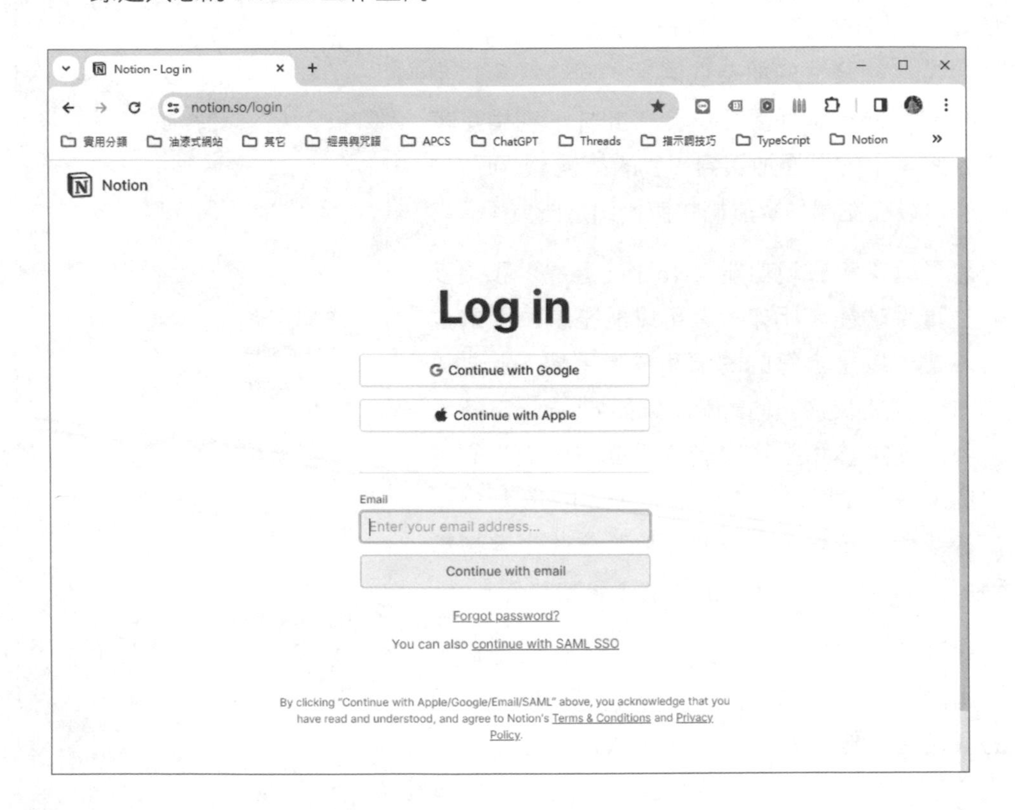

2 STEP 建立新頁面：在 Notion 工作空間的左側邊欄，點擊「New page（新增頁面）」按鈕。

3 STEP 加入標題：在新頁面頂部，輸入頁面的標題。例如，「我的待辦事項」。

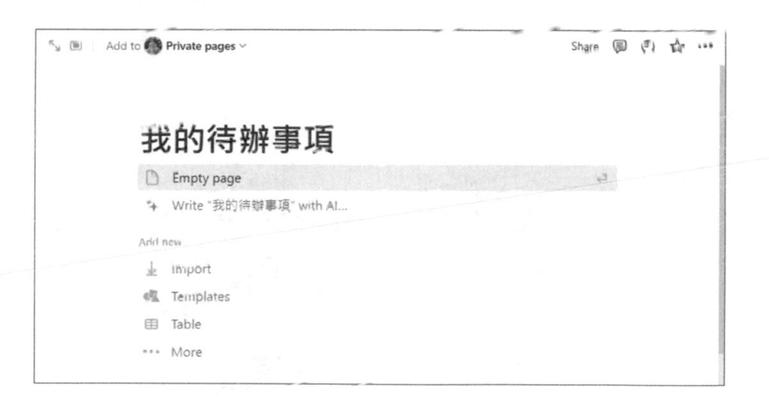

4 STEP 選擇模板或從空白開始：您可以選擇一個現成的模板開始，或者從一個空白頁面開始。此處請按下「Empty page」，會出現下圖畫面：

5 STEP 如果按「space」空白鍵則會呼叫 AI，但如果要叫出指令功能表，請輸入「/」字元，就會出現類似下圖的畫面：

6 STEP 加入內容：在頁面中輸入內容。您可以加入文字、清單、待辦事項等。例如此處筆者選擇「To-do list」，就可以自己加入類似以下的清單。如果要進文字的編輯工作，操作的方式不難，只要先反白選取要編輯的文字，就可以呼叫下圖的工具列，可以允許各位進行基礎的文字編輯工作。

我的待辦事項

以下是最近要完成的工作

- [ ] 買一週食物
- [ ] 完成書稿

接著您也可自定義頁面，例如您可以加入圖片、更改文字格式，或插入其他多媒體元素來個性化您的頁面。以上就是在 Notion 中建立一個簡單頁面的基本步驟。您可以根據需要進一步探索 Notion 的其他進階功能。完成後，您的頁面會自動保存。您可以將其放在側邊欄的特定分類中，便於日後搜尋。

1-7 頁面的更名與刪除

如果要更名或刪除這個頁面，可以按該頁面標題右側的「…」鈕，就可以叫出功能表，如下面二圖所示：

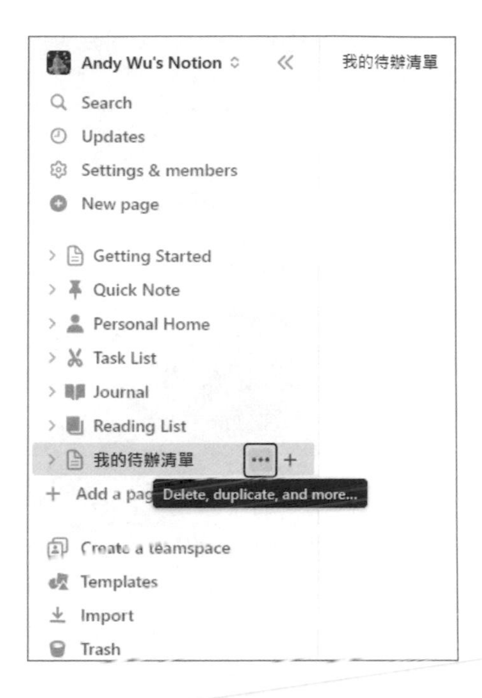

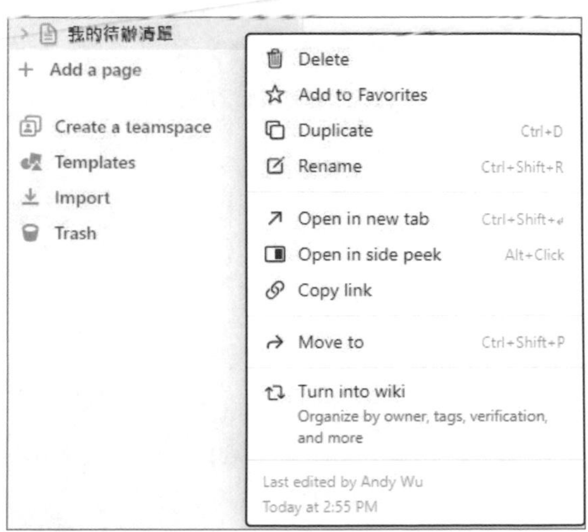

NOTE

第 2 章

Notion 的基礎—頁面、區塊與模板

Notion 作為一款強大的協作與組織工具，一直以來都深受使用者的喜愛。本書將深入探討 Notion 的基礎概念，從頁面、區塊到模板，帶領讀者進入這個革新性的知識管理世界。

2-1 頁面（Page）

頁面是 Notion 中的基本單位，可以被視為一個獨立的文件或筆記本。使用者可以為不同的專案或主題建立不同的頁面，例如建立一個個人日記頁面，或是一個專案管理頁面。

2-1-1 認識 Notion 的頁面

在 Notion 中，頁面不僅僅是文字編輯的空間，更是一個多功能的工作區。它既可以充當內容文字的編輯區塊，也可以作為資料夾，用來整理和存放各種其他頁面或資料庫。這使得 Notion 的使用者能夠更靈活地組織和管理資訊，提升工作效率。下面就是各種頁面的實例：

- **專案管理**：在一個專案的頁面中，可以包含該專案的所有相關內容，如計劃、任務清單、進度追蹤和相關文件。同時，透過在主頁面上建立不同的專案頁面，使用者可以清晰地區分和管理多個專案。
- **個人知識庫**：將 Notion 的頁面視為資料夾，用來組織個人的知識庫。每一個頁面可以對應到特定的主題，並包含相關的筆記、連結和文件，讓知識整理更加系統化。
- **會議筆記**：在會議的頁面中，可以以文字編輯的形式記錄討論內容，同時在頁面中插入連結指向相關文件或其他 Notion 頁面。此外，可以建立資料庫來追蹤會議行動項目，形成全面的會議記錄。
- **學習計劃**：使用頁面作為資料夾，將不同主題的學習資源整理在不同的頁面中，如課程大綱、筆記和相關文章。這樣一來，學習者能夠輕鬆地進行自主學習，有條理地掌握各個學習主題。

透過巧妙運用 Notion 的頁面功能，使用者能夠更靈活地定制工作流程，根據不同需求組織和存放相應的資訊，提高整體工作和學習效率。

當使用者登入網頁版的 Notion，頁面清單將即時呈現在左側，清晰列示目前登入帳戶擁有的所有頁面。這不僅包括個人建立的頁面，還可能包含共享給該帳戶的其他頁面，提供全面的內容視覺化。

這個左側頁面清單是使用者輕鬆導覽和存取不同內容的橋樑。透過簡單的點擊，使用者即可迅速切換至所需的頁面，提升使用效率。這樣的設計使得 Notion 在組織和管理大量資訊時更加直觀和便捷。如下圖所示：

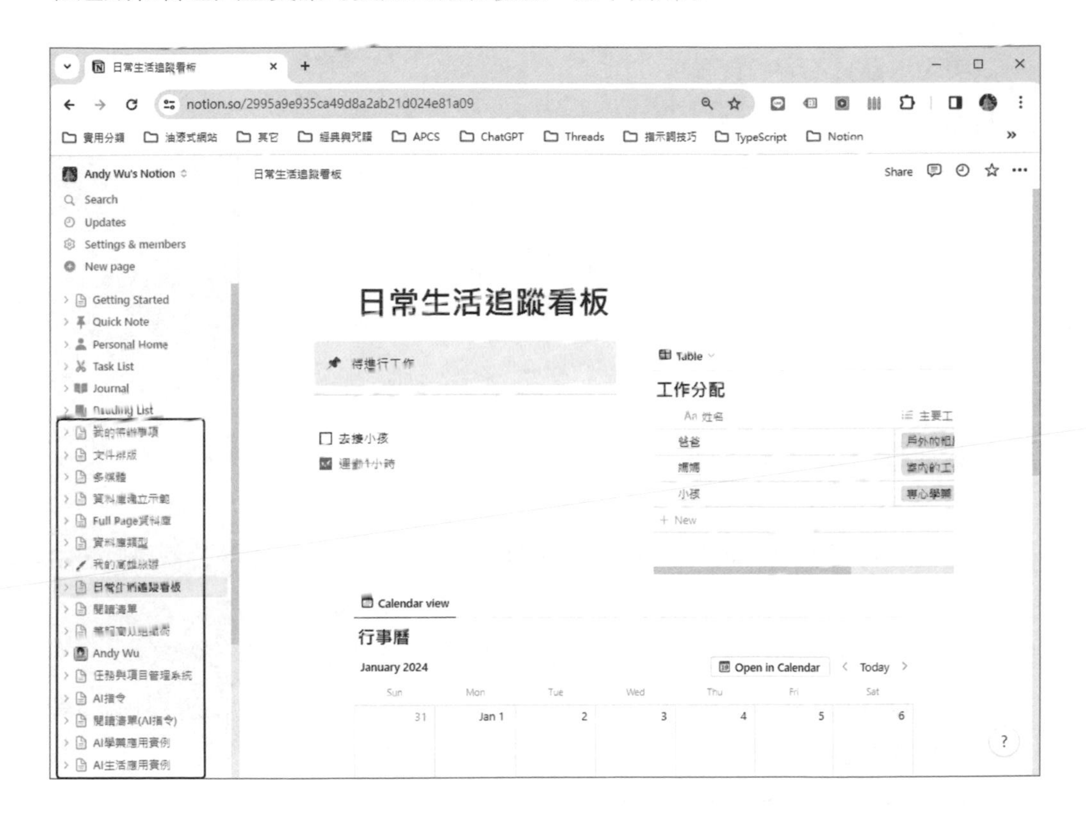

2-1-2 認識 Notion 頁面的組成

當我們在左側指令清單中點選「New Page」，會建立一個空白頁面。

底下是右圖頁面的各個區塊名稱的功能簡介：

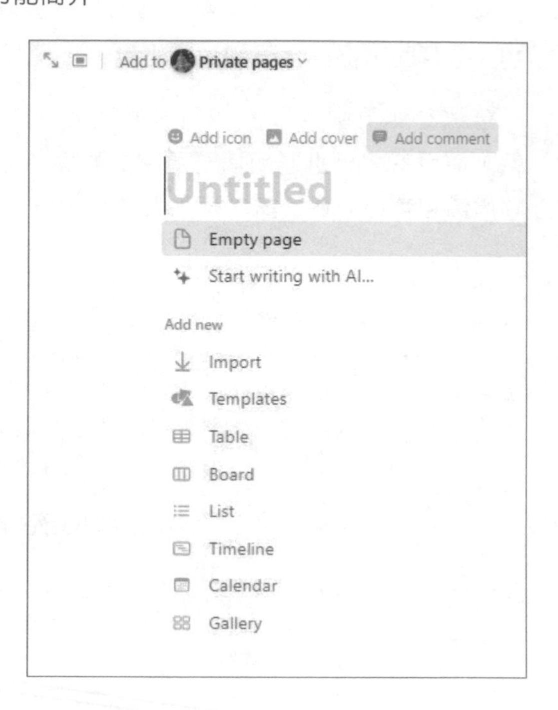

1. **新增圖示（Add icon）**：可以為這個頁面選擇一個圖示，用以標誌或代表該頁面的內容。
2. **新增封面（Add cover）**：允許使用者為頁面添加一個封面圖片，以美化或區分不同的頁面。
3. **新增評論（Add comment）**：可以在頁面中新增評論，方便用戶進行討論、提供建議或留下註解。
4. **無標題（Untitled）**：顯示頁面的標題，可以點擊編輯以設定標題名稱。
5. **空白頁面（Empty page）**：呈現一個空白的工作區，供用戶自由編輯、添加內容。
6. **開始使用 AI 撰寫（Start writing with AI）**：啟用人工智慧功能，協助用戶開始書寫或創作。
7. **匯入（Import）**：允許用戶匯入其他文件或資料，方便整合舊有的內容。
8. **模板（Templates）**：提供各種預設格式和樣式，用戶可根據需求選擇合適的模板，加速頁面製作。
9. **表格（Table）**：在頁面中新增表格，方便整理和顯示資料。
10. **看板（Board）**：建立看板檢視，方便進行專案管理、任務追蹤等。
11. **清單（List）**：建立清單檢視，方便排列任務、事項或資料。
12. **時間軸（Timeline）**：建立時間軸檢視，用於顯示事件、任務或專案的時間順序。

13. **行事曆（Calendar）**：建立行事曆檢視，方便追蹤和規劃活動、事件。

14. **畫廊（Gallery）**：建立畫廊檢視，用於展示圖片、媒體文件等，呈現更生動的內容。

2-2 區塊（Block）

在 Notion 中，區塊是構成頁面的基本元素，提供了多樣的功能和應用。這種多功能的特性使得 Notion 成為一個極具彈性的筆記和協作平台。

Notion 作為一個靈活且功能豐富的筆記和協作平台，其核心概念是「區塊」。區塊是構成頁面的基本元素，種類繁多，包含文字、圖片、待辦事項列表、表格等，使得用戶能夠以多樣的方式組織內容，打造個性化的工作環境。

在 Notion 中，計價方式以區塊為單位。這意味著每一個區塊都被視為一個計價單位，用戶應該有效地組織和利用區塊，以充分發揮其彈性和功能，同時保持高效的協作和內容管理。舉例來說，用戶應謹慎使用區塊，避免不必要的冗餘，以確保在 Notion 中更有效地利用資源。

自由轉換，隨心所欲

Notion 提供了自由轉換區塊類別的功能，使得用戶能夠隨心所欲地改變區塊的形式。這種靈活性使得頁面的製作和編輯過程更加直觀且高效。即使我們已經建立某一種類型的區塊，我們還是可以透過該區塊前面的六個點標記圖示鈕 ⋮⋮ 開啟區塊選單，再從選單中執行「Turn into」指令，如下圖所示：

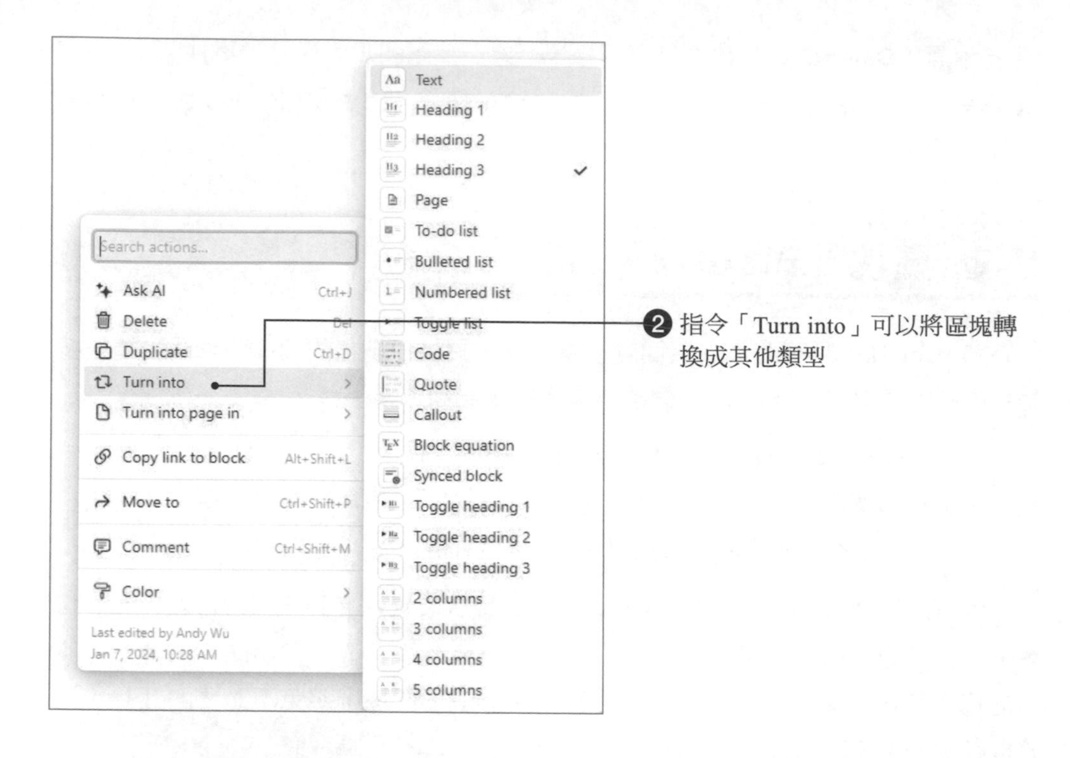

區塊位置由你決定

Notion 允許用戶輕鬆地透過拖曳方式調整區塊的位置，使得頁面的排版和組織變得非常直觀。這讓你能夠更自由地安排內容，提高工作效率。

深度理解每一個區塊的獨特性

每一個區塊在 Notion 中都有明確的類別，例如文字、圖片、待辦事項列表等。這種清晰的區分使得用戶能夠深度理解每一個區塊的獨特功能和應用。如果將不同類別的區塊擺放在一起，就可以呈現出各種豐富的頁面排版效果。

APCS大學程式設計先修檢測：C++超效解題致勝祕笈 | 博碩文化股份有限公司

分類索引

https://www.drmaster.com.tw/Bookinfo.asp?BookID=MP22011

作品集

聰明提問AI的技巧與實例：ChatGPT、Bing Chat、AgentGPT、AI繪圖，一次滿足

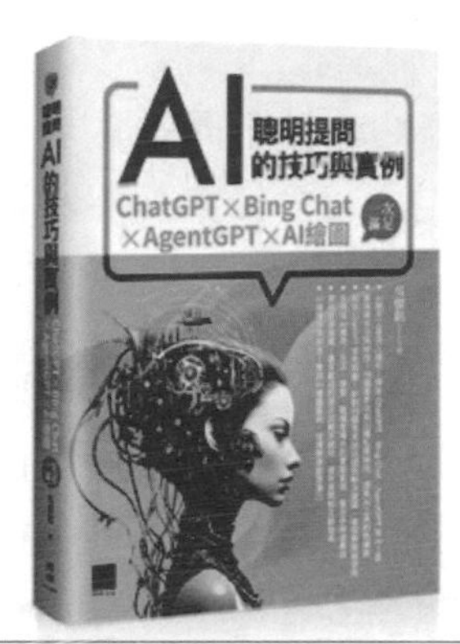

Midjourney AI 繪圖：指令、風格與祕技一次滿足

AI提示工程師的16堂關鍵必修課：精準提問x優化提示x有效查詢x文字生成xAI繪圖

2-2-1 Notion 多元區塊類型

Notion 提供多樣而強大的區塊類型，每一種都擁有獨特的功能和用途，使得使用者在建立和組織內容時能夠享受更大的彈性。

基本區塊

基本區塊是建立頁面內容的基本元素，包含文字、標題、列表等。這些區塊提供了文字編輯和排版的基本功能，例如：

- **文字（Text）**：輸入和呈現純文字內容。
- **標題（Heading）**：強調標題或段落，使其更加突顯。
- **項目清單（Bulleted List）**：建立無序項目清單，適用於列舉相關但無特定順序的內容。
- **編號清單（Numbered List）**：建立有序編號的清單，適用於有順序的項目。

- **待辦事項清單（To-Do List）**：建立可勾選的待辦事項清單，方便追蹤任務進度。
- **摺疊區塊（Toggle）**：建立可摺疊的區塊，方便組織和隱藏內容。
- **表格（Table）**：建立表格，用於組織和顯示資料。
- **引用（Quote）**：突顯引用或重要的文字內容。
- **註記（Callout）**：建立註記框，強調特定內容或提供額外的訊息。
- **分隔線（Divider）**：插入分隔線，將內容區隔開，增加視覺區分。

這些基本區塊提供了豐富的編輯和排版功能，讓使用者能夠依據不同的需求，建立具有結構和美感的頁面內容。如下列二圖包括了基本文字、標題及摺疊區塊。

最原始預設定字體樣式

大標題文字的外觀

中標題文字的外觀

小標題文字的外觀

▼ 星期六
　▼ 活動安排
　　▶ 上午：海灘散步
　　▶ 下午：參觀博物館
▼ 星期日
　▼ 活動安排
　　▶ 上午：爬山活動
　　▶ 下午：城市觀光

靈活資料庫區塊

資料庫區塊提供了豐富的選擇，用戶可根據需求選擇不同的資料庫形式：

- **Inline 資料庫區塊**：嵌入文字內容，方便引用和展示資料庫內容。
- **Full-Page 資料庫區塊**：專門用於展示和管理資料庫內容，提供多樣化的排序和篩選選項。

多媒體嵌入區塊

嵌入區塊允許在 Notion 中插入外部多媒體內容，包括：

- **網頁連結**：輕鬆分享並嵌入網站連結。
- **影片**：直接在頁面中播放視頻內容。
- **音訊**：嵌入音樂或音訊檔案，豐富內容呈現。

智慧 AI 區塊

Notion AI 區塊整合了人工智慧技術，為用戶提供智慧的內容生成和建議，例如：

- **AI 文字生成**：利用「Start writing with AI」區塊即時獲得具有創意性的內容建議，提升創作效率。

多元進階區塊

進階區塊涵蓋豐富多樣的元素，滿足不同專案需求，例如：

- **表格**：用於整理和展示資料。
- **時程**：安排並追蹤工作進度。
- **程式碼**：嵌入和顯示程式碼片段，方便開發者使用。

總的來說，Notion 提供了多樣的區塊類型，讓使用者根據不同情境和需求，更靈活地構建和組織內容，從而提升工作和協作的效率。

2-2-2 建立區塊的方式

Notion 提供多元的區塊建立方式，使用者能依據個人習慣和需求靈活選擇如何製作內容。以下是一些主要的建立區塊的方式，讓您更輕鬆地打造個性化、有組織性的內容頁面：

- **第一種方式**：使用滑鼠點擊「+」從選單中添加

  透過滑鼠點擊頁面上的「+」符號，然後選擇欲新增的區塊類型。一個直觀、輕巧的選單會彈出，提供基本區塊、資料庫區塊、嵌入區塊等選項。例

如，您可以點擊「+」快速插入一個待辦事項列表區塊，以便迅速追蹤任務進度。

● **第二種方式**：使用「/」指令叫出選單

輸入斜線「/」後，Notion 會顯示一個指令選單，讓您可以快速搜尋和選擇欲新增的區塊。這種快捷方式能夠使您更迅速地建立所需的內容。如右圖所示：

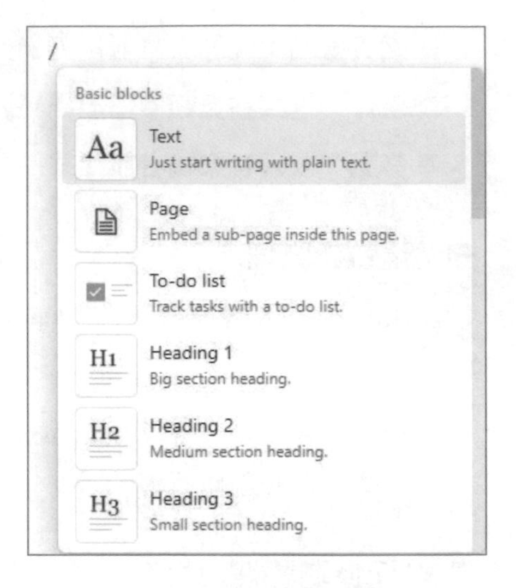

● **第三種方式**：使用 Markdown 語法與快捷鍵

Notion 支援 Markdown 語法，只需輸入相應的語法，例如在頁面上輸入「##」再按「空白鍵」來快速插入二級標題。或「*」再按「空白鍵」來建立列表。示範如下：

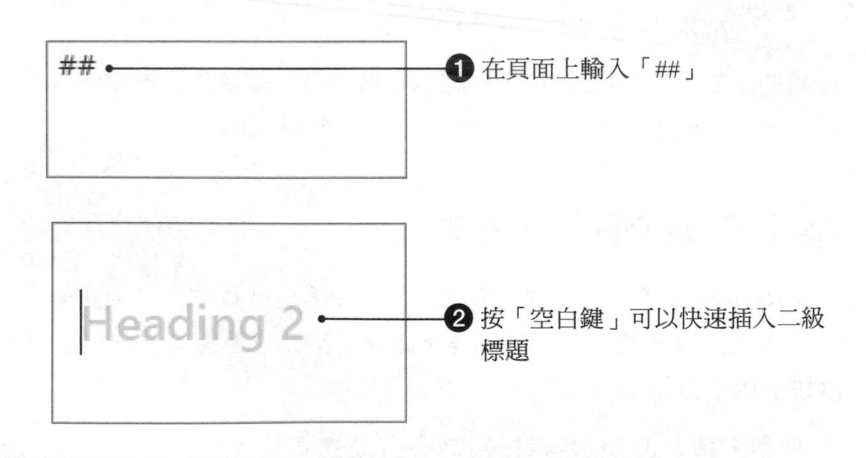

同時，Notion 提供了一些快捷鍵，因此加速建立內容的流程。如果各位有興趣進一步了解在 Notion 軟體中如何使用 Markdown 語法來標記格式，建議各位可以藉助 ChatGPT 的協助可以得到更多有關在 Notion 軟體中如何 Markdown 語法及快速鍵的各種功能說明。例如在 ChatGPT 下達底下的提示詞（Prompt）：

提示（prompt）詞

請問在 Notion 如何使用 Markdown 語法？

ChatGPT 回答內容

在Notion中，您可以使用Markdown語法來進行內容的編輯和排版。以下是一些基本的Markdown語法示例：

1. **標題 (Headers)**
   - 一級標題：`# 一級標題`
   - 二級標題：`## 二級標題`
   - 以此類推，支援一至六級標題。
2. **粗體 (Bold)**
   - `**粗體文字**` 或 `__粗體文字__`
3. **斜體 (Italic)**
   - `*斜體文字*` 或 `_斜體文字_`
4. **列表 (Lists)**
   - 無序列表：`* 項目1` 或 `- 項目1`
   - 有序列表：`1. 項目1`
5. **待辦事項清單 (Task Lists)**
   - 未完成的任務：`- [ ] 未完成的事項`
   - 已完成的任務：`- [x] 已完成的事項`
6. **連結 (Links)**
   - `[連結文字](連結URL)`
7. **引用 (Quotes)**
   - 引用文字：`> 引用的文字`
8. **程式碼 (Code)**
   - 行內程式碼：`程式碼`
   - 區塊程式碼：三個`包圍多行程式碼

這些是一些基本的Markdown語法示例，您可以在Notion的文本區塊中直接使用這些語法進行內容編輯。Notion支援大部分的Mar↓wn語法，這讓您能夠更自由地進行內容排版和格式設定。

2-2-3 區塊的排版技巧

在這一個單元中，我們將深入討論 Notion 中區塊的排版技巧，這些技巧將會是您製作精美且有組織的頁面的得力助手。讓我們一一了解各項技巧的妙用，提升您在 Notion 中的使用效率。

拖曳調整位置

使用滑鼠輕鬆拖曳區塊，調整它們在頁面中的位置。拖曳是 Notion 中最直覺且實用的排版技巧之一。透過簡單的滑鼠操作，您能輕鬆調整區塊的位置，使內容的呈現更具視覺吸引力。

縮排和群組

使用縮排功能將相關的區塊群組在一起，有助於更清晰的組織和階層化。縮排不僅僅是排版上的技巧，更是將相關內容群組在一起的有效方式。這使得頁面的組織更為清晰，區塊之間的邏輯結構更加明顯。

分隔線

利用分隔線區塊將內容區隔開，使頁面更具結構性。例如，您可以在兩個段落之間加入分隔線，使內容更容易閱讀。分隔線是營造頁面結構的重要元素，透過巧妙地運用分隔線區塊，您可以使內容更有層次感，同時提升整體頁面的美感和可讀性。

2-3 模板（Template）

Notion 提供多種預設模板，幫助使用者快速開始各種工作。例如，學生可以使用學習計畫模板來安排學習進度，而公司團隊則可以使用會議記錄模板來記錄討論重點。

Notion 的模板功能是一項強大的工具，為使用者提供了事半功倍的開始各種工作的方式。這裡不僅有豐富的預設模板，還可以根據個人需求定製。在這一小節中，我們將深入瞭解 Notion 的模板功能，並介紹如何有效運用這些模板。

在 Notion 中，模板被設計成能夠應對各種情境和需求。以下是一些常見的模板，以及它們的主要功能和應用：

2-3-1 學習計畫模板

學習是一個持續進化的過程，Notion 的學習計畫模板提供了一個清晰的框架，協助學生組織和追蹤他們的學習進度。這個模板包括了每週的學習目標、待讀的書籍、重要的截止日期等。使用者可以利用模板迅速建立一個個人化的學習計畫，同時透過 Notion 的區塊功能，隨時添加筆記、心得等內容。

2-3-2 會議記錄模板

會議是團隊協作不可或缺的一環，Notion 的會議記錄模板能夠協助團隊有效記錄、整理和追蹤討論的內容。這個模板涵蓋了會議議程、參與者、行動項目等部分。使用者可以在會議中即時填寫資訊，也能事後追蹤行動項目的進展。此外，Notion 的模板還支援評論功能，使得團隊溝通更加迅速。

這只是 Notion 模板功能的冰山一角，透過這些豐富的模板，使用者能夠在不同情境中輕鬆啟動工作，節省寶貴的時間並提升工作效率。在接下來的內容中，我們將更加深入地了解每種模板的操作方式和使用技巧。

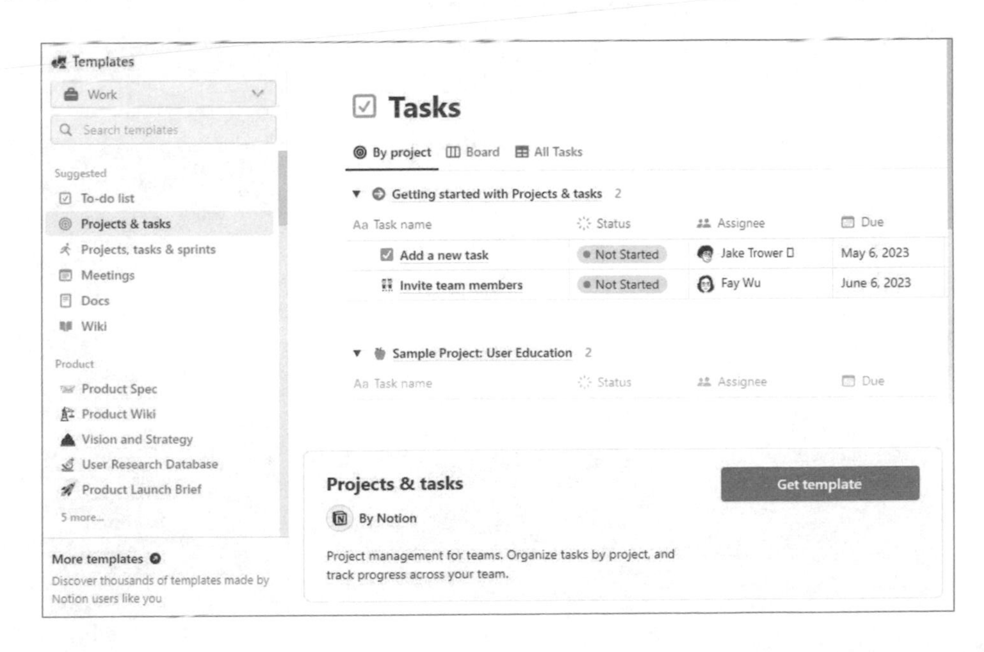

NOTE

第 3 章

Notion 的設計元素與內容編輯

Notion 以其直觀且強大的使用者介面及豐富的操作功能而聞名。本章將探索 Notion 的頁面佈局、基礎操作技巧，以及如何利用其進階功能來提升工作效率。無論您是新手還是有經驗的使用者，本章的內容都將助您更有效地運用 Notion。

3-1 探索 Notion 的使用者介面

本節將深入介紹 Notion 的頁面佈局、設計元素，以及個性化設置的方法，幫助您快速掌握並適應這個多功能平臺，因此提升您的工作效率和創造力。

3-1-1 頁面佈局與設計元素

Notion 的頁面佈局和設計元素不僅為使用者提供了清晰、高效的使用體驗，更增加了介面的美觀性和實用性。本小節將簡介 Notion 的介面結構，涵蓋其直觀的佈局、精緻的視覺設計，以及各種設計元素，幫助您輕鬆建立和編輯個性化頁面。

Notion 的頁面設計極具靈活性，您可以根據不同的需求加入和排列各種元素。例如，在建立一個專案管理頁面時，您可以加入任務列表來明確列出各項工作，使用進度條直觀地呈現任務完成狀況，並設置成員負責區塊來指定負責人。這些元素不僅讓專案資訊一目了然，也方便團隊成員之間的溝通和協作。

此外，Notion 的設計元素還包括豐富的文字格式選擇、各類嵌入選項，以及可自訂的背景和顏色設置。比如，在製作一份市場分析報告時，您可以利用這些工具來突出關鍵資訊，如重要文字設定為粗體字、插入相關資料的圖表，甚至嵌入外部資源，如影片或網頁連結。這樣的設計不僅使報告更加生動、具說服力，也提升了閱讀和理解的便利性。

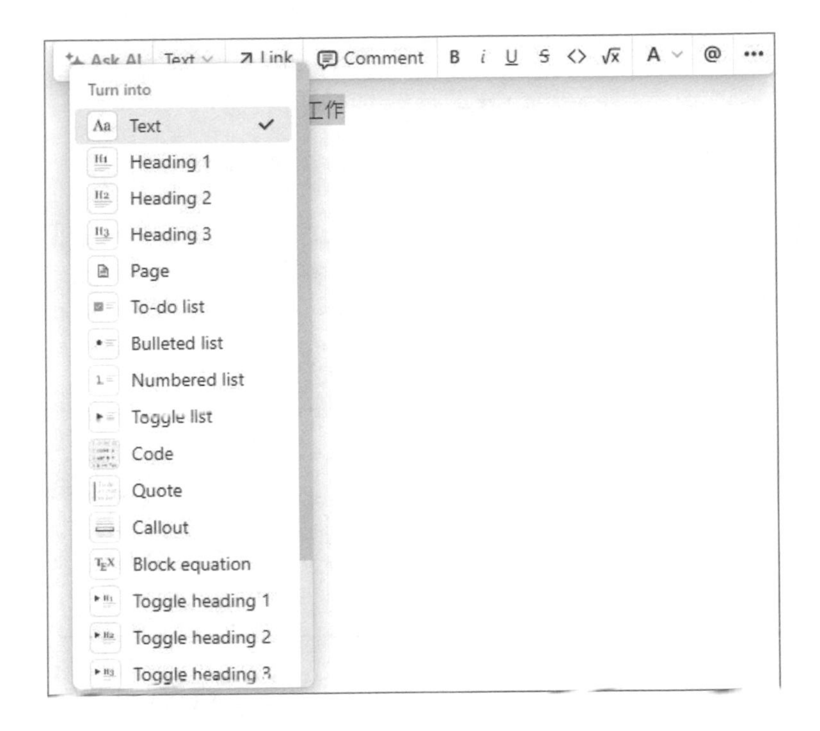

3-1-2 使用者設定與個性化選項

Notion 致力於為每位使用者提供獨特且個性化的體驗，其豐富的自訂選項讓您能夠建立一個完全符合個人喜好和工作需求的工作環境。

在 Notion 中，您可以自由調整介面的各種元素，以適應您的工作風格和偏好。例如，您可以改變字體大小、類型，以提升閱讀的舒適度；選擇您喜愛的主題色彩，為工作空間加入個人風格；甚至可以在每一個頁面上加入自訂的圖標和封面圖片，這不僅讓每一頁面更具視覺吸引力，也有助於區分不同的工作或專案。

進一步地，Notion 還允許您根據特定工作流程設定特殊範本。比如，如果您是一名作家，可以建立一個包含靈感板、草稿區和發佈計畫的寫作範本；如果您是專案經理，則可以設計一個整合任務列表、時程表和團隊協作區的專案管理範本。這些專屬範本不僅節省了重複設定的時間，也使工作流程更加順暢。

透過這些個性化設置，Notion 不僅成為一個功能強大的工具，更是一個反映您個人品味和工作方式的平臺。您的工作空間不再是一個單調的數位環境，而是一個充滿個性、激發創造力和提升效率的個人工作室。

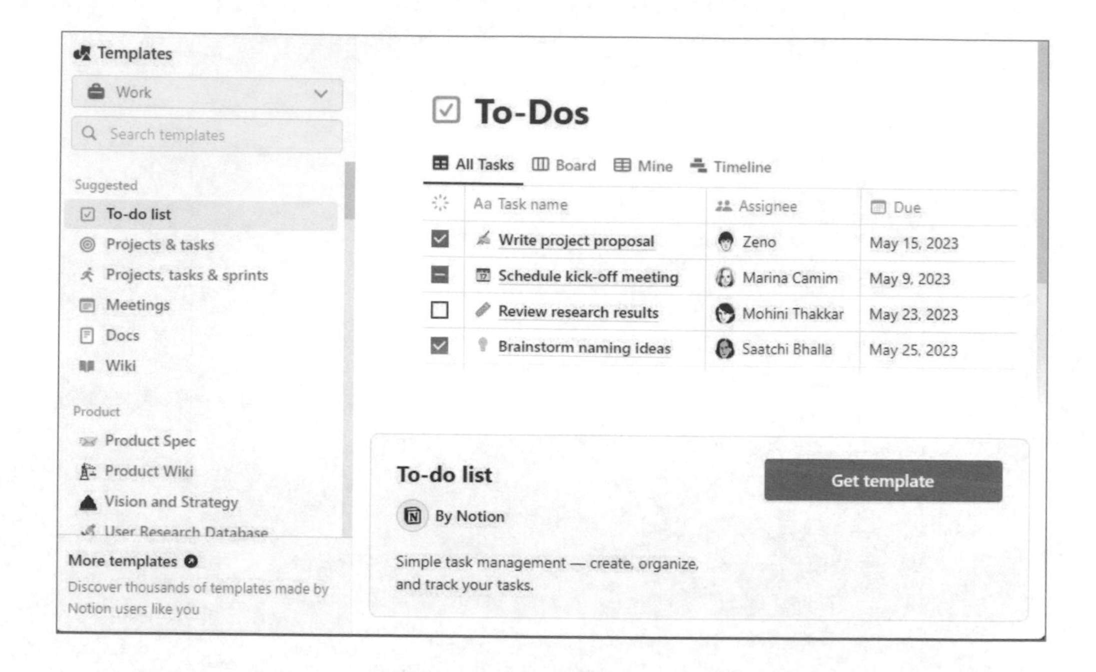

總而言之，掌握 Notion 的使用者介面對於發揮其全部功能非常重要。另外 Notion 的設計元素中，包含了多種豐富的文字格式和排版樣式，共有 20 多種，為使用者提供了廣泛的選擇，接著我們介紹這些排版樣式的主要功能。

3-2 文字編輯與清單管理

要充分利用 Notion 這款多功能雲端筆記軟體的潛力，深入理解及掌握其基本操作技巧是關鍵。本章節將詳盡介紹如何在 Notion 中進行高效的文字編輯，這些技巧將使您在組織資訊與表達創意時更加得心應手。

在 Notion 中，透過靈活運用文字區塊，您可以在頁面中進行細緻的資訊記錄。進階的文字格式化選項，如標題大小、加粗、斜體、引用等，使您的筆記更加清晰有條理。

列表和待辦事項的功能則助您有效地規劃和追蹤任務。例如，在籌備會議時，您不僅可以列出會議流程和分配任務，還可以設置提醒和截止日期，確保每項任務都能按時完成。進一步地，您還可以利用嵌入功能將相關檔案直接連結到待辦事項中，因此實現資料的即時存取和高效管理。

3-2-1 純文字（Text）

基本的文字輸入，用於撰寫一般內容。這是最原始的文字輸入樣式。

3-2-2 標題（Heading）

用於突出顯示標題或小標，分為不同的級別，有助於組織和突出重要內容。Heading 1：新增 H1 大標題、Heading 2：新增 H2 中標題、Heading 3：新增 H3 小標題。

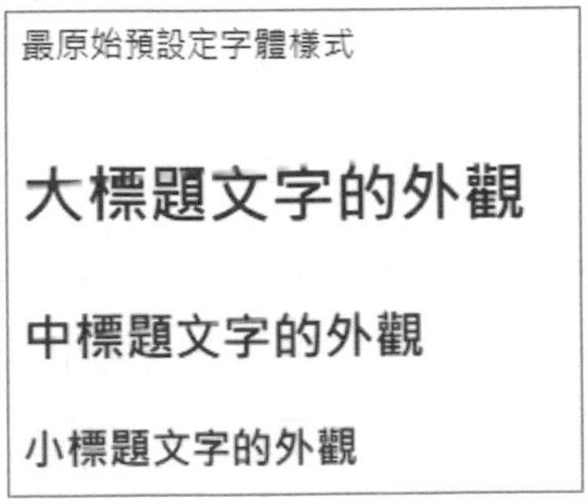

最原始預設定字體樣式

大標題文字的外觀

中標題文字的外觀

小標題文字的外觀

3-2-3 新增頁面（Page）

在目前的頁面上新增一個子頁面，方便將內容進行分類和整理。也就是說每一個頁面內可以嵌入子頁面，以建立層次豐富的文件結構。例如右圖中包含兩個子頁面，直接點選就會開啟該子頁面。

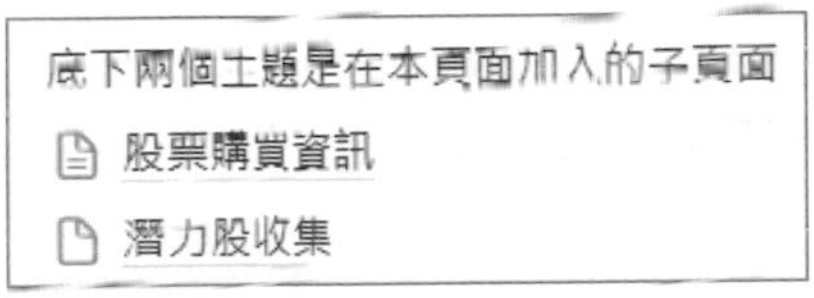

底下兩個主題是在本頁面加入的子頁面

股票購買資訊

潛力股收集

3-2-4 新增待辦事項清單（To-do list）

列出待辦事項，並提供勾選功能，用於追蹤任務完成情況。勾選後的專案字體會被劃掉且會以灰階的顏色呈現。

去銀行存錢

去接小孩

3-2-5 新增專案清單（Bulleted list）

使用專案符號來組織列表內容，使資訊更加清晰。「新增專案符號清單」（Bulleted list）是一種常見的排版功能。專案符號清單是一種用來組織清單專案的格式，每一個專案前都會加上一個標記（通常是圓點）。它幫助使用者以清晰、有條理的方式呈現資訊，特別適合列舉不需要按特定順序排列的專案。它的主要使用情境包括：

- **組織思路**：在做筆記、計劃或草擬想法時，用來清晰地劃分不同的點。
- **列出特點**：展示產品特點、會議要點、讀書筆記等。
- **規劃任務**：用於列出待辦事項或檢查清單，雖然沒有待辦事項清單那樣的勾選功能。

它的主要優點包括：

- **提高閱讀效率**：清單形式使得資訊更容易被快速掃描和理解。
- **組織性強**：幫助使用者將相關資訊集中在一起，便於追蹤和回顧。
- **靈活使用**：可以與其他類型的內容（如文字說明、圖片）結合使用，提高內容的豐富性和吸引力。

在 Notion 中，你只需要輸入特定的符號（如星號 *）後跟空格，就會自動建立一個專案符號清單。總的來說，「新增專案符號清單」是一個在文件編輯和筆記應用中極為實用的功能，它提供了一種簡潔、有效的方式來組織和展示列表式的資訊。

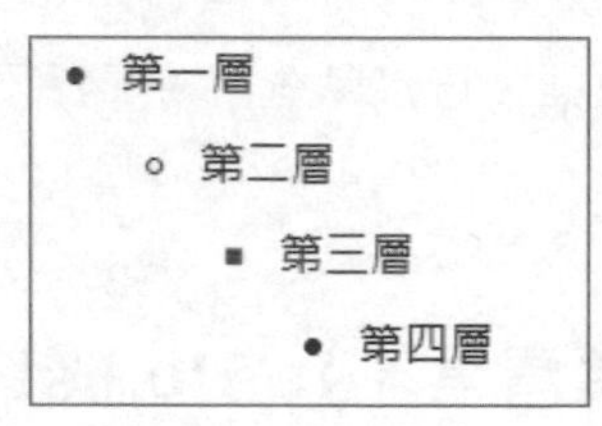

3-2-6 新增編號清單（Numbered list）

帶有數字的清單，適合需要順序或排序的內容。「新增編號清單」（Numbered list）是文字編輯和筆記軟體中的一個常見功能，用於建立有序的列表。

編號清單是一種列表格式，其中每一個專案前都會放置一個數字。這些數字通常會按順序排列，如 1、2、3 等。它用於組織需要按特定順序或優先級展示的資訊。主要應用在提供指示或解釋過程的步驟時，如烹飪食譜的步驟、裝置安裝指南等。它能列出按重要性或順序排列的專案，如會議議程、工作任務等。也可以在撰寫文章或報告時，按照邏輯順序列舉不同的論點或事實。其主要優點包括：

● **清晰性**：提供了一種清晰的視覺方式來表示專案的順序或階層。

● **易於追蹤**：幫助讀者或使用者容易追蹤和記住資訊的順序。

● **結構化**：對於需要步驟或層次結構的資訊，編號清單提供了良好的組織結構。

在 Notion 中，輸入特定符號後跟空格（例如 1. 或 a.）會自動建立編號清單。也可以建立多層次的編號清單，實現複雜的資訊組織結構。加入或刪除專案時，編號會自動更新，保持清單的連貫性。

1. 場地準備
    a. 選擇場地
        i. 確認參加人數
        ii. 比較不同場地
        iii. 預訂場地
    b. 佈置場地
        i. 決定主題裝飾
        ii. 安排桌椅和燈光
        iii. 設置音響設備

總之，「新增編號清單」是一個在文件編輯和筆記應用中極為實用的功能，特別是在需要清晰展示順序或優先級的情境中。這個功能提供了一種簡潔且有效的方式來組織和展示有序列表資訊。

3-2-7 新增下拉式專案表（Toggle list）

可以展開和摺疊的清單項，有助於簡化視覺效果，同時保持內容的完整性。「新增下拉式專案表」（Toggle list）是在筆記軟體或檔案編輯器中常見的一種功能，尤其在 Notion 等現代筆記應用中非常受歡迎。

下拉式專案表每一個列表專案都可以包含子專案或者更詳細的內容，但在預設狀態下這些內容是隱藏的。它允許使用者在需要時展開查看更多資訊，節省空間，使整體介面看起來更加整潔。其主要使用情境：

● **組織筆記**：對於需要分層次組織的筆記，例如課程筆記中的主題和子主題。

● **任務管理**：用於列出具有多個子任務或步驟的複雜任務。

- **文件撰寫**：在寫作過程中，用於暫時隱藏不需要的部分，幫助作者集中注意力於特定段落。

它的優點包括：

- **提高可讀性**：透過隱藏不立即需要的資訊，幫助使用者集中注意力於當前重要的內容。
- **組織性強**：適合於組織大量的或層次化的資訊，使其易於導航。
- **互動性**：給予使用者控制資訊顯示深度的能力，增加了檔案的互動性。

在 Notion 中的應用中，建立一個下拉式專案表非常簡單，通常只需輸入或選擇特定的選項即可。可以在一個下拉式專案中嵌套另一個，建立多層次的結構。而且還可以靈活使用，不僅限於文字，還可以在下拉式列表中嵌入其他類型的內容，如圖片、表格、程式碼塊等。總之，「新增下拉式專案表」是一種極具效率和組織性的工具，尤其適合於管理和展示有層次的資訊。它的互動性和空間節省特性使其成為許多人在筆記和檔案編輯中的首選功能。

▼ 星期六
　▼ 活動安排
　　▶ 上午：海灘散步
　　▶ 下午：參觀博物館
▼ 星期日
　▼ 活動安排
　　▶ 上午：爬山活動
　　▶ 下午：城市觀光

3-2-8 新增引用文字（Quote）

用於標示引用或強調特定文字。「新增引用文字」（Quote）功能是在文字編輯和筆記軟體中常見的一種格式化工具，用於特別突出或標記一段文字作為引用。這種功能在 Notion 和許多其他類似的應用中都有提供。引用文字通常以不同的字體樣式或背景顏色顯示，以將其與普通文字區分開來。它用於突出顯示重要的、值得注意的或需要引用的文字。它的主要使用場合有：

- **引用名言**：在文章或演講稿中引用名人名言或重要文獻。
- **強調觀點**：在討論或分析中強調某個重要的觀點或論述。
- **引用資料**：在學術寫作或研究報告中引用來源或文獻。

以下是它的主要優點：

- **提高可讀性**：透過視覺上的區分，幫助讀者快速識別引用文字。
- **強化資訊傳達**：突出重要文字有助於強化資訊的傳達和理解。
- **增加專業性**：正確引用資料可以增加檔案的專業性和可信度。

在 Notion 中，可以輕鬆地將選定的文字轉換為引用格式。使用者可以根據需要調整引用文字的風格，如更改字體大小或背景顏色。另外，引用文字可以與其他類型的內容（如普通文字、圖片、清單）一起使用，創造豐富的內容結構。

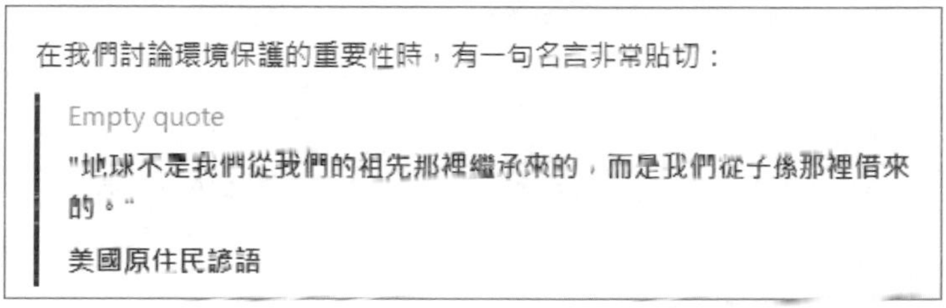

在我們討論環境保護的重要性時，有一句名言非常貼切：

> Empty quote
> "地球不是我們從我們的祖先那裡繼承來的，而是我們從子孫那裡借來的。"
> 美國原住民諺語

總的來說，「新增引用文字」功能是一種非常有用的工具，尤其是在需要突出特定資訊或正確引用其他資料時。它提供了一種簡潔且效果明顯的方法來增強文字的表達力。

3-2-9 新增欲強調的文字或標語（Callout）

「新增欲強調的文字或標語」（Callout）功能是一種在文字編輯和筆記應用中常見的格式化工具，用於特別突出或強調某段文字。這種功能在 Notion 等現代筆記應用中非常受歡迎。以下是關於「Callout」功能的一些關鍵點：

- **文字強調**：Callout 用於強調重要的資訊、提示、警告或其他特別注意的文字。
- **視覺突出**：通常會有不同的背景色、邊框或圖標，以視覺上將其與普通文字區分開來。

它的主要使用場合有：

- **重要提示**：在使用者手冊或指南中提供重要提示或警告。
- **強調摘要**：在文章或報告中強調重點摘要或結論。
- **特別註記**：在筆記或計劃中標註特別的思考或想法。

以下是它的主要優點：

- **提高可讀性**：透過不同的格式化幫助讀者快速識別重要資訊。
- **增強資訊傳達**：強調的文字可以更有效地傳達關鍵資訊或提示。
- **美觀且功能性**：除了增加檔案的美觀性，也提高了資訊的功能性和實用性。

在 Notion 中，可以輕鬆地建立一個 Callout 塊，並自訂其風格和圖標。使用者可以選擇不同的背景顏色和圖標，以匹配不同的上下文和用途。另外 Callouts 可以包含文字、連結、甚至其他類型的內容，如列表或圖片。

> **重要提醒：**
> **請記得在週五之前提交所有項目報告。這是本季度審核的必要條件。**

總的來說，「新增欲強調的文字或標語」是一種非常有用的工具，尤其適合於強調檔案中的關鍵資訊或特別提示。這不僅提高了資訊的視覺吸引力，也幫助讀者更好地理解和記住重要內容。

3-2-10 方塊方程式（Block equation）

用於插入數學方程式，適合學術或教育用途。「方塊方程式」（Block equation）功能是指在文字編輯器或筆記軟體中插入獨立的數學方程式或表達式的能力。這種功能通常用於建立格式化的數學方程式，使其與普通文字區隔開來，並專門用於顯示複雜的數學計算。

以下是對「方塊方程式」功能的一些關鍵點：

- **獨立顯示**：方塊方程式將數學方程式以獨立的塊（block）形式展示，通常居中或突出顯示在文字中。

- **格式化數學符號**：支援使用數學符號和格式，如分數、積分、求和符號等，以及特殊的數學字體。

它的主要使用場合有：

- **學術論文**：在撰寫數學、物理學或工程學等領域的學術論文時，用於展示關鍵的數學證明或公式。
- **教育材料**：在教科書或教學資料中插入清晰的數學方程式。
- **技術文件**：在技術檔案中展示複雜的計算公式或演算法。

以下是它的主要優點：

- **清晰易讀**：提高了數學方程式的可讀性和專業性。
- **結構化展示**：幫助整齊地組織和展示複雜的數學公式。
- **多功能性**：支援各種數學符號和公式，滿足不同的數學表達需求。

許多筆記應用如 Notion 支援使用 LaTeX 語法來建立方塊方程式，這是一種廣泛使用的數學排版語言。方塊方程式通常可以直接在編輯器中建立和編輯，無需額外的工具。

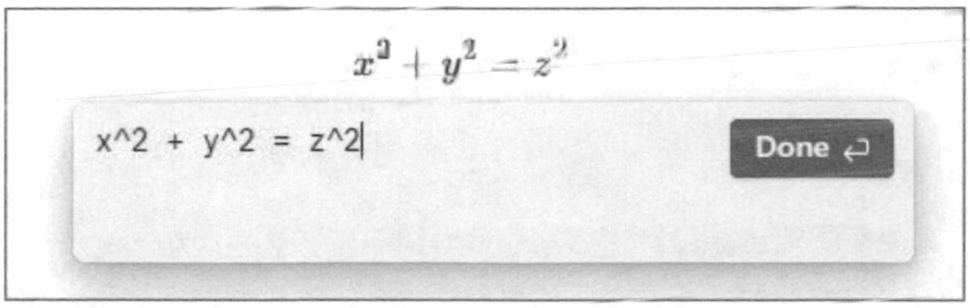

$$x^2 + y^2 = z^2$$

```
x^2 + y^2 = z^2
```

Done

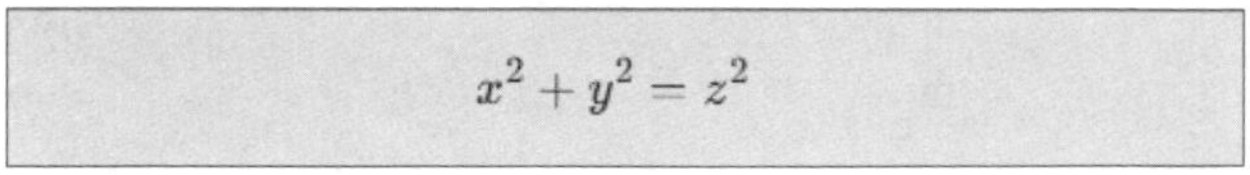

$$x^2 + y^2 = z^2$$

這個方程式是著名的畢氏定理，它表示在一個直角三角形中，直角邊的平方和等於斜邊的平方。在這裡，x 和 y 代表直角邊的長度，而 z 代表斜邊的長度。

這個方程式使用了 LaTeX 語法，這是在學術和技術檔案中常用的數學排版語言。在支援 LaTeX 的文字編輯器或筆記應用中，這個方程式將被格式化並作為一個獨立的方塊顯示，使其在視覺上與普通文字區分開來。

Tips

請簡介 LaTeX 語法的主要功能。

ChatGPT 回答畫面

LaTeX 簡介

1. 基本概念

- **LaTeX** 是一種基於 **TeX** 的文檔排版系統，由 Leslie Lamport 開發。
- 它被廣泛用於學術界，尤其是在包含大量數學公式的文檔中。
- LaTeX 使用標記語言來描述文檔的結構和格式，使作者可以專注於內容而非外觀。

2. 主要功能

- **數學公式排版：** 能夠輕鬆處理複雜的數學公式。
- **文檔結構控制：** 提供章節、小節的劃分，並自動生成目錄。
- **參考文獻管理：** 與 BibTeX 等工具配合，自動化引文和參考文獻格式處理。
- **圖表和圖形：** 支持插入圖片、創建表格和自定義圖形。
- **高質量輸出：** 產生專業品質的 PDF 或其他格式文檔。

3. 應用領域

- 廣泛應用於數學、物理、計算機科學、工程學、經濟學等領域的學術論文和書籍。

4. 優勢

- **專業品質：** 專為高品質排版設計，特別適合學術論文和專業出版。
- **強大的功能：** 支持複雜的排版需求，如自動編號、多語言支持、索引創建等。
- **兼容性和靈活性：** 可在多種操作系統上運行，且具有高度的自定義性。

5. 學習曲線

- 雖然功能強大，但 LaTeX 的學習曲線相對較陡峭，尤其對於初學者。

6. 社區和支持

- 擁有活躍的用戶社區，提供大量的模板、工具和文檔，幫助用戶學習和使用。

總結來說，LaTeX 是一個專業的文檔製作系統，非常適合需要進行精確排版和複雜格式處理的學術寫作和專業出版領域。

總的來說，「方塊方程式」功能是學術寫作、教育和技術文件撰寫中非常重要的工具，尤其是在需要精確和專業展示數學內容時。

3-2-11 摺疊標題（Toggle heading）

結合標題和摺疊功能，用於建立可以展開和摺疊的標題區塊。「摺疊標題」（Toggle Heading）是一種在文字編輯和筆記應用中常見的功能，尤其在像 Notion 這樣的現代筆記應用中非常受歡迎。這種功能允許使用者建立可展開和收起的標題，進而控制下方內容的顯示與隱藏。以下是對「摺疊標題」的定義與功能：

- **結構化標題**：摺疊標題類似於常規標題，但它還具有展開和收起內容的功能。
- **內容隱藏與顯示**：點擊摺疊標題旁的圖標，可以隱藏或顯示該標題下的所有內容。

它的主要使用場合有：

- **清晰組織文件**：在長檔案中用於整理並簡化內容，幫助使用者專注於特定部分。
- **改善導航**：在筆記或網頁上建立易於導航的區塊，尤其在需要處理大量資訊時。
- **增強可讀性**：當檔案包含多個部分或主題時，摺疊標題可以幫助提高可讀性。

以下是它的主要優點：

- **節省空間**：透過收起不需要的部分，節省螢幕空間。
- **提升效率**：幫助快速找到並專注於所需的資訊。
- **增加互動性**：使文件更具互動性，改善使用者體驗。

在 Notion 等應用中，摺疊標題可以包含多個子標題和內容，形成層次分明的結構。可以包含文字、清單、圖片、表格等多種類型的內容。

週計劃

▼ 週一

- 上午：團隊會議
- 下午：項目報告準備

摺疊標題是一種有效的工具，用於管理和展示複雜或長篇的檔案內容，特別適合於需要結構化和分層次展示資訊的情境。

3-2-12 欄位（Columns）

將內容分割成多個欄位，以提高頁面的佈局靈活性。「欄位」（Columns）功能是在文字編輯器和筆記應用程式中常見的一種佈局工具，它允許將頁面的內容分割成多個垂直的列。這個功能尤其在像 Notion 這樣的現代筆記應用中非常受歡迎。以下是對「欄位」功能的一些關鍵點：

- **分割內容**：欄位功能可以將一個頁面的內容分割成兩個或多個垂直列。
- **組織佈局**：這樣可以更有條理地組織和展示資訊，尤其是當需要並排比較或展示不同類型的內容時。

它的主要使用場合有：

- **並排展示**：在製作報告或筆記時，用於並排展示相關資訊或對比內容。
- **多媒體整合**：將文字與圖片、圖表等其他媒體元素並排顯示。
- **增強閱讀體驗**：在網頁設計或電子出版物中，用於改善視覺效果和閱讀體驗。

以下是它的主要優點：

- **提高效率**：透過合理利用空間，可以在有限的頁面範圍內展示更多的資訊。
- **視覺吸引力**：良好的欄位設計可以使頁面看起來更加整潔和專業。
- **靈活性**：多數文字編輯和筆記應用允許使用者自訂欄位的數量和寬度。

在 Notion 等應用中，使用者可以透過簡單的拖放操作來建立和調整欄位。欄位中可以包含多種類型的內容，如文字塊、圖片、清單、表格等。

產品 A	產品 B
更快的處理器	更大的儲存空間
適合遊戲和專業應用	輕薄，便於攜帶
顯示螢幕分辨率高	長效電池壽命

欄位是一種極其有效的工具，用於管理和展示複雜或多元化的文件內容，特別適合於需要清晰結構和良好視覺效果的情境。

這些排版樣式的多樣性使 Notion 成為一個強大的工具，不僅適合日常筆記，還能滿足專業的文件處理需求，大大提升了使用者的工作效率和體驗。總結來說，Notion 的頁面佈局和設計元素結合了美觀與實用，提供了極高的自訂空間，讓您的每一頁面都能精準反映您的需求和風格。無論是進行專案管理、撰寫報告，還是記錄個人筆記，Notion 都能讓您的工作和創作更加高效且富有個性。

除了上述的文字樣式外，還有內連功能、插入資料庫功能、插入多媒體功能（如插入：圖片、影片）、嵌入功能、顏色 / 背景色功能為初學者較容易使用到的功能。

3-3 圖片與多媒體的創意運用

Notion 的圖片和多媒體功能不僅豐富了筆記的表達形式，也為您的創意提供了更廣闊的空間。您可以將重要的圖片、圖表或影片直接拖入頁面，或透過嵌入功能將外部資源整合到您的筆記中。

例如，在製作產品展示或市場分析報告時，您可以加入產品的圖片、使用者回饋的影片或相關市場資料的互動圖表。這不僅使您的報告更加生動有趣，也幫助接收者更好地理解和記憶所呈現的資訊。底下是 Notion 可以插入的媒體（Media）元素：

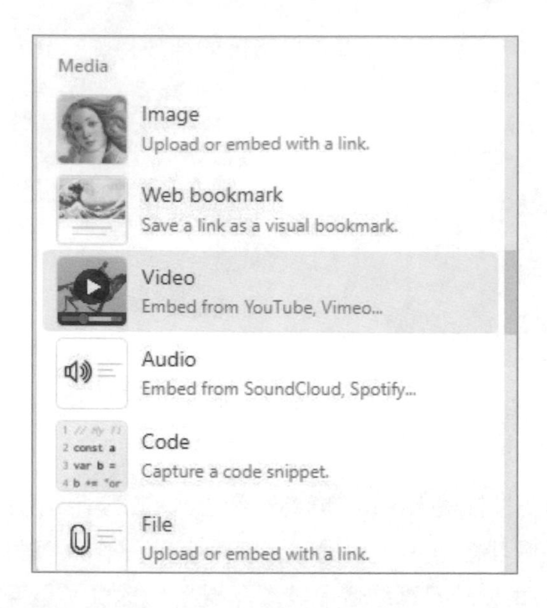

接下來我們就來介紹這些媒體元素的特點。

3-3-1 圖片（Image）

在 Notion 中，圖片可以被用來增強視覺效果和傳達資訊。使用者可以輕鬆地將圖片檔案拖放到頁面中，或是透過連結直接嵌入。這對於呈現產品快觀、圖表、團隊照片或任何視覺插圖都非常有用。

3-3-2 網頁書籤（Web bookmark）

這個功能讓使用者可以在 Notion 頁面中插入網頁連結，並顯示一個縮略預覽，包括網站的標題、描述及圖片。這非常適合於保存重要網站連結，如參考資料、新聞文章或任何線上資源。

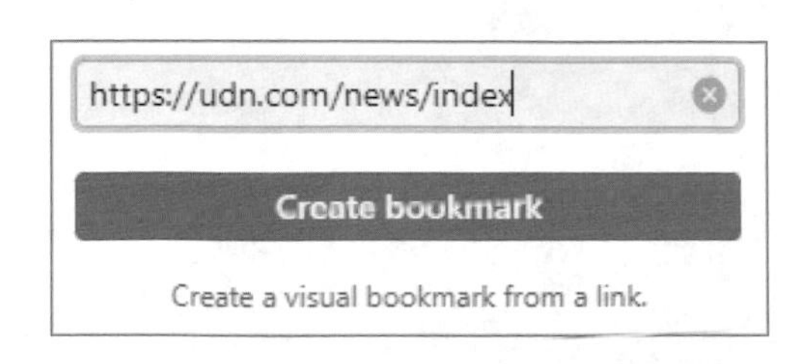

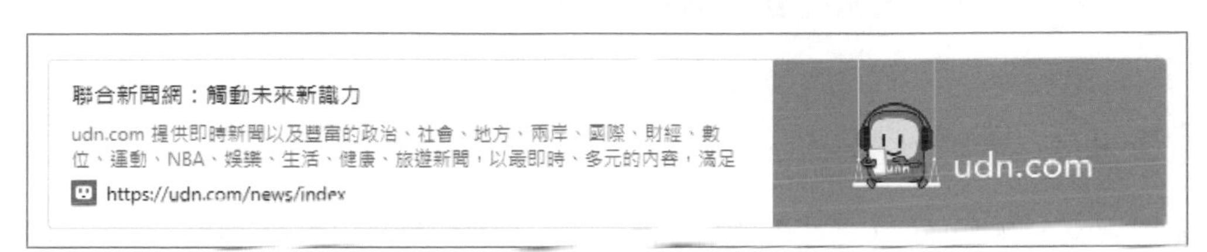

3-3-3 影片（Video）

Notion 支援嵌入來自各種平臺的影片，如 YouTube、Vimeo。這使得在筆記或報告中直接展示影片變得可能，尤其在需要解釋複雜概念或展示產品示範時非常有用。

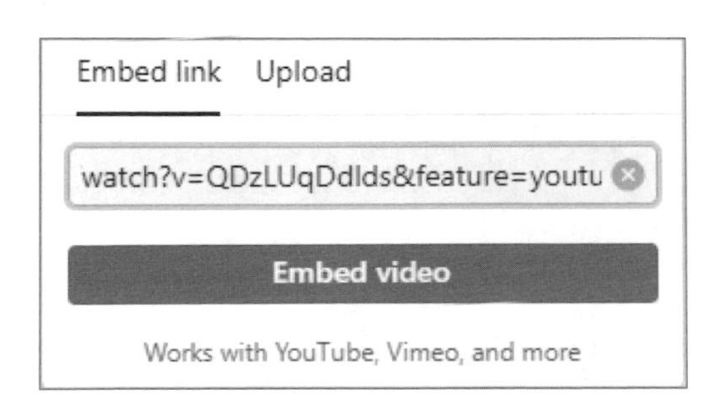

3-3-4 音訊（Audio）

使用者可以在頁面中插入音訊檔案，支援從簡單的語音筆記到音樂檔案等各種格式。這對於加入會議錄音、語音說明或背景音樂等非常實用。

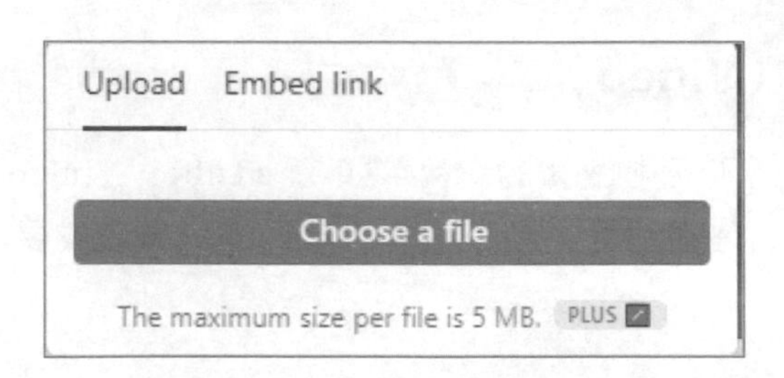

0:00 / 0:00

3-3-5 程式碼（Code）

專門用於顯示程式碼或技術性檔案。在 Notion 或其他文字編輯及筆記應用中，「程式碼」（Code）功能是指將一段特定的文字或段落格式化為程式碼的顯示方式。這個功能特別針對那些需要在檔案中插入程式碼片段的使用者。以下是關於「程式碼」功能的一些關鍵點：

- **文字格式化**：程式碼功能將選定的文字轉換為程式碼格式，通常包括一種不同於普通文字的字體（如等寬字體）和背景。
- **區分顯示**：這種格式使程式碼與普通文字區分開來，便於閱讀和理解。

有關程式碼使用場合如下：

- **撰寫技術文件**：在技術部落格、教學或文件中插入具體的程式碼示例。
- **程式碼片段分享**：分享小的程式碼片段或命令，例如在團隊協作中分享解決方案。
- **學習筆記**：在學習程式設計時，用來記錄和回顧重要的程式碼片段。

透過程式碼表現方式的主要優點如下：

- **提高可讀性**：透過特殊的格式化，使得程式碼在檔案中更易於識別和閱讀。
- **保留格式**：確保程式碼的縮進和格式在不同平臺和環境中保持一致。
- **語法突出**：有些程式支援程式碼語法突顯，進一步提高程式碼的可讀性。

在 Notion 允許使用者透過特定的選項或快捷鍵直接插入程式碼塊。而且 Notion 的程式碼功能支援多種程式語言的語法突顯，例如 Python、JavaScript、HTML 等。可以用於插入單行程式碼或者較大的程式碼塊。

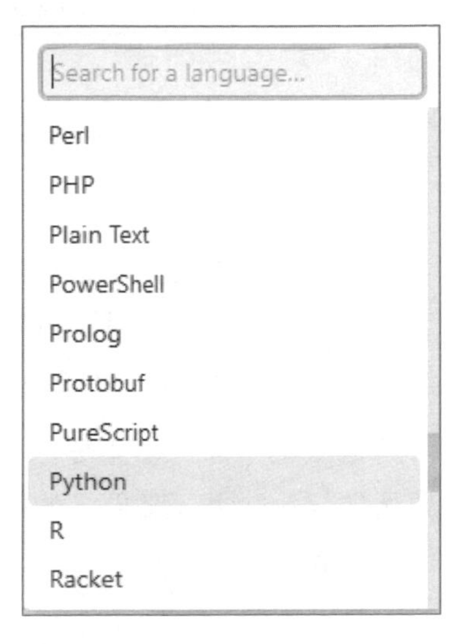

總的來說，「程式碼」功能是檔案和筆記應用中對於技術使用者非常有用的一個特性，它提供了一種清晰、專業的方式來呈現和分享程式碼。例如下圖是 Python 的語法範例：

Python ∨　Copy　Caption　•••

```
def square(number):
    return number * number

result = square(4)
print(result)
```

3-3-6 檔案（File）

在 Notion 中，使用者可以上傳和附加各種檔案，從文件檔案、PDF、示範文件稿到任何其他重要文件。這一功能提高了資料的可存取性，方便使用者和團隊成員共用和查閱資料。

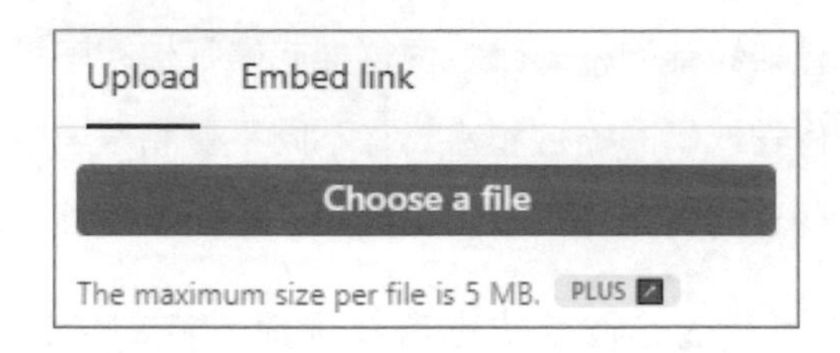

油漆式速記繁體中文自學系統功能簡介.pdf 2266.8KB

透過這些多樣化的媒體元素，Notion 頁面變得更加豐富和互動，提供了一個靈活的平臺來展示、組織和分享資訊。無論是用於個人筆記、專案管理還是團隊協作，這些媒體元件都能有效地增強資訊傳達和視覺呈現。

綜合來看，本章節主要的目的在引導您更深入地瞭解 Notion 的基本操作，並激勵您發掘這個平臺更多的應用可能。無論您是進行日常工作規劃、組織團隊協作，還是開展創意專案，掌握這些技巧將使您的工作和創作過程更加高效和愉快。

Tips ／在 Notion 中叫出功能表列

在 Notion 中叫出功能表列（又稱命令選擇器或命令面板）的操作非常簡單。不過，由於我無法進行實際的操作示範，我將為您提供詳細的文字說明步驟：

- **快捷鍵叫出**：在 Notion 的任何編輯頁面上，您可以使用快捷鍵「/」來叫出功能表列。只需在您想要插入內容的地方按下「/」鍵，功能表列就會出現。
- **點擊叫出**：另一種方法是直接點擊頁面上的「+」按鈕，這通常出現在新的行的開頭。點擊後，功能表列會展開，顯示可用的所有功能選項。
- **選擇功能**：當功能表列出現後，您可以看到各種不同的選項，如文字格式、清單類型、媒體插入等。您可以直接點擊所需的功能，或者在叫出功能表列後繼續輸入關鍵字來快速篩選並選擇特定功能。
- **應用功能**：選擇您需要的功能後，相應的元素或格式將會被插入到您的頁面上。

這些功能表列選項包括了加入新的文字區塊、插入圖片、建立表格、設置待辦事項清單等，非常方便使用者進行快速編輯和內容管理。透過這種方法，Notion 使得檔案編輯和組織變得更為高效和直觀。

NOTE

第 4 章

Notion 的資料管理

Notion 的資料管理功能可謂強大無比，這一節將帶領您深入了解資料庫、資料庫檢視模式頁籤的使用方式，讓您能夠更有效地整理和利用您的資料。讓我們一同探索這些功能的妙處。

4-1 Notion 資料庫的基礎

在 Notion 中，資料庫並非僅僅是儲存資料的容器，更是一個極為靈活的工具。使用者可以建立各種類型的資料庫，例如表格、看板、日曆等，而且可以根據需求自由地加入不同的欄位。以行銷團隊為例，他們可以建立一個內容日曆資料庫，用於有效地規劃和追蹤社群媒體發布計畫，實現協作無間。

資料庫檢視模式頁籤是 Notion 中強大的分類工具，可以幫助使用者更有效地組織和檢索頁面和資料庫條目。例如，一位部落格作者可以為不同主題的文章設置標籤，如「旅行」、「美食」、「生活」等，這樣一來，就能夠輕鬆地找到和整理相關主題的內容。

Notion 的關聯功能為使用者提供了在不同頁面和資料庫之間建立強大連結的能力。這讓使用者能夠輕鬆地跨足頁面連結和參照資訊。舉例而言，一家公司的專案管理資料庫可以與員工個人任務頁面建立關聯，實現資訊的即時更新和共享，讓協作變得更加流暢。

4-1-1 認識資料庫

在 Notion 的世界中，資料庫是組織和管理資料的利器。本小節將我們將了解資料庫的定義、功能，以及在 Notion 中如何善用這一重要功能。

首先我們先來談談資料庫的定義，所謂資料庫是指將相關資料集中儲存、組織並以結構化的形式呈現的系統。在 Notion 中，資料庫可以是各種形式，例如表格、看板、日曆等，並能夠根據使用者需求靈活調整。這種靈活性使得 Notion 的資料庫與眾不同，能夠適應各種用途，從個人任務管理到團隊協作專案。資料庫的主要功能包括：

- **組織性：**資料庫使得資料的組織變得輕而易舉。使用者可以建立自己的欄位，按照特定的需求排列資料，確保每一個專案都有清晰的歸屬和關聯。

- **檢索性：**資料庫的搜尋和篩選功能使得使用者可以輕鬆地找到所需的資訊。無論是透過搜尋框直接輸入，還是透過條件篩選，都能夠快速而準確地找到目標。
- **協作性：**資料庫不僅僅是一個個人的工具，更是團隊協作的平台。成員可以共同編輯和訪問資料庫，實現即時的資訊共享和更新。

在 Notion 中，資料庫是資訊的心臟，為使用者提供了一個高度靈活的工作環境。在接下來的內容中，我們將更進一步探索資料庫的結構，讓您的 Notion 體驗更上一層樓。在 Notion 提供各種不同資料庫檢視模式的外觀：

閱讀清單

Table

資訊類書單

Aa 書名	類型	出版社	作者	閱讀狀態
聰明提問AI的技巧與實例	人工智慧	博碩	吳燦銘	Done
Midjourney AI 繪圖：指令、風格與祕技一次滿足	人工智慧	博碩	鄭苑鳳	In progress
輕鬆上手Power Automate入門與實作	資訊應用	博碩	吳燦銘	Not started

筆記高效組織術

全部摘要　AI筆記　程式語言筆記　新科技筆記

ChatGPT是基於大型語言模型的對話式AI，能夠理解和
新科技主題

Python是一種高階、多用途的程式語言，以其清晰的
程式語言筆記

機器學習是一種使電腦能夠從數據中自我學習和改進
AI筆記

響應式網頁設計（RWD）能夠讓網站在不同設備上正
新科技主題

人工智慧（AI）具備自我學習與演進的能力，能從龐
AI筆記

程式語言是用來指示電腦執行任務的工具，具備精準
程式語言筆記

4-1-2 資料庫的結構介紹

資料庫的結構不僅是為了組織和呈現資訊，更是提高工作效率和團隊協作的重要工具。透過學習本節內容，您將更加熟悉如何靈活設計和應用資料庫的結構，使 Notion 成為您工作和協作的得力助手。資料庫的結構是 Notion 中的一個核心概念，了解如何有效地配置和利用這些結構，將極大提升您的工作效率。讓我們一同深入了解「資料庫的結構」，探索其中的設計哲學和實際應用。

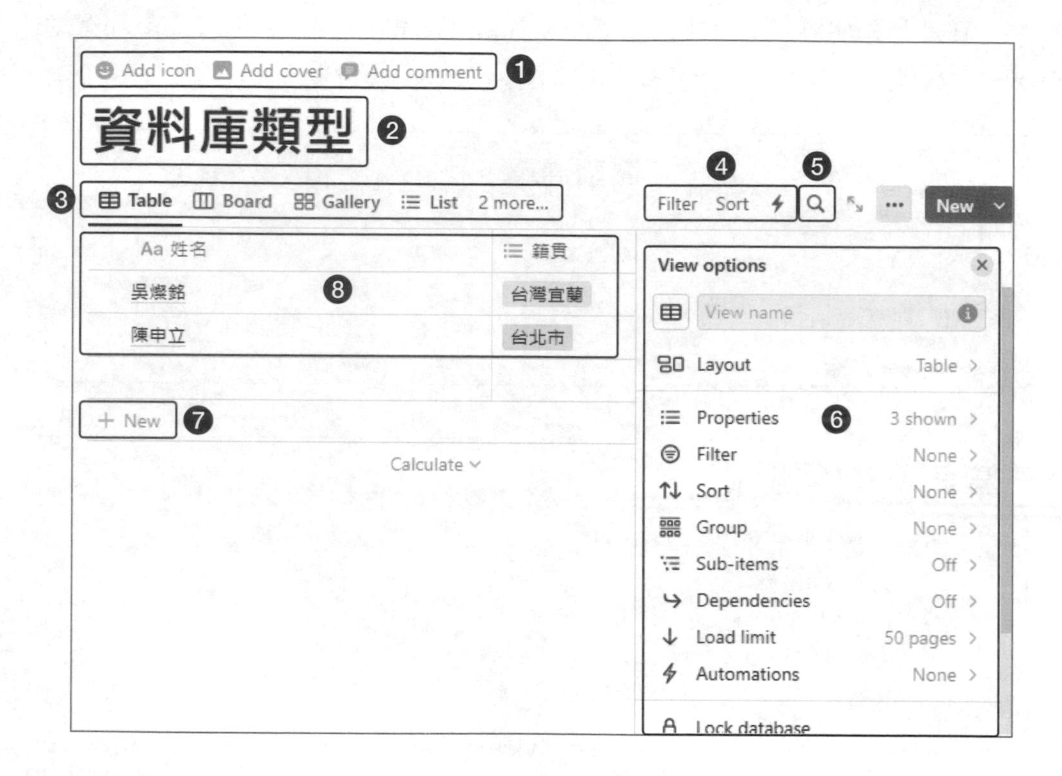

❶ 封面與說明

每一個資料庫都可以擁有一個獨特的封面（Cover），這不僅美化了您的工作環境，同時也提供了直觀的識別方式。例如，一個專案管理的資料庫可以使用該專案的標誌或代表性圖片作為封面。而資料庫的說明（Show Description）部分是對資料庫內容的簡短描述。這能夠提供給共同協作的成員一個快速了解資料庫內容和目的的方式。

❷ 圖示與標題

每一個資料庫都可以設置一個特定的圖示（Icon），使其更容易辨識。例如，一個關於健康的資料庫可以使用心臟的圖示，而一個關於旅行的資料庫則可以使用飛行的圖示。而標題（Heading）是其識別和命名的核心。一個清晰且具有代表性的標題能夠讓使用者迅速了解這個資料庫是關於什麼。

❸ 資料庫檢視模式頁籤

資料庫檢視模式頁籤提供了不同的視角和排列方式，使得使用者可以依據不同需求切換不同的顯示模式，例如表格、看板、日曆等。這增加了資料庫的多功能性，使其適應不同工作場合。

❹ 篩選器、排序和自動化

- **篩選器（Filter）**：篩選器能夠根據預設或自定義條件，動態地顯示特定範圍的資料。舉例來說，一個任務管理的資料庫可以使用篩選器只顯示未完成的任務。
- **排序（Sort）**：排序功能讓使用者可以根據特定的欄位對資料進行升冪或降冪排序。在一個時間軸資料庫中，可以使用排序功能按照日期排列事件。
- **自動化（Automation）**：Notion 中的自動化功能可使特定事件觸發相應的動作。例如，當某個任務的狀態更改時，可以自動向相關成員發送通知。

❺ 搜尋（Search）

資料庫中的搜尋功能是快速找到所需資訊的重要工具。使用者可以透過搜尋框直接輸入關鍵字，即可迅速找到相關內容，提高查找效率。

❻ 內容區塊

進一步強化資料庫的內容組織，將各項功能巧妙整合於同一選單中，而在其中一項常被廣泛運用的功能是透過「Properties」（屬性）進行頁面顯示欄位的調整。

❼ 新增資料（New）

新增資料是資料庫的基本操作之一。使用者可以輕鬆地透過新增資料按鈕將新的內容區塊加入資料庫，實現即時的資料更新。

❽ 資料庫內容

最後，資料庫的實際內容是由使用者填充的。這可以是文字、數字、日期等各種資料類型，具體內容則取決於資料庫的目的和用途。

4-1-3 資料庫頁面

Notion 的資料庫頁面是該平台的一個強大功能，為使用者提供了在資料庫內更深入組織和編輯資訊的工具。每一筆資料不僅是單純的資料，還是一個可以容納詳盡內容的專屬頁面。這種獨特的結構使得資料庫不再僅限於冰冷的資料，而是變成一個豐富且具互動性的資訊中心。以下列出資料庫頁面的重要性：

- **深入編輯內容**：資料庫頁面提供了一個完整的編輯環境，讓使用者可以加入文字、圖片、表格等多種元素，使資料更生動、具體。
- **更詳盡的資訊**：透過頁面內容的編輯，使用者能夠呈現更多相關資訊。舉例來說，如果資料庫是一個專案管理系統，每一個專案的資料庫頁面可以包含該專案的詳細描述、進度追蹤、相關文件等。
- **提升資料的有條理性**：資料庫頁面不僅是資料的容器，更是使資料有條理排版的工具。使用者可以自由組織頁面內容，使之更符合個人或團隊的需求。

例如假設你是一家設計公司的專案經理，使用 Notion 建立了一個專案管理資料庫。每一筆資料代表一個專案，而每一個專案都有一個獨立的資料庫頁面。在這個頁面中，你可以記錄該專案的目標、里程碑、任務分配，並且還可以加入相關的設計稿、會議記錄等。這樣的結構使得專案管理更加有條理，同時提供了豐富的資訊，讓團隊成員能夠更清晰地了解和參與專案。

總而言之，資料庫頁面是 Notion 中一個極具價值的功能，它將資料庫帶入了一個全新的層次。透過深入編輯內容、提供更詳盡的資訊，以及有條理的安排方式，使用者能夠更有效地利用資料，提高工作效率，實現更協作的工作環境。

4-1-4 資料庫欄位種類

在 Notion 的資料庫中，欄位是資料組織的重要組成部分。了解不同種類的欄位，可以使使用者更有效地組織和呈現資訊。這一節將深入介紹資料庫中各式各樣的欄位種類，包括基本欄位、進階欄位、特殊格式欄位等，帶領讀者探索更豐富的資料管理功能。

1. **基本欄位**：基本欄位是資料庫中最基本的元素，包括文字、數字、單選、多選等。這些欄位形成了資料庫的基礎結構，幫助使用者能夠記錄和呈現最基本的資料。例如，一個任務清單的資料庫可以使用文字欄位記錄任務名稱，使用單選欄位表示任務的優先級。
2. **進階欄位**：進階欄位提供了更豐富和多樣化的資料儲存方式。例如，日期欄位能夠方便地追蹤事件的時間。
3. **特殊格式欄位**：特殊格式欄位讓資料呈現更生動。例如，圖片欄位允許使用者輕鬆地加入圖片，影片欄位則提供了在資料庫中直接播放影片的功能。這樣的特殊格式欄位使得資料呈現更具視覺效果，增加了資訊的表達力。
4. **自動建立的欄位**：Notion 的自動建立的欄位大大簡化了資料管理的過程。例如，「最後修改時間」欄位可以自動追蹤每筆資料的修改時間，「建立時間」欄位則紀錄了每筆資料的建立時間。這樣的欄位使得資訊的跟蹤和管理更加輕鬆。
5. **資料庫關聯欄位**：資料庫關聯欄位允許不同資料庫之間的連結，建立起資料之間的相互關聯。以專案管理為例，你可以在一個資料庫中建立專案，並透過資料庫關聯欄位將相關的任務連接起來，實現資料的集中管理。
6. **Notion AI 欄位**：Notion AI 欄位整合了人工智慧技術，為使用者提供更智慧的資訊處理和建議功能。舉例來說，當你在一個文件中加入「Start writing with AI」欄位時，Notion AI 可以提供即時的內容建議，提高文件撰寫的效率。
7. **第三方應用欄位**：Notion 開放了與第三方應用的整合，使用者可以在資料庫中加入第三方應用欄位，將外部資訊無縫整合到 Notion 中。例如，你可以加入 Trello 的欄位，實現在 Notion 中直接查看和操作 Trello 的任務。

Tips ／認識 Trello 軟體

Trello 是由 Fog Creek Software 開發的免費網路應用程式，主要作為網路版專案管理軟體。其特色在於水平化應用，無需專業知識，適合各行各業使用。Trello 是極為簡潔的專案管理工具，啟動看版只需數秒，可輕鬆自動化繁瑣任務，實現隨時隨地的協同合作，即使使用行動裝置也十分方便。

4-1-5 常見的欄位類型介紹

在 Notion 的資料庫中，不同的欄位類型為使用者提供了彈性的資料輸入方式，使得資訊的呈現更具體和有層次。這一節將深入探討幾種常見的欄位類型，包括文字、數值、單選、多選、日期和進度欄位，讓讀者更全面了解如何善用這些欄位，達到更精確的資料管理。以下是這些常見欄位類型的介紹：

- **Text（文字）欄位類型：**Text 欄位是最基本且通用的欄位之一，用於輸入文字資訊。這可以包括任何形式的文字，如任務名稱、描述、筆記等。舉例來說，在一個專案管理的資料庫中，你可以使用 Text 欄位記錄每一個任務的名稱和相關描述。
- **Number（數值）欄位類型：**Number 欄位專門用於輸入數字，支援整數和浮點數。這在資料統計和財務管理中非常實用。例如，在一個預算追蹤的資料庫中，你可以使用 Number 欄位記錄每筆開支的金額，方便統計和分析。
- **Select（單選）欄位類型：**Select 欄位允許你在一系列預定義的選項中選擇一個。這種類型的欄位常用於區分不同的類別或狀態。例如，在一個任務清單的資料庫中，你可以使用 Select 欄位標記每一個任務的優先級，包括「高優先」、「中優先」和「低優先」。
- **Multi-Select（多選）欄位類型：**Multi-Select 欄位與 Select 類似，但允許你同時選擇多個選項。這在處理複雜的分類或標籤時非常有用。舉例來說，在一個記事的資料庫中，你可以使用 Multi-Select 欄位標記每篇文章的主題，包括「科技」、「旅行」、「飲食」等。
- **Date（日期）欄位類型：**Date 欄位專門用於輸入日期。這對於時間相關的任務和專案非常實用。例如，在一個專案排程的資料庫中，你可以使用 Date 欄位標記每一個任務的截止日期，有助於及時安排工作。

- **Status（進度）欄位類型**：Status 欄位用於追蹤任務或專案的進度狀態。這種欄位通常包含預定義的狀態，如「未開始」、「進行中」和「已完成」。在專案管理中，你可以使用 Status 欄位快速查看任務的執行狀態，確保順利完成專案。

例如假設你正在建立一個工作日誌的資料庫，Text 欄位可以用於記錄每天的工作內容和心得；Number 欄位可以記錄每天工作的時間，方便統計工時；Select 欄位可以標記工作的性質，如「會議」、「任務」；Date 欄位則可以紀錄每天的日期；Status 欄位可以用於標記工作的進度狀態，如「進行中」、「已完成」。

了解不同的欄位類型，使得使用者在建立和管理資料庫時更具靈活性。每一種欄位都有其獨特的用途，可以根據特定需求和場合做出最適合的選擇。透過合理使用這些欄位，Notion 的資料庫功能能夠更好地滿足使用者的多樣化需求，提升工作效率。

4-1-6 認識 Notion 自動建立的欄位

Notion 的靈活性不僅呈現在使用者手動建立的各種欄位類型上，還表現在自動建立的欄位中。這一節我們將深入認識那些由 Notion 自動處理的欄位，這些欄位不僅節省使用者的操作時間，同時也為資料庫提供了更豐富的資訊。讓我們一同探索這些自動建立的欄位，了解它們在資料管理中的作用。

- **唯一編號（ID）**：唯一編號是由 Notion 自動分配給每筆資料的唯一識別碼。這確保了每一筆資料在資料庫中的獨特性，使得使用者能夠透過唯一編號快速準確地找到特定的資料。舉例來說，一個專案管理的資料庫中，唯一編號可以用於快速查詢和追蹤每一個任務的進度和相關內容。
- **建立時間（Created time）**：建立時間記錄了每筆資料被建立的具體時間。這提供了一個時間戳記，讓使用者清晰了解資料的建立時間。在協作的環境下，建立時間有助於追蹤和記錄每一個階段的操作歷程。例如，在一個共享的專案計畫資料庫中，建立時間可以確保團隊成員明確知道每一個階段的開始時間。
- **建立人員（Created by）**：建立人員欄位顯示了建立每筆資料的使用者。這有助於確認資料的來源，方便在協作中追蹤負責人。在知識分享的資料庫中，建立人員可以顯示是哪位團隊成員貢獻了特定的知識內容。

- **最後修改時間（Last edited time）**：最後修改時間顯示了每筆資料最後一次被修改的時間。這提供了即時的更新資訊，讓使用者了解資料的最新狀態。在任務管理的資料庫中，最後修改時間確保了每一個任務的進度和內容都是最新的。
- **最後修改人員（Last edited by）**：最後修改人員欄位顯示了最後一次修改每筆資料的使用者。這有助於辨認和追蹤資料的編輯者，方便協作和溝通。在文件共同編輯的資料庫中，最後修改人員欄位可以確保每一個參與者都能夠了解修改的來源。

例如假設你正在管理一個客戶回饋的資料庫，唯一編號確保每一個客戶回饋都有獨特的識別碼，建立時間和建立人員確保你了解每條回饋的起源，而最後修改時間和最後修改人員確保你能夠即時追蹤和了解回饋的處理狀態。

整體來看，Notion 自動建立的欄位提供了實用的資訊追蹤和管理功能，為使用者提供更全面、即時的資訊回饋。透過合理利用這些欄位，使用者能夠更高效地進行資料管理，同時確保資料庫的正確性和即時性。

4-2 資料庫的建立與管理技巧

Notion 的資料庫提供了極高的資料整理和存取效率。例如，您不僅可以建立一個包含詳細資訊的客戶管理資料庫，還可以利用 Notion 的進階功能進行更深入的客戶分析和管理。具體來說，您可以為每一個客戶建立個別頁面，並透過關聯資料庫來追蹤他們的購買歷史、溝通記錄，甚至客戶回饋。這些資料可以透過設定不同的檢視如看板、表格或日曆，來適應不同的管理需求。進一步地，您可以使用 Notion 的公式功能來計算客戶的生命週期價值或分析購買趨勢，因此提供更有價值的客戶洞察。

在 Notion 中建立資料庫（Database）主要有兩種方式：「內嵌資料庫（Database-Inline）」與「完整頁面資料庫（Database-Full Page）」。下面我將詳細說明這兩種資料庫的建立方法，並提供簡單的範例。

4-2-1 內嵌資料庫（Database-Inline）

內嵌資料庫是直接在 Notion 的現有頁面中建立資料庫。這種方式適合於當您想在特定頁面內部管理資訊，如任務清單或會議記錄。其建立步驟如下：

1 STEP 打開您想加入資料庫的 Notion 頁面。

2 STEP 按下頁面內的「+」按鈕或者輸入 / 開啟命令功能選單。

在命令功能選單中選擇「Database - Inline」。

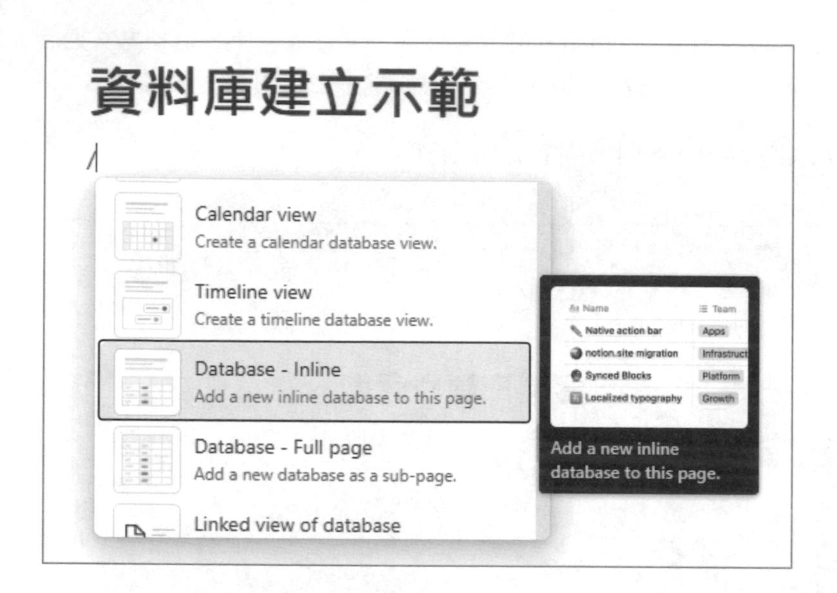

一個新的內嵌表格就會出現在頁面上，您可以開始加入和編輯內容。

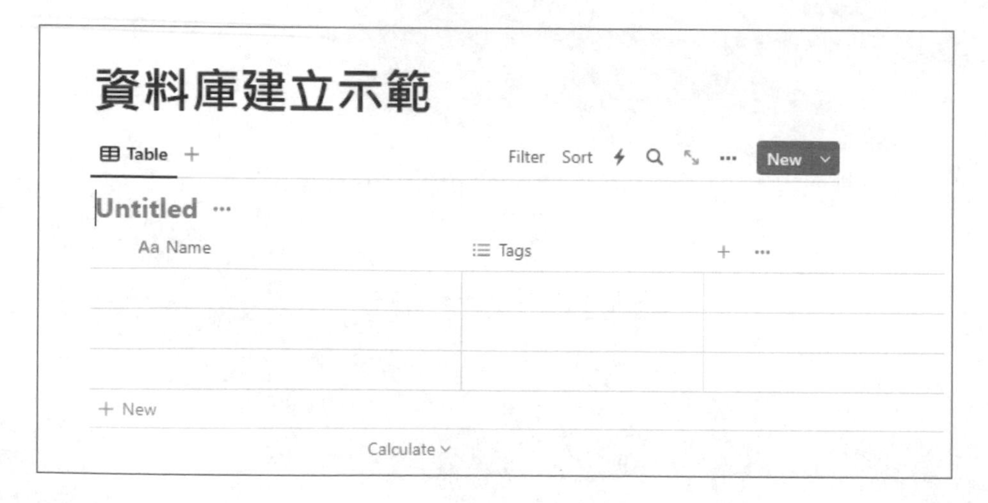

例如我們可以在一個計劃管理頁面中，您可以直接加入一個內嵌資料庫來追蹤不同的任務和截止日期。

4-2-2 完整頁面資料庫（Database-Full Page）

完整頁面資料庫是在 Notion 中作為一個獨立頁面來建立的資料庫。這種資料庫的建立方式適用於需要大量空間和更多自訂選項的情境，如客戶關係管理或專案資料庫。其建立步驟如下：

STEP 1 在 Notion 主頁面或任一目錄中，點擊右下角的「+」新增頁面按鈕。

STEP 2 在新建的頁面中，輸入「/」開啟命令功能選單。

3 STEP 在命令功能選單中選擇「Database - Full page」。

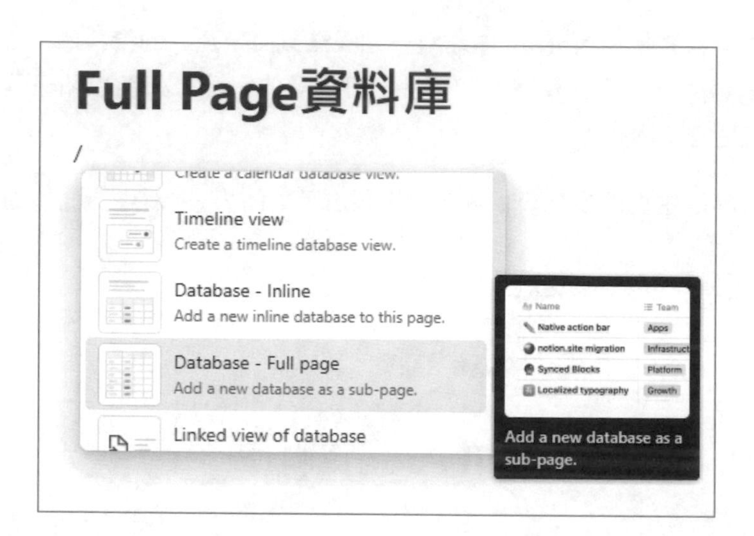

4 STEP 這時會跳轉到一個新的完整頁面，並自動生成一個資料庫。您可以開始訂製資料庫的欄位和內容。

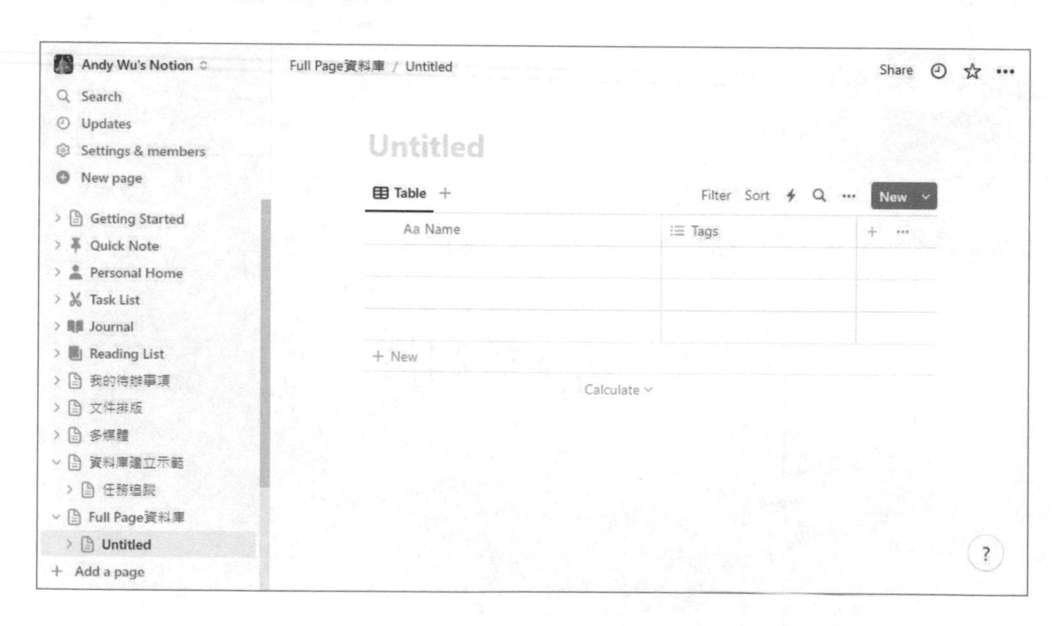

如果您正在建立一個產品庫存資料庫，可以選擇完整頁面資料庫，這樣可以有更多的空間來整理和展示各種產品資訊，如價格、庫存量和供應商等。

透過這兩種方式，您可以根據自己的需求在 Notion 中靈活地建立和管理資料庫。

4-3 Notion 支援的資料庫區塊類型

在 Notion 頁面中，您可以插入多種不同的資料庫（Database）檢視區塊（View Block），每種檢視都有其獨特的功能和特點，適用於不同的需求和情境。以下是這些資料庫檢視的功能特點，以及如何加入這些資料庫區塊的步驟。

4-3-1 表格檢視（Table view）

以傳統的表格形式展示資料，適合於資料密集型的資訊管理，如客戶名單、任務清單等。底下的例子我們選擇「頁面上新增」的方式，資料庫形式選擇「表格檢視（Table view）」。

- **加入步驟：**在 Notion 頁面中選擇「+」按鈕，然後選擇「Table view」開始建立表格檢視。

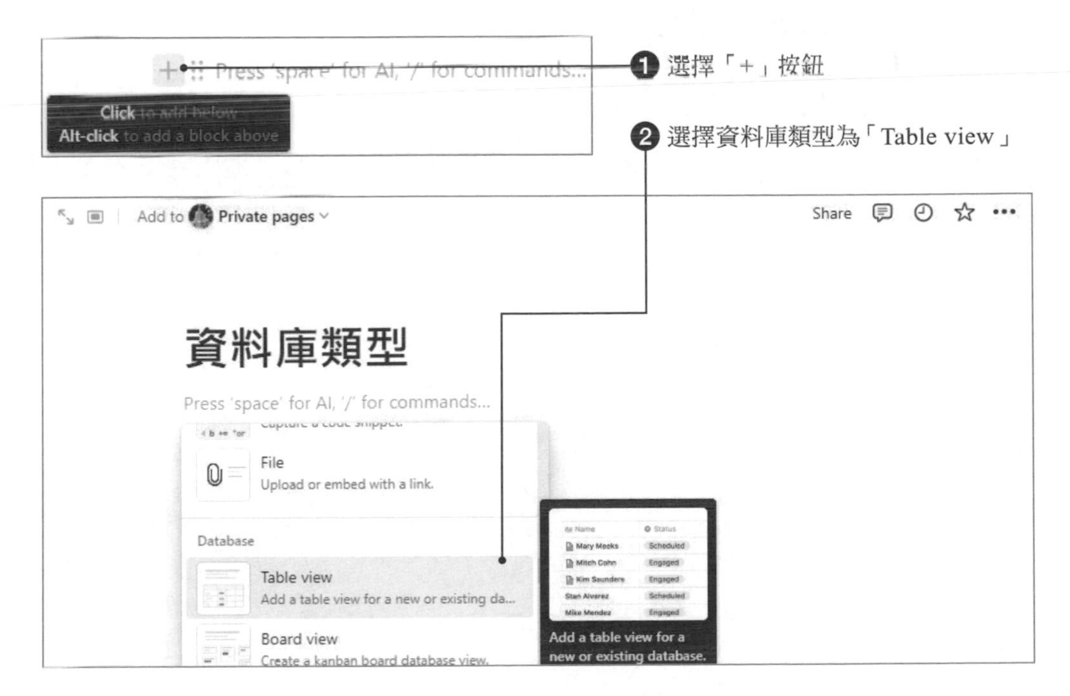

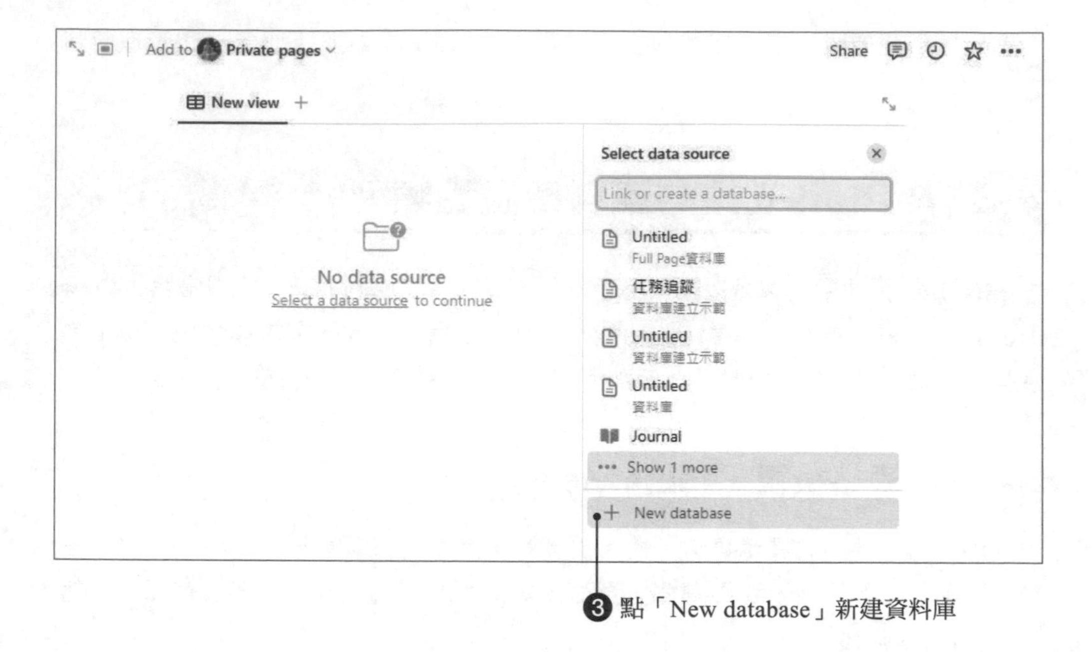

❸ 點「New database」新建資料庫

下圖的資料庫呈現方式就是一種表格檢視（Table view）：

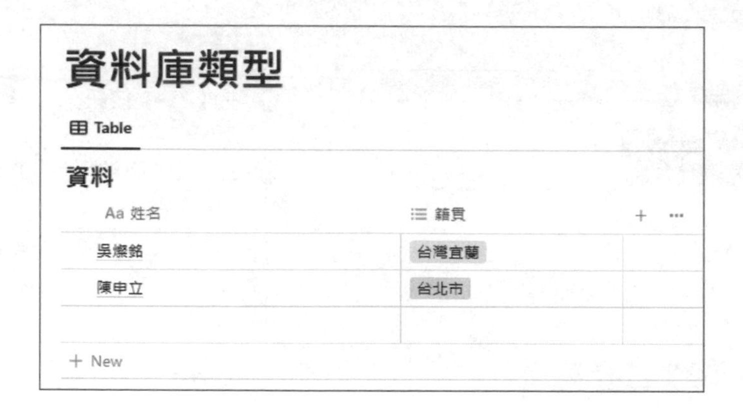

4-3-2 看板檢視（Board view）

將資訊以卡片形式按列顯示，適合進行專案管理和進度追蹤。

● **加入步驟**：在頁面中點擊「+」，選擇「Board view」即可建立看板檢視。

4-3-3 畫廊檢視（Gallery view）

功能與特點：以圖片為主的展示方式，適合於視覺化的內容展示，如產品展示、圖片集等。

● **加入步驟**：點擊頁面的「+」按鈕，選擇「Gallery view」來建立畫廊檢視。

4-3-4 列表檢視（List view）

以簡潔的列表形式呈現資訊，適用於需要集中展示文字內容的場合，如記事本、閱讀清單等。

● **加入步驟**：選擇「+」按鈕，然後選擇「List view」來建立列表檢視。

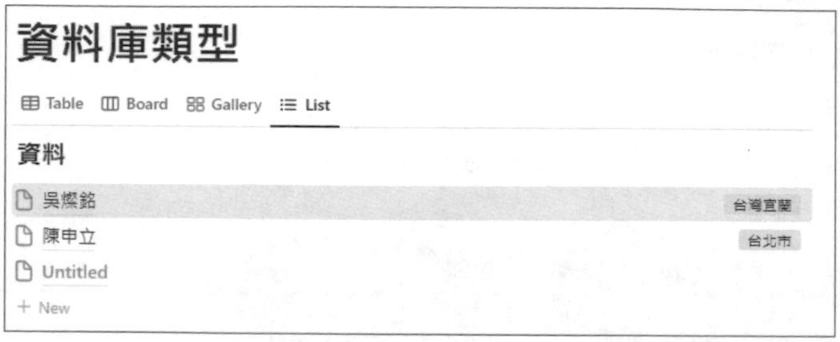

資料庫類型

Table Board Gallery List

資料

吳燦銘 台灣宜蘭
陳申立 台北市
Untitled
+ New

4-3-5 日曆檢視（Calendar view）

將資料以日曆形式展示，方便追蹤事件和約會，適合於時間管理和規劃。

● **加入步驟**：點擊「+」，選擇「Calendar view」來建立日曆檢視。

資料庫類型

Table Calendar 3 more...

資料

January 2024 ‹ Today ›

Sun	Mon	Tue	Wed	Thu	Fri	Sat
31	Jan 1	2	3	4	5	6
7	8	9	10	11	12	13
14	15	16	17	18	19	20
21	22	23	24	25	26	27
28	29	30	31	Feb 1	2	3

4-3-6 時間軸檢視（Timeline view）

以時間為軸呈現資料，適用於專案規劃和時間線管理，如專案的階段劃分。

- **加入步驟**：在頁面上選擇「+」按鈕，然後選擇「Timeline view」來建立時間軸檢視。

以上就是 Notion 中可用的幾種資料庫檢視，透過這些不同的檢視，您可以依據自己的需求，選擇最適合的方式來組織和展示您的資訊。

4-4 建立資料實例—我的高雄旅遊

首先請新增一個頁面，並命名為「我的高雄旅遊」。接著按「/」叫出功能表，選擇表格檢視（Table view）資料庫形式：

接著會出現選擇資料庫來源，因為第一次建立這個資料庫，還沒有任何其它的資料庫來源，所以請選擇「New Database」。

接著請輸入資料庫名稱：「景點資料庫」，並逐一修改資料庫的欄位的類型及名稱，如果要修改欄位標題，可以直接點選文字就可以進行修改，例如第一個欄位名稱修改為「地點名稱」。目前系統預設為兩個欄位，如果想新增欄位則必須資料庫欄位最右側的「+」來增加新的欄位，之後就可以編輯該欄位的名稱。下圖為各欄位的說明：

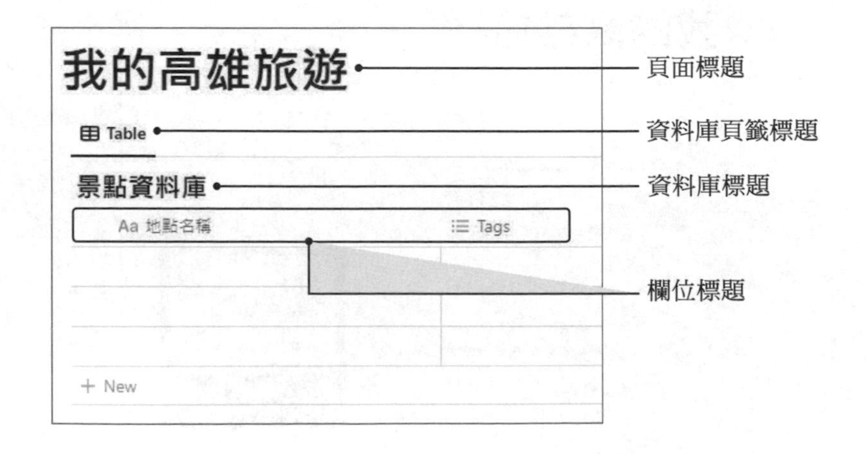

接著點擊第二個欄位標題，並修改名稱為「實現成果」，接著選「Edit property」就可以修改這個欄位的標題名稱及屬性：

本例中筆者選擇的 Type（類型）為 Status（進度）。

接著就可以逐一建立這個資料庫的每一筆記錄，例如下圖示範如何加入「Done」進度狀態。

我的高雄旅遊
Table
景點資料庫
Aa 地點名稱
實現成果
鳳山
Done ×
To-do
Not started
In progress
In progress
Complete
Done
+ New
Edit property

預設的情況下是會以英文顯示，如果各位要改成中文，就可以點選上圖的「Edit property」，就會在右側跳出小視窗，各位就可以修改成自己想要的進度文字及色彩。

下圖就是一種包含兩個欄位、三筆記錄的資料庫外觀：

接下來示範如何新增欄位，並且自訂標籤。

選擇完屬性後，點擊該欄位下方的空白欄位，會跳出如下圖的建立標籤視窗，各位可以直接輸入文字來建立標籤，例如輸入「機車」文字後，再按下「Create」鈕。

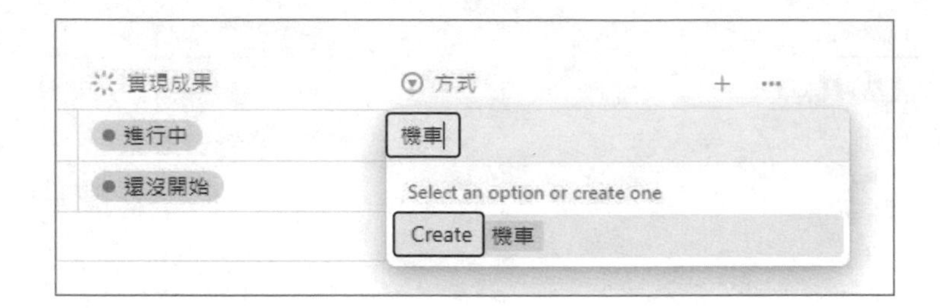

各位可以看到 Notion 會自動帶入一個隨機的顏色，如果各位要變更標籤色彩，可以按下標籤右側的「…」來修改標籤的文字內容與色彩。

下圖為本例子包含三個欄位的資料庫外觀：

我的高雄旅遊

Table

景點資料庫

Aa 地點名稱	實現成果	方式
左營	進行中	機車
岡山	還沒開始	汽車

+ New

在 Notion 的資料庫中加入日期欄位是一個非常有用的功能，它可以幫助您追蹤特定事件的時間，規劃專案時間線，或者為任務設定截止日期。以下是使用日期欄位的一些主要功能，以及如何在 Notion 資料庫中加入日期欄位的操作步驟。

- **設定特定日期或時間**：您可以選擇特定的日期和時間，用於記錄事件、約會或截止期限等。
- **日期範圍**：可以設定開始和結束日期，適合於專案或活動的時間規劃。
- **重複事件**：設定週期性重複的事件，如每週會議或每月提醒。
- **提醒**：為特定日期設定提醒，以確保重要事項不被遺忘。
- **時間過濾和排序**：在查看資料庫時，可以根據日期過濾或排序資料，便於追蹤和管理。

接下來將示範如何在欄位中加入日期的功能。在資料庫的表頭（欄位名稱所在的行）點擊右側的「+」按鈕來新增一個欄位。在彈出的功能選單中，選擇「Date」作為新欄位的類型。

我的高雄旅遊

Table +

Filter Sort ··· New

景點資料庫 ···

實現成果 方式 + ···

進行中 機車

還沒開始 汽車

Accepts a date or a date range (time optional). Useful for deadlines, especially with calendar and timeline views.

New property on 景點資料庫

AI translation

Type

Text

Number

Select

Multi-select

Status

Date

Person

Files & media

Checkbox

URL

Email

Phone

一旦新增了日期欄位，您可以點擊任何一個欄位中的日期來設定特定的日期和時間。如果需要，您還可以設定時間範圍或重複事件。

設定好日期後，您可以使用這個欄位來進行任務管理、事件規劃或其他需要時間追蹤的活動。

在選擇時間區間時，還可以把「End date（結束日期）」開啟，就可以允許各位設定一個時間範圍。

另外如果有開啟「Include time（包含時間）」，還可以有更細的時間設定單位，如下圖所示：

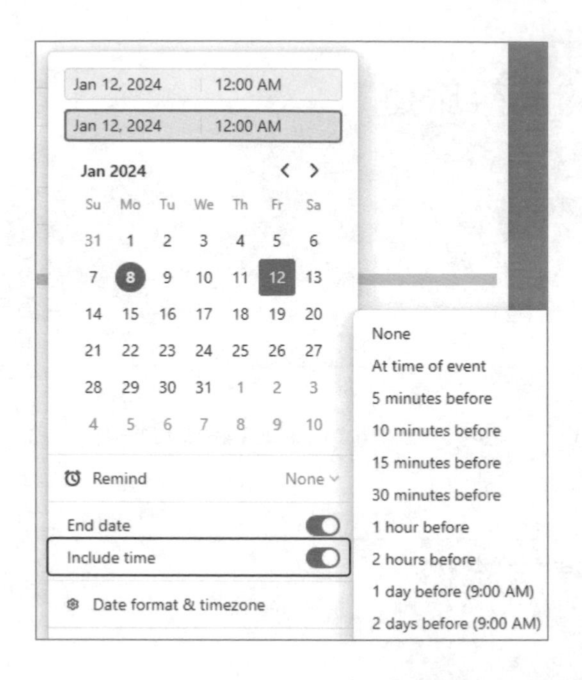

下圖就是本範例所建立的「Table view」的資料庫外觀。

我的高雄旅遊

Table

景點資料庫

Aa 地點名稱	實現成果	方式	時間記錄
左營	進行中	機車	January 8, 2024
岡山	還沒開始	汽車	January 12, 2024

4-4-1 在頁面加入圖示、封面與評論

在 Notion 中，「加入圖示（Add icon）」、「加入封面（Add cover）」和「加入評論（Add comment）」是三個增強頁面視覺效果和促進協作溝通的重要功能。下面將分別介紹這三種功能的重點及其操作步驟：

加入圖示（Add icon）

圖示為您的頁面加入一個視覺元素，幫助快速識別和美化頁面。Notion 提供了多種內建圖示供選擇，您也可以上傳自己的圖片作為圖示。操作步驟如下：

打開您想要加入圖示的 Notion 頁面。在頁面的頂部，點擊左上角的「Add icon」圖示（預設為灰色的小方塊）。

選擇後，圖示將自動顯示在頁面的標題旁邊。

加入封面（Add cover）

封面為您的頁面提供了一個大型的背景圖片，增強視覺吸引力。您可以選擇 Notion 提供的封面圖片，或者上傳個人喜愛的圖片作為封面。操作步驟如下：

在您的 Notion 頁面頂部，點擊「Add cover（加入封面）」按鈕。

會自動產生封面。

如果要變更封面，請按「Change Cover（變更封面）」，從 Notion 提供的圖庫中選擇一張圖片，或者上傳您自己的圖片。

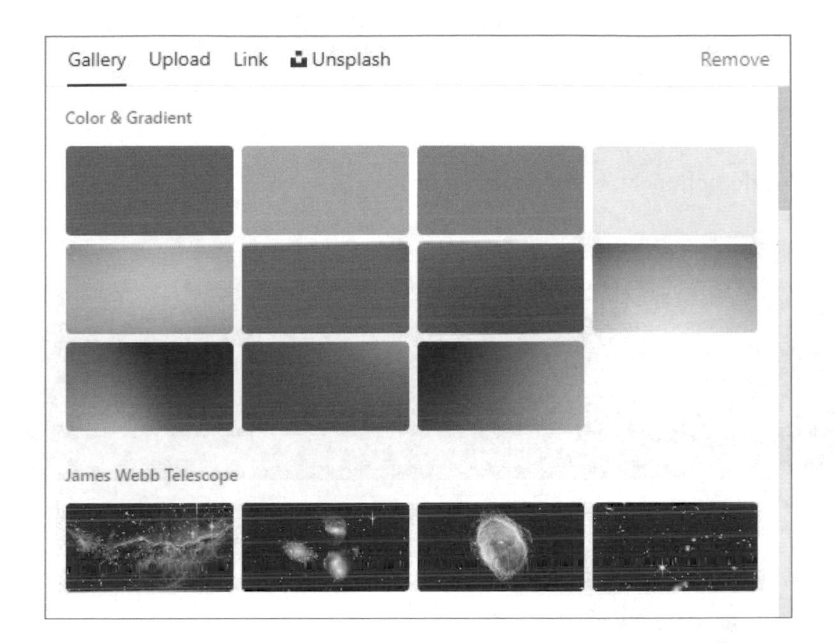

3 STEP 選擇或上傳後，圖片將設置為頁面的封面。

加入評論（Add comment）

評論功能允許您在頁面上加入注釋或回饋，促進團隊成員間的溝通和協作。你可以針對特定內容加入評論，其他協作者可以查看和回應這些評論。其操作步驟如下：

在 Notion 頁面上，選擇您想要評論的特定部分或文字。點擊選中內容旁邊的「Add comment（加入評論）」按鈕。

輸入您的評論並提交。

3 STEP 接下「提交」鈕後，還可以加入另一個 Comment。

透過這幾個功能，您不僅可以使您的 Notion 頁面更加生動有趣，還可以提高工作效率，增強團隊間的溝通和合作。

4-4-2 頁面的分享（Share）和發布（Publish）

在 Notion 中，「分享（Share）」和「發布（Publish）」是兩種不同的頁面共用方式，每種方式都有其獨特的功能和使用場合。以下將分別介紹這兩種方式的功能異同及操作步驟。

分享（Share）

「分享」功能主要用於在特定人員之間共用 Notion 頁面。您可以邀請特定的人員查看或編輯頁面，並控制他們的存取權限（如唯讀、可編輯等）。操作步驟如下：

STEP 1 打開您想要分享的 Notion 頁面。點擊頁面右上角的「Share（分享）」按鈕。

STEP 2 在彈出的功能選單中，您可以選擇新的人員進入頁面，透過輸入他們的電子郵件地址，並設置他們的存取權限。您還可以透過開啟「Copy link」選項，建立一個可公開存取的連結。

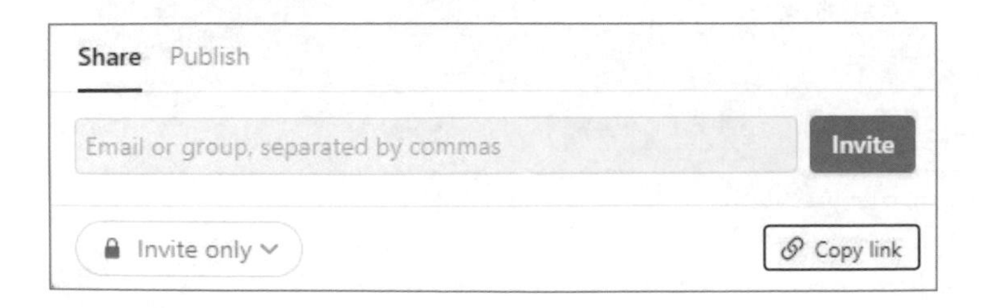

發布（Publish）

「發布」功能將 Notion 頁面變成一個公開的網頁，任何人都可以透過網頁連結存取。適用於建立公開的部落格或任何需要面對廣泛受眾的內容。操作步驟如下：

1 STEP 打開您想要發布的 Notion 頁面。點擊頁面右上角的「Share（分享）」按鈕。

2 STEP 在彈出的功能選單中，切換到「Publish」索引標籤。

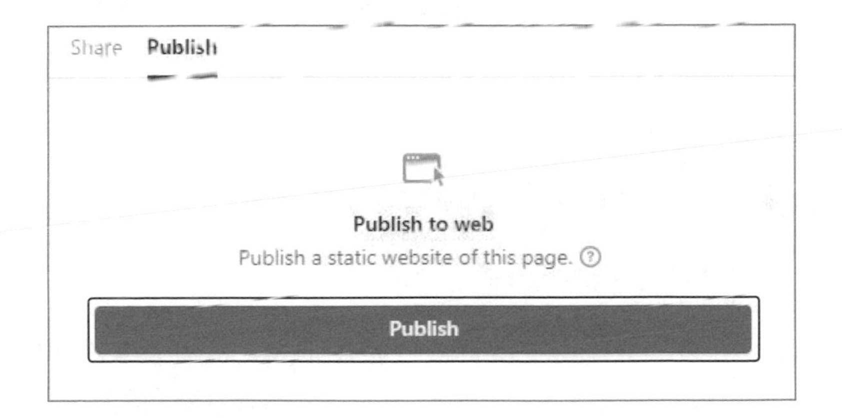

接著按下「Publish」鈕進入下圖頁面、一旦開啟，您可以選擇是否允許搜尋引擎索引您的頁面，以及設置其他存取限制。

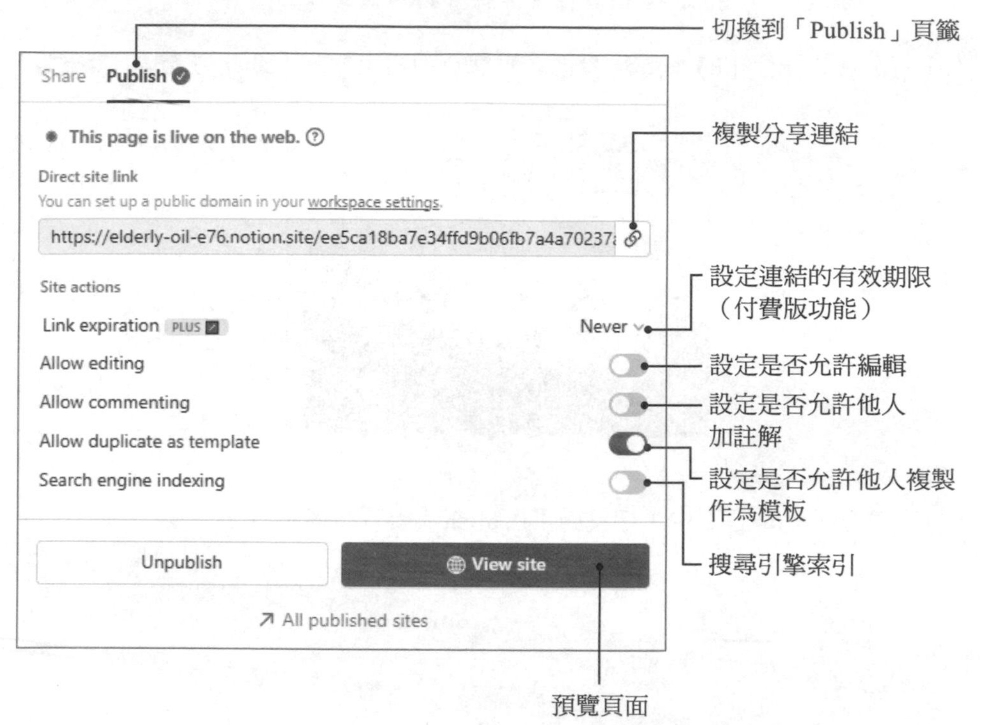

完成設置後，您會獲得一個公開連結，任何人都可以透過這個連結存取您的頁面。

Tips ／「Search engine indexing」（搜尋引擎索引）的意義和功能

啟用「搜尋引擎索引」意味著允許搜尋引擎（如 Google、Bing 等）將您的 Notion 頁面納入其搜尋結果中。這會增加頁面在網際網路上的可見性和可存取性。對於希望他們的內容被更廣泛的公眾發現和閱讀的使用者來說，這是一個重要功能。特別是對於部落格作者、內容創作者或企業希望分享其公開資源和資訊。

當您在 Notion 中發布頁面時，「Search engine indexing」選項決定了您的頁面是否可以被搜尋引擎抓取和索引。如果您不希望您的頁面出現在搜尋結果中，可以選擇關閉這個選項。這樣，即使頁面是公開的，也只有知道頁面 URL 的人才能存取它。如果啟用，您的頁面將有可能出現在搜尋結果中，這也意味著需要考慮搜尋引擎優化（SEO）的因素來提高頁面在搜尋結果中的排名。

綜合上述，「分享（Share）」和「發布（Publish）」兩者都是將 Notion 頁面對外共用的方式，並提供連結供人存取。不同之處在於「分享」更注重於團隊或特定人群之間的共用，並且可以設定存取權限。「發布」則是將頁面公開為網頁，面向所有網路使用者，適合於公開展示的內容。透過這兩種不同的共用方式，Notion 為使用者提供了靈活的頁面共用選擇，以滿足不同的需求和使用場合。

NOTE

第 5 章

資料庫與頁面的輔助功能

Notion 的功能多樣而豐富，其中包括一些實用的輔助功能更是讓使用者事半功倍。在本章節中，我們將介紹 Notion 的實用輔助功能，包括強大的篩選器及排序工具以及靈活多變的 Formula 公式。透過這些功能，您將能更有效地組織、分析和呈現您的資訊，使 Notion 真正成為您工作和生活的得力助手。

5-1 篩選器及排序工具的應用

在 Notion 中，篩選器和排序工具的靈活運用可以顯著提升您在資料處理與分析方面的效率和精確度。這些輔助工具不僅使您能進行深入的資料分析，還可以根據您的需求自訂資料的呈現方式。接下來，將透過具體案例來說明這些工具的強大功能和應用範圍。

5-1-1 篩選器及排序應用情境

以銷售流程管理為例，利用篩選器（Filter），您可以將注意力集中於那些最有可能成交的客戶。例如，設定篩選條件來顯示那些在一定時間範圍內有積極互動記錄的客戶，或者那些已經達到某個階段的潛在交易。

此外，使用排序（Sort）工具，您可以按照交易價值、客戶反應速度或預計成交日期等標準對銷售機會進行排序。這樣的排序不僅使您能夠快速識別最為關鍵的交易，還有助於合理分配銷售資源，確保團隊專注於最具價值的機會。

5-1-2 篩選器應用實例

篩選器是一種能夠根據特定條件過濾資料的工具。這些條件可以是文字內容、日期、人物等多種屬性。基本篩選器功能包括單一條件的過濾，例如根據日期篩選特定時間段的任務或基於項目的狀態篩選工作清單。接下來將介紹篩選器功能，並以實際案例來示範如何建立及使用單一篩選器，以及如何一次套用多個篩選器。這將使你更好地理解如何利用 Notion 的強大功能，提高你的工作效率。

如何建立篩選器（Filter）

1 STEP 我們可以從資料庫檢視模式中，在你要加入篩選器的標籤頁按一下，並從下拉選單中執行「Edit view」

2 STEP 接著在右邊跳出的選項中，點選「Filter」指令：

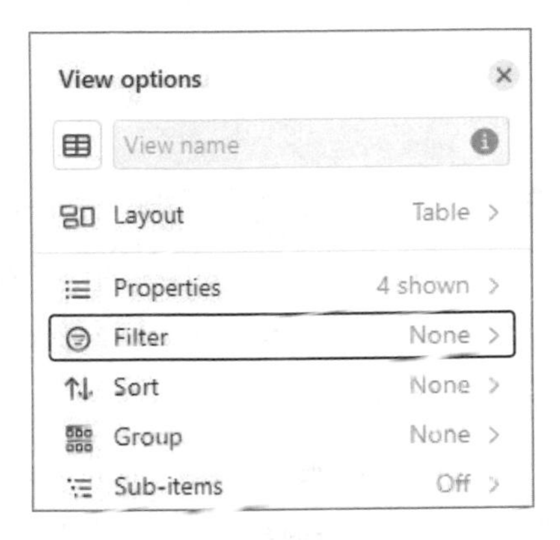

3 STEP 之後選擇要加入篩選條件的欄位，如右圖所示：

4 STEP 接著就可以根據不同的欄位類型，設定不同的篩選條件，例如下圖是篩選出「地點名稱」為「左營」的資料。

刪除快速篩選器

如果你想以簡單的方式移除篩選器，只需點擊該快速篩選器，接著選擇右上角的「…」，在選單中會看到「Delete filter（刪除篩選器）」的選項。

一次套用多個篩選器（Filter）

除了單一篩選功能外，Notion 的篩選器還支援進階功能，例如使用複雜的邏輯條件組合進行篩選。這意味著你可以根據多個條件的組合來過濾所需的資訊，使得篩選更加靈活和精確。

在實際工作中，可能需要同時考慮多個條件來進行更細緻的篩選。舉例而言，你可能希望找到特定日期範圍內，且狀態為進行中的任務。這時，你可以同時套用日期和項目狀態的兩個篩選器，以快速獲取符合雙重條件的資訊。

更進一步，Notion 的篩選器支援多層次的應用。你可以建立一個複雜的篩選條件組合，包括日期、項目狀態、以及負責人，以確保篩選結果符合你的需求。這種彈性的篩選功能使得在龐大的資訊庫中快速找到所需資訊變得輕而易舉。

5-1-3 排序應用實例

在 Notion 的工作環境中，排序是一個不可或缺的功能，它能夠協助我們將資訊有序地呈現，提高工作效率。Notion 的排序功能幫助我們按照特定的標準，如日期、標題、優先順序等，來整理和排列資料。這種基本的排序功能使得資料的組織更加清晰，讓使用者能夠輕鬆地找到所需的內容。

除了預設的排序方式外，Notion 還允許使用者自訂排序條件。這意味著你可以根據特定的需求，定義自己的排序規則，使得排序更符合個人或團隊的工作邏輯。

在實際工作中，我們經常需要按照多個條件同時進行排序，以獲得更精確的結果。例如，你可能希望按照「時間記錄」遞增排列任務，同時在相同「時間記錄」的情況下，再按照「實現成果」遞減排序。在 Notion 中，上述的排序需求就這可以透過一次套用多個排序條件來實現。例如下圖就同時使用多個排序規則的設定視窗：

綜上所述，Notion 中的篩選器和排序工具的高效運用不僅可以幫助您更加精確地處理和分析資料，還能夠根據您的特定需求呈現資料，因此提升整體的工作效率和決策品質。

5-2 Formula（公式）

Notion 的公式功能是一個強大且多功能的工具，它提供了廣泛的應用範疇和豐富的語法。例如在銷售流程管理中，您可以利用 Notion 的公式功能來計算每筆交易的預期收益，甚至估算整體的銷售目標達成率。又例如，您可以設定公式（Formula）自動計算產品數量乘以單價，因此得出每筆交易的總價值。

本單元將介紹 Notion 的公式功能，包括基本功能、與 Excel 公式的比較、編輯區域的組成，以及公式的分類。透過對公式的深入理解，你將能夠更靈活地處理資訊並提高工作效率。

5-2-1 公式（Formula）欄位的功能

Notion 的公式功能讓使用者能夠在資料庫中進行各種計算，無論是簡單的數值運算還是複雜的邏輯判斷。這使得資料庫中的內容更加具有動態性，能夠即時反映資料的變化。

Notion 的公式不僅可以應用於數值欄位，還可以運用在其他類型的欄位，例如文字、日期等。雖然 Notion 和 Excel 都提供公式的功能，但在細節上有一些區別。舉例而言，Notion 的公式更加靈活，支援不同資料類型的混合運算，而 Excel 在這方面相對較嚴格。

在 Notion 中資料的計算工作只能由左至右橫向進行計算或是由上而下向進行計算。其中縱向的資料計算工作必須由「Calculate」，在「Calculate」選單中提供許多 Notion 預設的指令，只要根據該欄位屬性及使用者的需求就可以挑選要執行的計算工作。

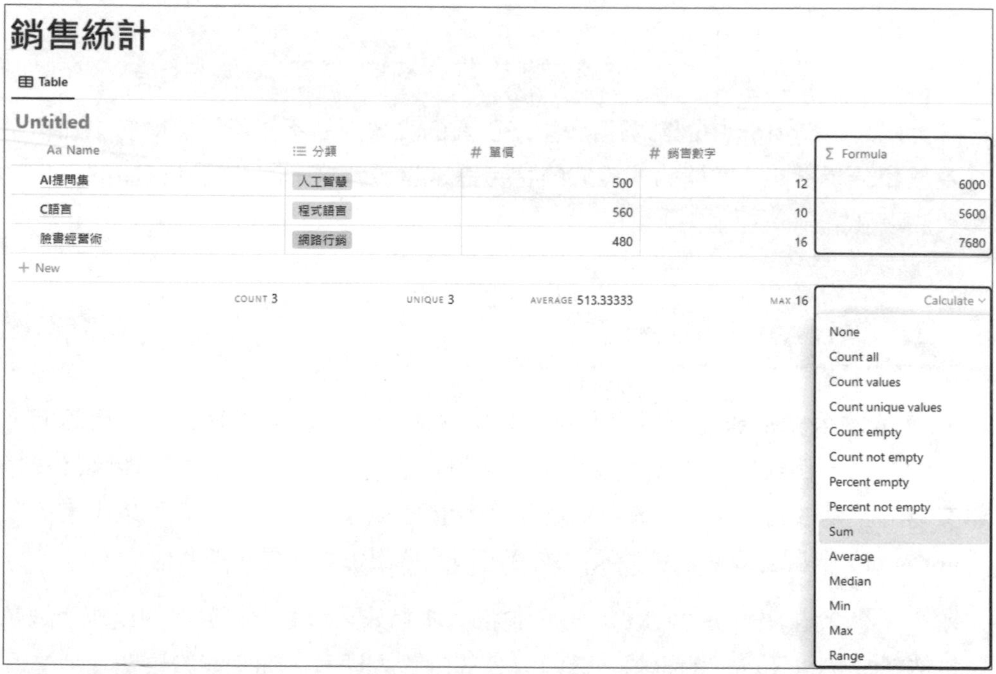

銷售統計

Table

Untitled

Aa Name	分類	# 單價	# 銷售數字	Σ Formula
AI提問集	人工智慧	500	12	6000
C語言	程式語言	560	10	5600
臉書經營術	網路行銷	480	16	7680
+ New				
COUNT 3	UNIQUE 3	AVERAGE 513.33333	MAX 16	Calculate

- None
- Count all
- Count values
- Count unique values
- Count empty
- Count not empty
- Percent empty
- Percent not empty
- Sum
- Average
- Median
- Min
- Max
- Range

而橫向的計算工作則必須以 Formula（公式）的輸入方式，來達成資料計算的目的，例如上圖中最後一個 Formula（公式）欄位就是輸入「單價 * 銷售數字」所計算而得的結果。

5-2-2 Formula 編輯區域操作介面

Notion 的 Formula（公式）編輯區提供了一個直觀且易於理解的介面，讓使用者能夠輕鬆地編寫和編輯複雜的公式。Notion 的 Formula（公式）編輯區包括公式輸入區及可用資源區域等。接著將介紹 Notion 的公式編輯區域，包括公式輸入區、可用資源區域，以及如何顯示資源用途說明。

當我們新增一個 Formula 欄位後，只要在該欄位設定中選擇「Edit」就會出現公式的編輯視窗，如下圖所示：

公式輸入區是 Notion 中用於輸入和編輯公式的核心區域。這個區域提供了一個簡潔而直觀的介面，讓使用者能夠輕鬆地輸入他們所需的數學運算式、邏輯公式或其他計算式。使用者可以透過常見的數學符號和函數，快速地建立複雜的計算邏輯。

公式輸入區域允許使用者進行即時的編輯和預覽，使他們能夠迅速檢視他們所編寫的公式的效果。這種即時回饋有助於提高使用者的效率，並減少錯誤。

舉例來說，如果使用者想要計算一列數字的總和，他們可以在公式輸入區域中輸入「單價 * 銷售數字」，然後在括號內選擇要計算的欄位或數值。即時預覽將顯示計算結果，使使用者能夠立即驗證他們的公式是否正確。

而可用資源區域是公式編輯區域的另一個重要組成部分，它提供了一系列可以在公式中使用的資源。這包括欄位名稱、事先定義的函數和操作符號等，使得使用者在編寫公式時能夠輕鬆地存取這些資源，提高操作的靈活性。

可用資源區域的存在使得使用者不必記憶所有可用的欄位名稱或函數，而是能夠透過直觀的介面選擇所需的資源。這種便捷性減輕了使用者的學習負擔，使得即便是初學者也能夠輕鬆地利用 Notion 的公式功能。當使用者在公式中需要使用某個欄位元的數值時，他們只需點擊可用資源區域，然後選擇相應的欄位名稱。這不僅減少了可能的拼寫錯誤，還讓使用者更加直觀地瞭解可用的資源。

另外，Notion 提供了一種直觀的方式，幫助使用者瞭解可用資源的用途。每一個資源都配有對應的說明，當使用者將滑鼠游標移動到該資源名稱上時，將彈出相關的描述和範例，這有助於使用者更好地理解資源的作用。

顯示資源用途說明的功能這種直觀的回饋方式不僅幫助使用者迅速理解每一個資源的功能，還有助於擴大使用者對 Notion 公式功能的應用範圍。

5-2-3 Notion Formula 公式的分類

在 Notion 的公式功能中，各種不同的類型應用讓使用者能夠更有彈性地處理資料，進行計算和分析。以下將針對 Notion Formula 公式的不同類型進行加強延伸和舉例說明，來幫助讀者更全面地理解和應用公式功能。

Notion Formula 公式常見的公式分類如下：

內容提取

內容提取公式主要用於從文字或其他欄位元中提取特定的資訊。例如，如果有一個包含電子郵件位址的欄位，可以使用內容提取公式來單獨獲取郵件的主機部分。

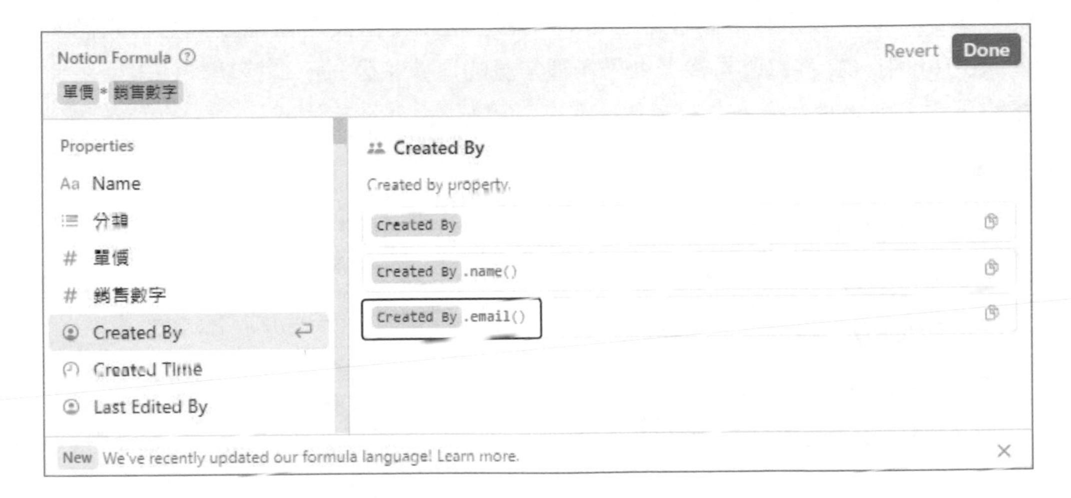

數值計算

數值計算公式用於進行數字的基本運算，包括加法、減法、乘法和除法。舉例來說，如果有一個欄位包含商品價格，可以使用數值計算公式計算總價格。例如將單價和數量相乘，得到商品的總價格。另外也內建一些公式可以處理以下的工作：

- **SUM()**：計算資料範圍內數字的總和。
- **AVG()**：計算資料範圍內數字的平均值。
- **MIN()**：找到資料範圍內的最小值。

- **MAX()**：找到資料範圍內的最大值。
- **ROUND()**：將數字四捨五入到指定的小數位數。
- **CEIL() 作用**：將數字向上取整到最接近的整數。
- **FLOOR() 作用**：將數字向下取整到最接近的整數。
- **SQRT()**：計算數字的平方根。
- **POWER()**：計算數字的指定次方。
- **ABS()**：返回數字的絕對值。

文字處理

文字處理公式用於對文字進行各種操作，如合併文字、轉換大小寫、提取子串等。舉例來説，如果有一個欄位包含姓和名，可以使用文字處理公式合併它們。在 Notion 中，文字處理同樣提供了多種常見的運算和公式，這些功能使得使用者能夠更靈活地處理和分析文字資料。

- **CONCAT()**：將多個文字字串連接在一起。
- **SUBSTRING()**：提取文字字串中的一部分。
- **LEN()**：返回文字字串的長度。
- **UPPER() 作用**：將文字轉換為大寫。
- **LOWER() 作用**：將文字轉換為小寫。
- **TRIM()**：去除文字字串的前後空格。
- **REPLACE()**：替換文字字串中的指定子字串。

邏輯計算

邏輯計算公式用於執行條件判斷和邏輯運算。舉例來説，如果有一個欄位包含任務的完成狀態，可以使用邏輯計算公式判斷是否完成。

- **IF()**：基於條件判斷執行不同的操作。
- **AND()**：檢查所有條件是否都為真。
- **OR()**：檢查是否有任何一個條件為真。
- **NOT()**：反轉條件的真偽值。

而樣式處理公式則用於處理文字的樣式，例如顏色、粗體、斜體等。或是序列處理公式用於處理序列型資料，如列表。舉例來說，如果有一個包含不同商品價格的列表，可以使用序列處理公式計算總價格。

Notion 還有很多公式可提供使用，有興趣的讀者可以參考官方文件有關「Formula syntax & functions」的網頁說明。

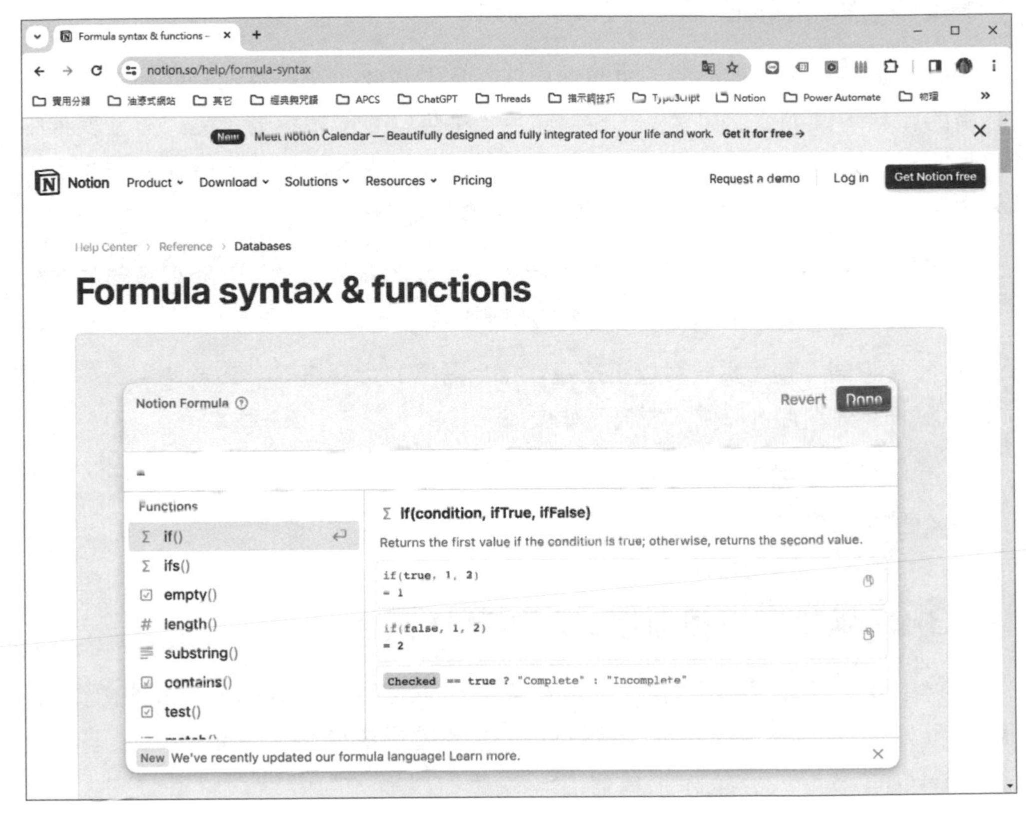

▲ https://www.notion.so/help/formula-syntax

5-3 資料庫模板（template）清單

模板是資料庫中一項重要的功能，它可以視為預先定義的資料結構，方便使用者在建立新的資料時能夠快速應用特定格式，提高資料一致性與組織性。

5-3-1 資料庫模板的特性與功能

模板在資料庫中具有高度的重複使用性。透過模板，使用者能夠輕鬆建立相似結構的資料，例如會議記錄、工作日誌等，不需從零開始建立。另外，當模板中的內容有所更動時，使用該模板建立的所有資料也會同步更新，確保資料庫中的內容保持一致性。資料庫中的模板包括以下幾項功能：

- **標準化資料結構**：模板能夠事先定義好資料的欄位與屬性，確保資料的結構符合預期，有助於建立一致性的資料庫。
- **節省時間**：使用模板可以迅速建立符合需求的資料格式，節省使用者在設計每一個資料庫的時間，提高工作效率。
- **降低錯誤**：由於模板預先設計，使用者不容易漏掉重要的欄位或資訊，減少人為錯誤的發生。

5-3-2 以指定模板新增資料與新建模板

要開啟資料庫的模板清單，請點選資料庫右上角的「New」旁邊的下拉鈕會開啟如何的模板清單，接著各位就可以挑選想要使用的模板，例如下圖中的 ChatGPT 模板。但是如果要建立一個新的模板，則必須點擊下方的「New template」。

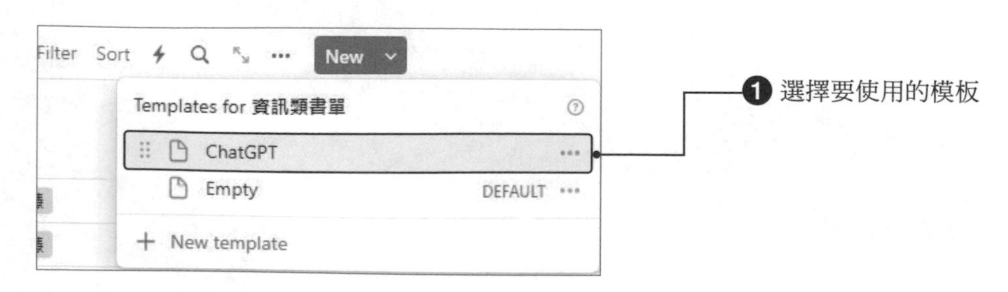

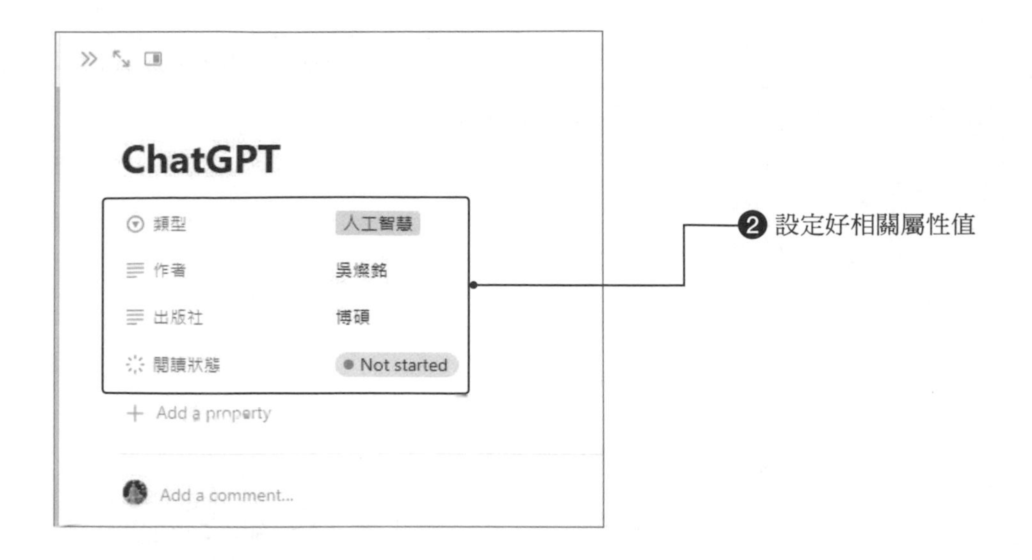

資料庫已新增一筆資料。

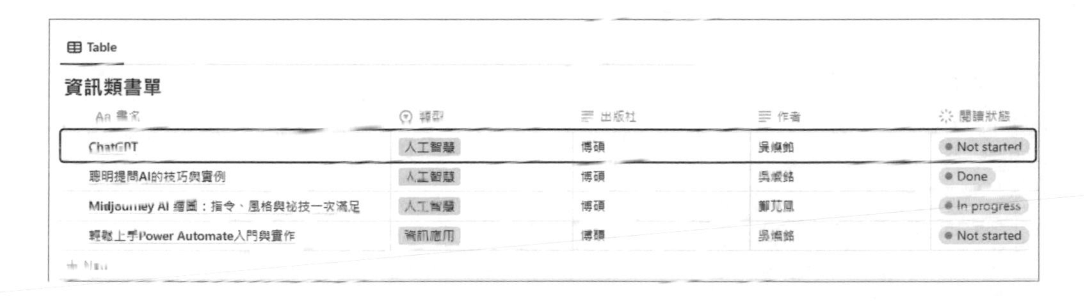

書名	類型	出版社	作者	閱讀狀態
ChatGPT	人工智慧	博碩	吳燦銘	Not started
聰明提問AI的技巧與實例	人工智慧	博碩	吳燦銘	Done
Midjourney AI 繪圖：指令、風格與祕技一次滿足	人工智慧	博碩	鄭苙凰	In progress
輕鬆上手Power Automate入門與實作	資訊應用	博碩	吳燦銘	Not started

5-3-3 將指定模板設為預設值

另外，我們也可以設定某一個模板為預設值，作法如下：

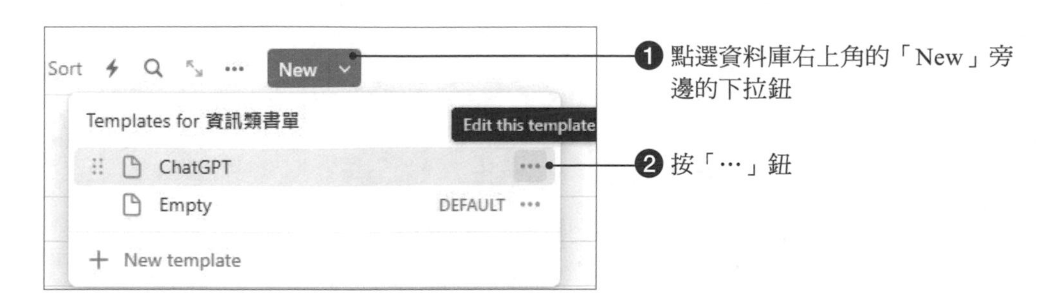

Sort
Repeat
Off
Templates f
Set as default
Ch
Edit
Em
Duplicate
Delete
New te
❸ 執行「Set as default」
Use "ChatGPT" as default template when creating new pages?
For all views in "資訊類書單"
Only on "Table" view
Cancel
選擇當建立新頁面時所有檢視頁籤或只有目前這個頁籤會直接使用這個模板，假設此處選擇適合所有檢視
Templates for 資訊類書單
ChatGPT
DEFAULT
Empty
New template
這個模板已變成預設的模板了

Back
You're editing a template in 資訊類書單
Untitled
類型
Empty
作者
Empty
出版社
Empty
閱讀狀態
Not started
Add a property
Add a comment...
Press Enter to continue with an empty page.

Notion 在新增模板（template）時，當頁面上顯示 "You're editing a template in..." 時，這是在提醒使用者他們正在編輯一個模板，而不是一般的頁面內容。這個訊息通常會搭配提供模板的特定資料庫或頁面名稱，讓使用者知道他們目前所做的修改將套用於這個特定的模板。這有助於確保使用者在編輯模板時，能夠清楚地了解他們的操作會影響到哪一個部分，以及模板的套用範圍。

5-4 資料庫的群組（Group）：輕鬆整理與比較資料

Notion 其資料庫功能的群組（Group）功能為使用者提供了更便捷的資料整理與比較方式。透過群組功能，你可以更有效率地組織資料，輕鬆地進行不同組別之間的比較，提升工作流程的效能。本單元將介紹 Notion 資料庫的群組功能，解說其核心功能和特性，並提供在 Table view（表格檢視）資料庫中使用群組功能的實際操作技巧。

5-4-1 認識資料庫的群組功能

群組功能是 Notion 資料庫中一項強大的組織工具，它的主要功能有以下幾點：

- **分類整理**：群組功能讓你可以根據特定的標準將資料進行分類，例如依據日期、優先級、標籤等，使資料更有層次感。
- **快速比較**：群組功能使得比較不同組別的資料變得非常簡單，這對於了解相似資料之間的差異性十分有幫助。
- **即時更新**：群組功能支援即時更新，當資料發生變化時，群組會自動重新整理，確保組織的資訊始終保持最新。

5-4-2 群組的特性

Notion 以其靈活多變的群組功能而聞名，而 Notion 群組的特性，會讓比較不同組別的資料變得更加方便。

1. **動態群組**：Notion 的群組功能是動態的，這意味著你可以隨時更改群組的設定，以適應不同的需求，而這些變更將即時反映在資料庫中。

2. **多層次群組**：群組不僅僅局限於一層，你可以建立多層次的群組結構，使得資料的組織更加靈活多變。
3. **自訂排序**：群組功能不僅僅提供預設的排序方式，還支援自訂排序，你可以根據自己的需求對群組內的資料進行排序。

5-4-3 如何在資料庫中使用群組功能

以下是「表格檢視」資料庫的介面範例。一開始，這只是一個簡單的表格，但當我們在此檢視中以「類型」進行群組分類設定後，頁面將會呈現每一個書籍類別的相應表格。

群組功能

Table

資訊類書單

Aa 書名	類型	出版社	作者	閱讀狀態
ChatGPT	人工智慧	博碩	吳燦銘	Not started
聰明提問AI的技巧與實例	人工智慧	博碩	吳燦銘	Done
Midjourney AI 繪圖：指令、風格與祕技一次滿足	人工智慧	博碩	鄭苑鳳	In progress
輕鬆上手Power Automate入門與實作	資訊應用	博碩	吳燦銘	Not started

在 Table view 中使用群組功能非常直觀，以下是一些實際的操作步驟：

❷ 選擇「Group」指令

❸ 選擇要分群的欄位名稱，例如此處的「類型」

❹ 按「x」鈕關閉此窗格

如果要移除群組分類功能，可選擇「Remove grouping」指令

❺ 原表格已按照書籍的類型分割成不同的表格

透過本章節的介紹，你已經了解了群組功能的核心特性和操作方式，善用群組功能將極大地提升你在 Notion 中管理資料的效率和便捷性。

5-5 頁面引用（Link to Page）

Notion 提供了多種方式讓使用者連結不同頁面，便於更有效率地管理資訊。在本小節中，我們將探討 Notion 中的頁面引用功能五種不同的方式，讓您在工作或學習中更靈活地使用連結功能，提高工作效率。

5-5-1 在內文中輸入「@」開啟頁面清單

隨著 Notion 的不斷升級，使用者現在可以透過在內文中輸入「@」符號，輕鬆開啟頁面的搜尋清單。這種直覺性的操作方式，讓您能夠即時找到需要引用的頁面，提高工作流程的效率。

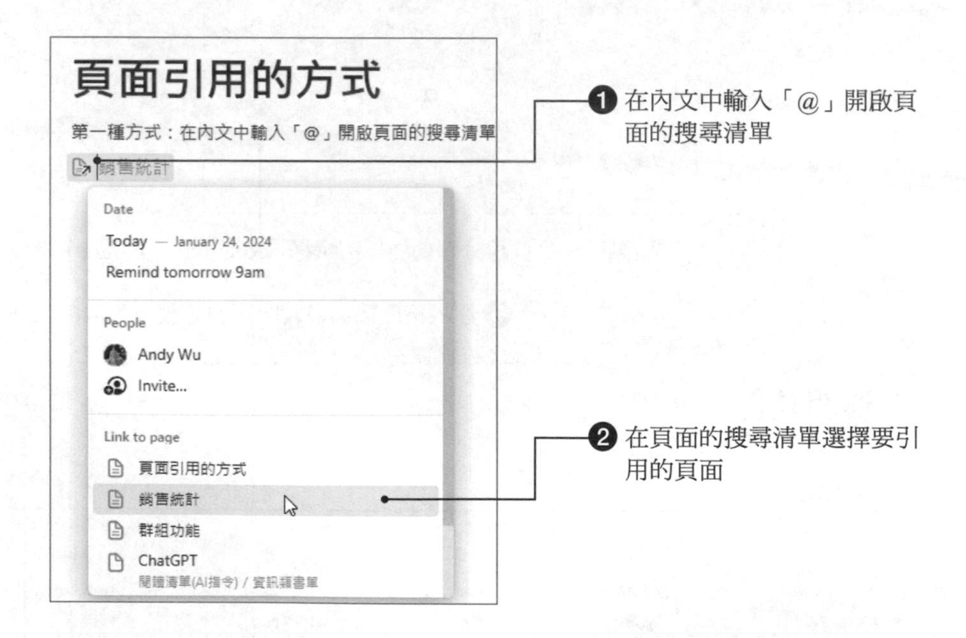

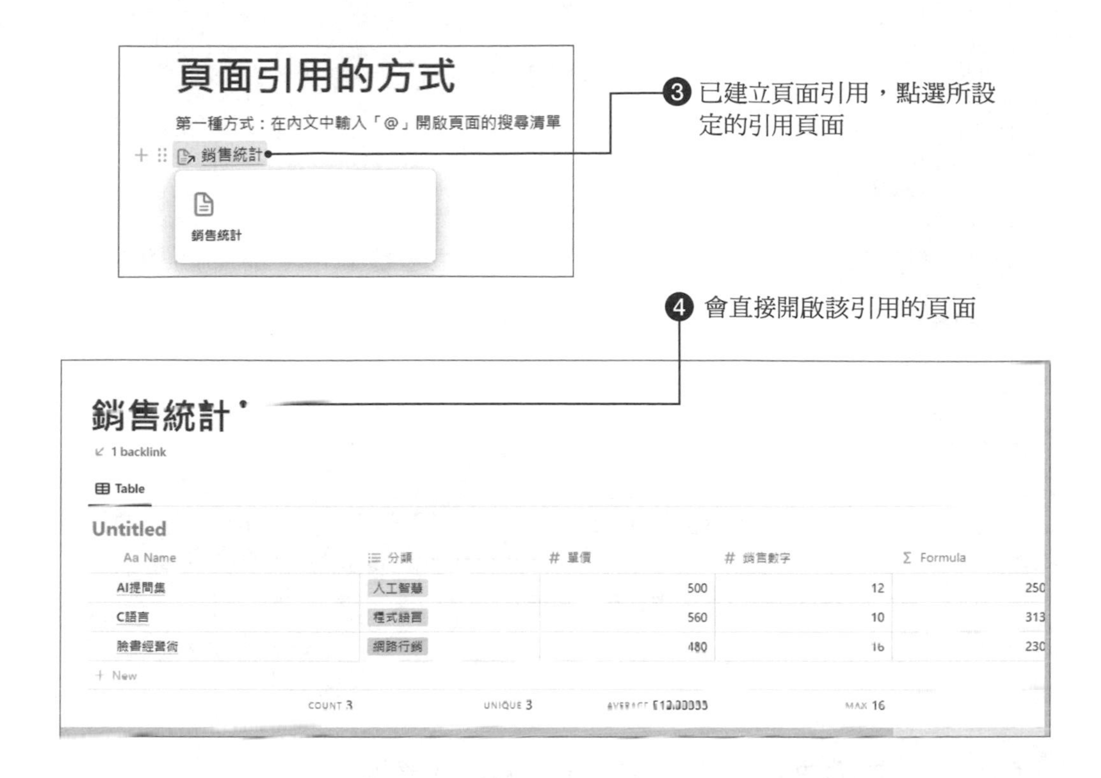

5-5-2 在內文中輸入「/Link to Page」開啟頁面清單

另一種方便的方式是透過在內文中輸入「/Link to Page」指令，快速開啟頁面的搜尋清單。這樣的操作方式使得連結頁面變得更加直觀，讓您可以在文字編輯中輕鬆進行引用。

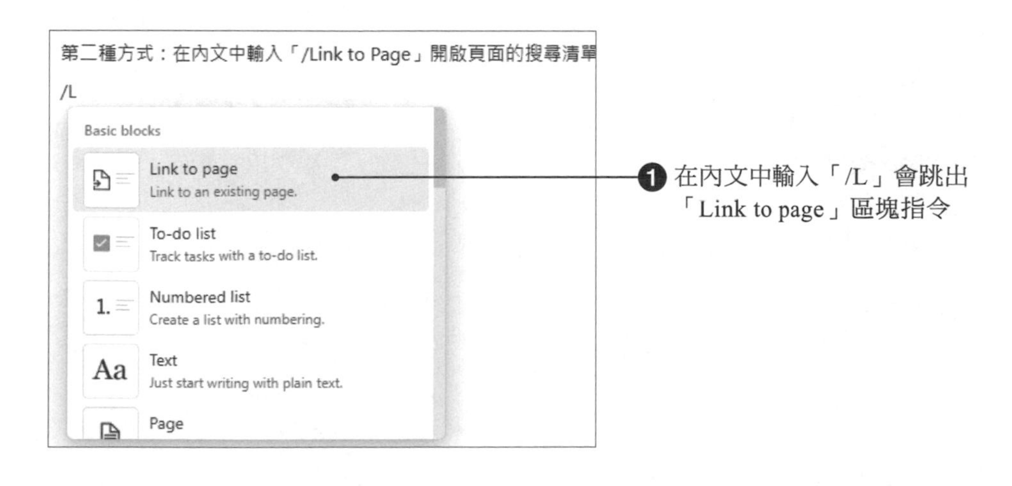

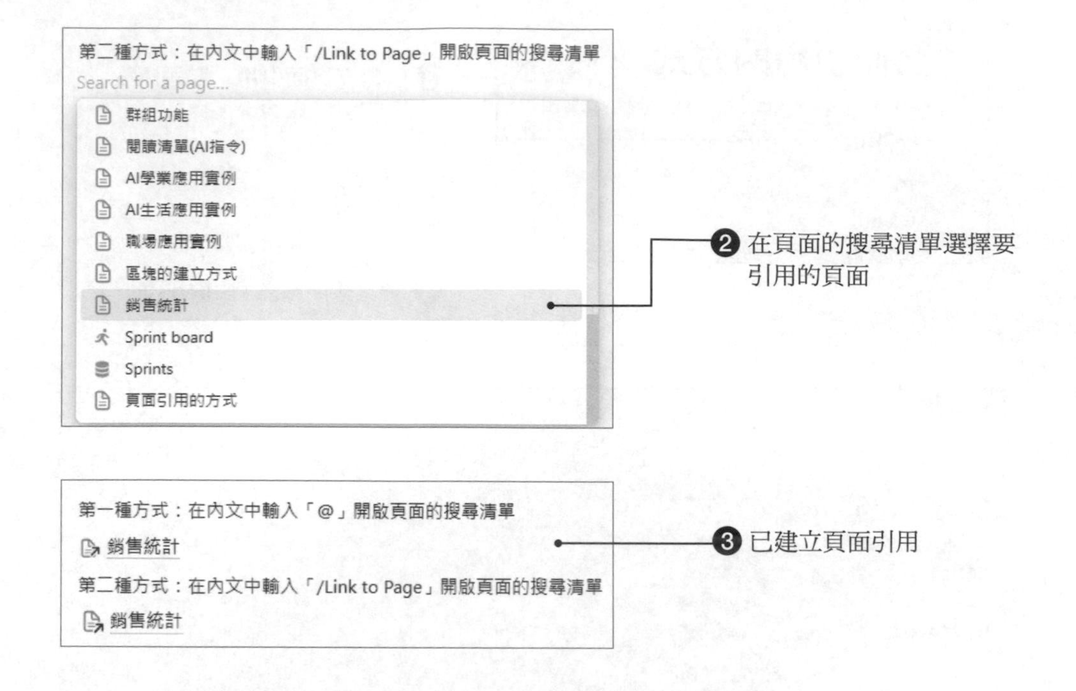

5-5-3 在內文中輸入「[[」開啟頁面清單

對於熟悉 Markdown 語法的使用者而言，Notion 提供了一種更符合編碼風格的方式，即在內文中輸入「[[」，以開啟頁面的搜尋清單。這也是一種簡潔而高效的引用方式。

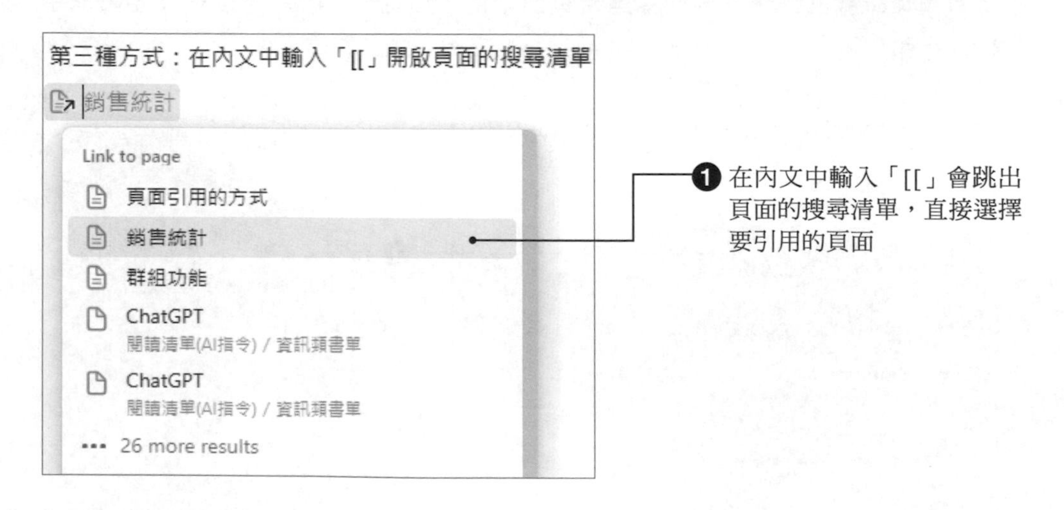

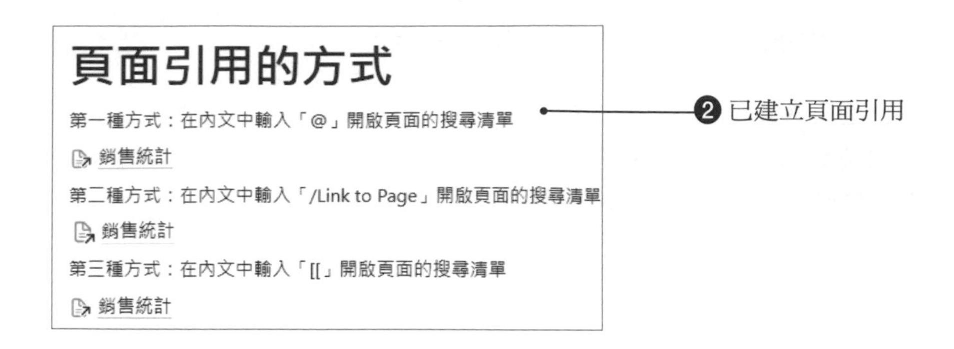

5-5-4 反白內文字點選「Link to Page」工具鈕

Notion 提供了直覺性的反白方式，讓您能夠輕鬆設定頁面引用的內文字。當您選取文字後，出現工具列時，只需點選「Link to Page」鈕，即可開啟頁面的搜尋清單，實現快速且準確的引用。

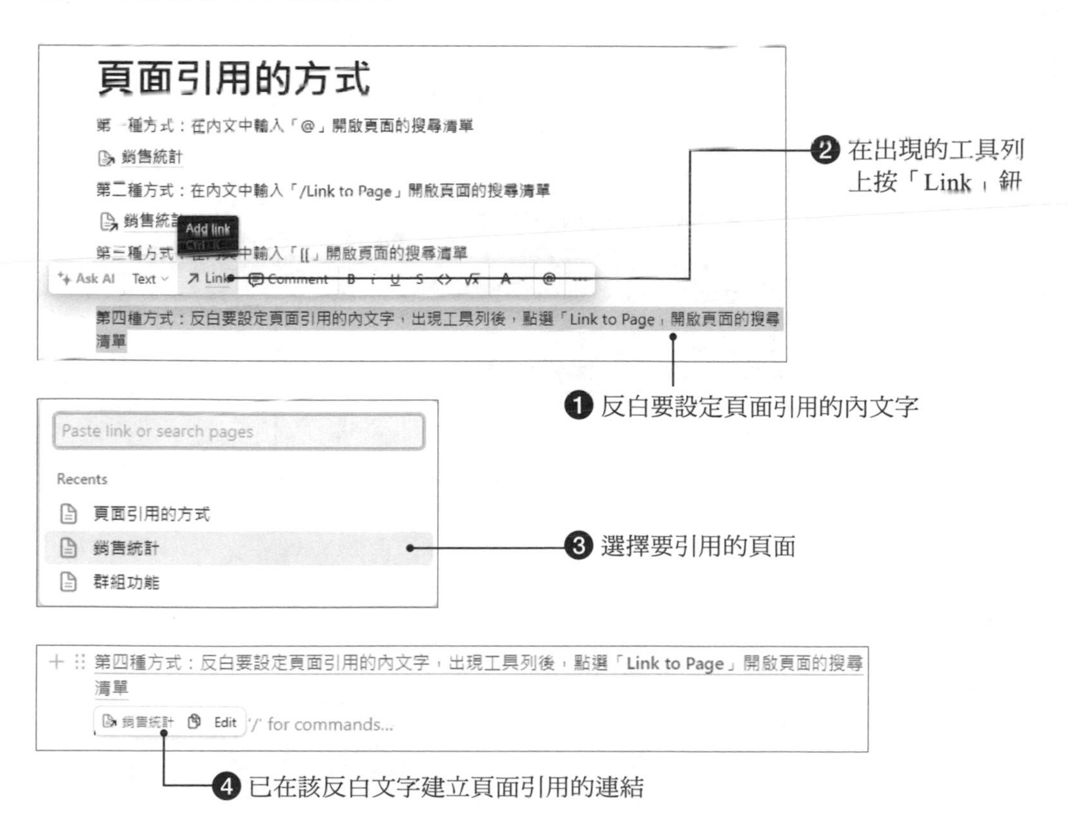

5-5-5 複製貼上要引用頁用的連結

最後一種方式是一種更直接的連結方式，先前往目標頁面取得該頁面的連結，再貼上到您欲進行頁面引用的頁面指定位置。這種方式適用於對連結有更精確掌控需求的使用者，確保引用的準確性與精確性。

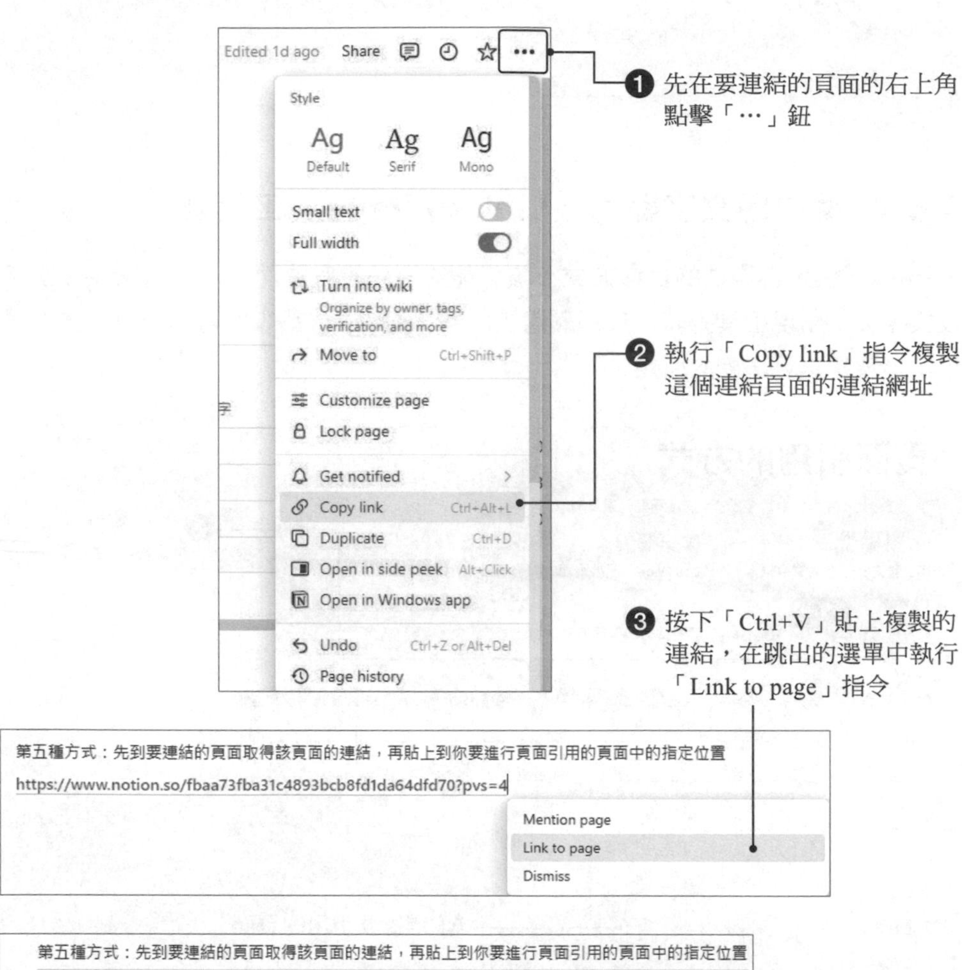

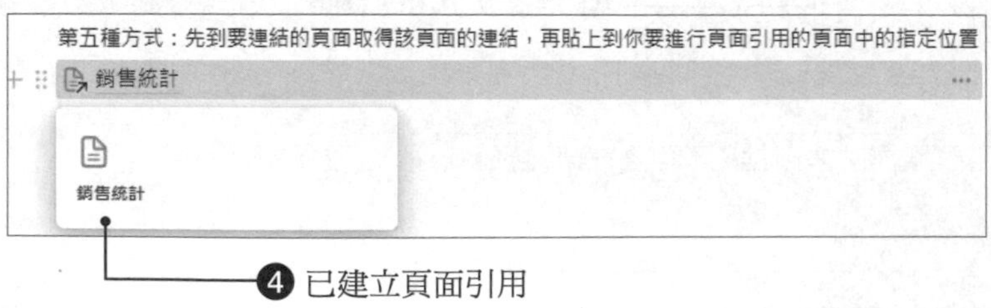

透過這五種不同的方式，您可以根據個人喜好與工作需求，靈活運用 Notion 的頁面引用功能，提升工作效率，使協作更加順暢。

5-6 同步區塊（Synced Block）

同步區塊（Synced Block）是 Notion 中一個強大而靈活的功能，讓使用者能夠更加順暢地協同工作和管理內容。本單元將探討同步區塊的定義、特色優點，並介紹同步區塊的操作流程，以及如何取消頁面之間的同步區塊，使讀者能夠充分發揮這一功能的潛力。

5-6-1 同步區塊的定義與特色優點

同步區塊是指 Notion 頁面中的一個元素，可以在不同頁面之間實現即時同步。這意味著當你在一個頁面上進行更改時，其他頁面上相對應的區塊也會同步更新。同步區塊具有以下特色和優點：

- **即時同步**：當在一個頁面上進行更改時，同步區塊會立即在其他相關頁面上更新，確保所有成員都能看到最新的資訊。
- **集中管理**：可以將相關內容集中管理在一個區塊中，並在需要時同步到其他頁面，使資訊更有組織性。
- **節省時間**：減少重複性工作，無需多次複製貼上，提高工作效率。

5-6-2 同步區塊和複製貼上的差異

同步區塊和複製貼上在操作方式上存在著明顯的區別：

- **即時更新**：同步區塊能夠實現即時同步，而複製貼上則需要手動操作，不具即時性。
- **動態連結**：同步區塊是動態連結，一處更改全處更新；複製貼上是靜態的，兩處之間沒有動態聯繫。

也就是說，以協同編輯為例，如果使用同步區塊，多人可以同時在不同頁面中編輯同一區塊，即時查看對方的修改。相反，若使用複製貼上，需要手動複製貼上，不同步更新，容易導致資訊不同步。

5-6-3 Notion 同步區塊的操作流程

在 Notion 中，建立同步區塊非常簡單，首先在輸入「/syn」就可以出現「Synced block（同步區塊）」，選擇建立區塊。

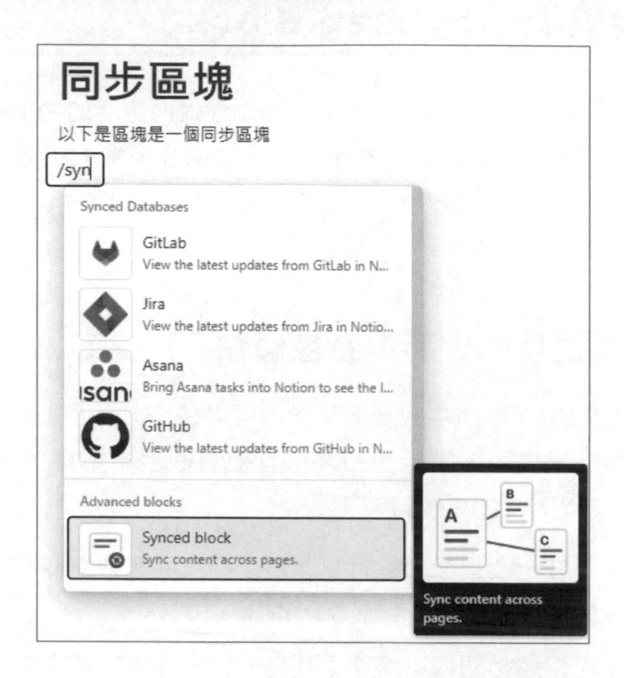

接著，大家可以在該區塊中新增一些內容，例如建立「To-do list」的待辦事項清單。請注意，當我們建立了一個同步區塊後，這個區塊的右上方會出現一個醒目的紅色框框，讓我們更容易識別這是一個同步區塊。若要將這個同步區塊複製到另一個頁面，只需點選該同步區塊，然後選擇「Copy and sync（複製且同步）」指令。

同步區塊

以下是區塊是一個同步區塊

Editing original ˅ | Copy and sync | •••

近期要儘快完成的事項：

- ☐ 完成Notion一書的寫作結案
- ☐ 新書提案大綱的規劃
- ☐ 完成客家語課程的錄製工作
- ☐ 新人教育訓練計劃的安排

然後在另一個頁面，按下快速鍵「Ctrl+V」，即可在不同頁面中貼上這個同步區塊。這樣一來，就能在不同頁面中使用同一個區塊了。

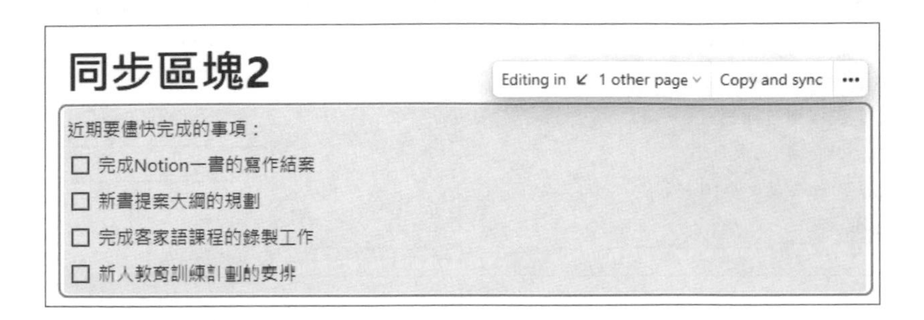

在這個時候，大家會發現當我們在不同頁面使用同一個同步區塊時，只要修改其中一個同步區塊，其他頁面中相同同步區塊的內容也會同步更新。例如，我們在下圖的「同步區塊」頁面中修改了該同步區塊的內容，與此同時，另一個「同步區塊 2」頁面中的同一個同步區塊內容也會同步變更，如下面的兩張圖所示：

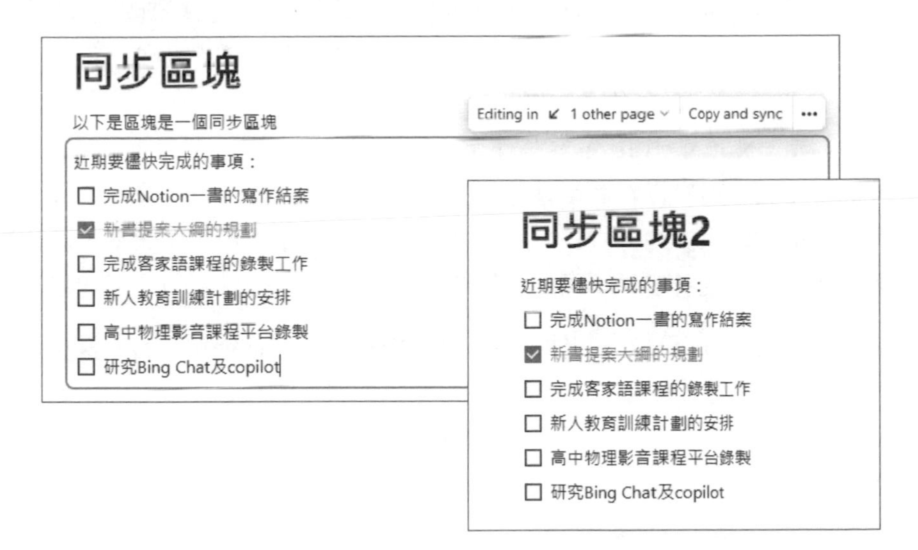

5-6-4 取消頁面之間的「Synced blocks」同步區塊

如果基於某些原因，希望取消頁面之間的「同步區塊」同步功能，可以在區塊右上角的選單中，點擊「Unsync（取消同步）」。這樣一來，就回復成一般的複製內容，而且修改不再跨頁面同步更新。

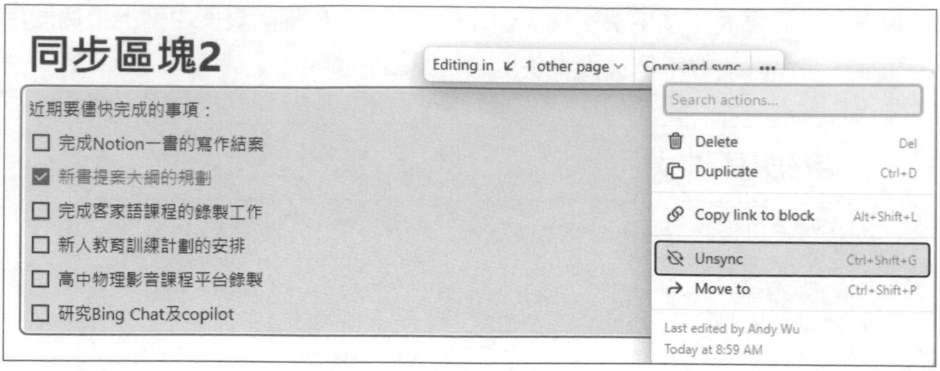

總之同步區塊是 Notion 協作功能中的一大亮點，它能夠極大地提高團隊的協同效率，確保資訊的即時更新。如果讀者能夠更好地應用同步區塊這一功能，將會使工作更加順暢、高效。

5-7 認識 Notion Button（按鈕）的功能

Notion 不僅提供了豐富的內容編輯功能，還引入了 Notion Button（按鈕）這一強大的工具。Notion Button 允許使用者自訂按鈕的功能，包括插入特定類型的區塊、新增頁面、編輯資料庫屬性等。這樣可以在點擊按鈕時一次性執行多個操作。這種大量批次操作的方式節省了許多手動步驟，提高了操作效率，而這種靈活性使得 Button 適用於各種不同的工作流程和任務。

另外 Notion Button 可以與其他應用和資源進行整合，使得跨平台的操作更加無縫。例如，可以透過 Button 在 Notion 中一鍵打開特定的網頁，或者連接到其他支援 Notion API 的工具。某些 Button 功能，例如「Show confirmation」，可以在按鈕執行時顯示確認框，防止錯誤操作。這提供了一層額外的保障，確保使用者在執行重要操作前有充分的審慎機會。

在本單元中，我們將探討 Notion Button 的功能，並透過詳細的介紹和實例，讓讀者能夠充分利用這一功能，提高工作效率。

5-7-1 新增 Button（按鈕）

在 Notion 中新增 Button（按鈕）是一個相對簡單的步驟，讓我們進行一步一步的操作：

1 STEP 進入你的 Notion 頁面：打開你的 Notion 應用，進入你想要新增按鈕的頁面。

2 STEP 選擇區塊位置：移動到你希望新增按鈕的區塊位置。這可以是頁面的頂部、底部，或是任何你認為最合適的位置。

3 STEP 點擊「+」按鈕：在你選擇的區塊位置，找到「+」符號，點擊它以打開區塊選擇菜單。（或直接輸入「/Button」）在區塊選擇菜單中，尋找並選擇「Button」區塊。

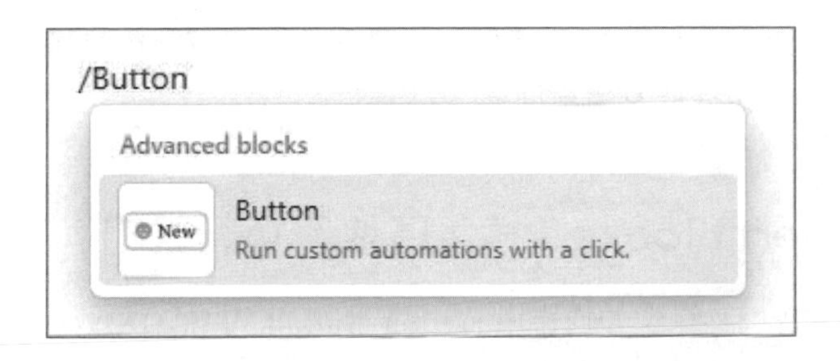

4 STEP 設定 Button 文字：在新建的 Button 區塊中，你會看到一個預設的文字，點擊這個文字來進行編輯，設定你希望顯示在按鈕上的文字。

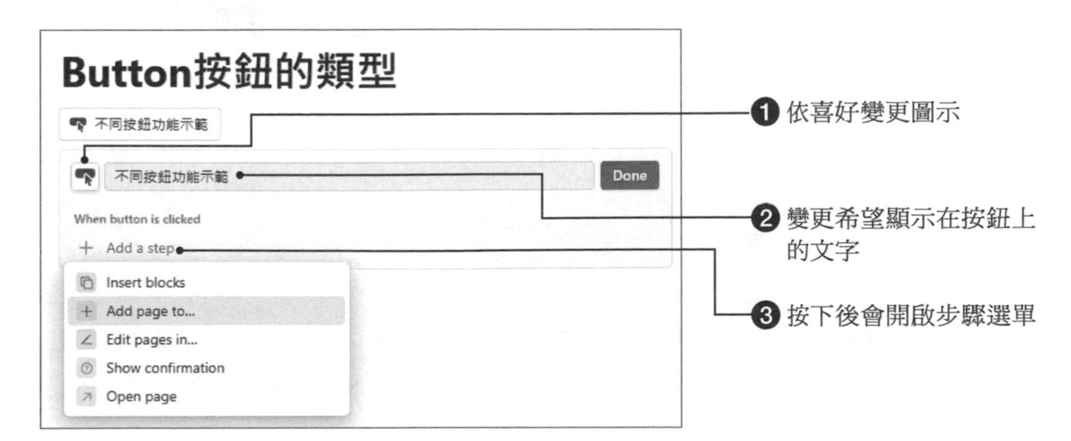

5-7-2 Notion Button 的設定畫面

Notion Button 中的「+Add a step」設定畫面包含五個主要的設定選項：

- **Insert blocks（插入區塊）**：這個選項允許你在按鈕觸發時自動插入指定的區塊。舉例來說，你可以設定一個按鈕，在點擊時自動插入一個常用的工作任務清單。
- **Add page to⋯（新增頁面）**：這個設定選項允許你在按鈕點擊時自動建立一個新的頁面。這對於快速記錄想法、建立任務清單等非常實用。
- **Edit page in⋯（修改頁面）**：這個選項讓你可以在按鈕觸發後，直接進入指定的資料庫頁面，方便進行屬性的修改和更新。
- **Show confirmation（顯示確認框）**：這個選項可以在按鈕點擊時彈出一個確認框，確保你確定執行這個動作，避免誤操作。
- **Open page（開啟頁面）**：這個選項讓你可以在按鈕觸發後直接打開指定的頁面，方便快速存取常用頁面。

5-7-3 Insert blocks（插入區塊）功能說明

在這一小節，我們將介紹如何使用 Notion Button 的 Insert blocks 功能。這包括點擊按鈕時，如何自動插入指定的區塊，以提高工作效率。

「Insert blocks（插入區塊）」的功能是為了讓使用者在特定位置輕鬆地快速插入各式區塊，選擇「Insert blocks」後，您可以在對應的方塊中輸入各種指令，例

如「To-do」待辦清單、切換開關（toggle）等。此外，您還可以選擇要將內容顯示在按鈕的上方（Above Button）或下方（Below Button）。

當您完成建立後，只需輕按「Done」按鈕，步驟選單即會自動摺疊。然後，您可以將按鈕拖曳至希望放置在頁面上的位置。

例如假設你正在一個專案管理頁面上，需要在該頁面的某處插入一個代辦事項區塊，以迅速記錄新的任務。你只需點擊相應位置的「+」按鈕，選擇「Insert blocks」，再選擇「To-do」，Notion 將立即在你指定的地方插入一個代辦事項區塊，讓你能夠快速記錄新的任務內容。

這個功能在各種情境下都能提高使用者的操作效率，特別是在需要在特定位置插入不同類型區塊時，避免了手動滾動的不便。「Insert blocks」的操作簡便，讓使用者更輕鬆地進行內容的編輯和建立。

5-7-4 Add page to…（新增頁面）功能說明

這一小節將深入介紹 Add page to... 設定，讓你能夠在按鈕點擊時迅速新增一個新的頁面，方便快速記錄想法或建立新的任務清單。

「Add page to...」的功能不僅簡化了新增頁面的步驟，還能在不中斷工作流程的情況下快速進行記錄和管理。在按鈕（Button）所提供的新增頁面有一些特點，就是它允許使用者在任何資料庫中去新增頁面，而且可以事先填入資料庫欄位的內容，完全不需要打開這個頁面。下圖為新增頁面按鈕的設定畫面：

「Add page to...」的功能在於，當你點擊這個按鈕時，可以迅速建立一個新的頁面，而無需轉到 Notion 主畫面或特定的資料庫。

例如假設你正在進行專案管理，需要快速記錄一個新的里程碑。在專案管理頁面中，你只需點擊相應位置的「+」按鈕，選擇「Add page to...」，輸入新里程碑的標題，並選擇將其新增在當前頁面的下方。這樣，Notion 即可迅速新增一個專屬的里程碑頁面，讓你能夠隨時隨地進行記錄和追蹤。

5-7-5 Edit page in…（修改頁面）功能說明

這裡我們將示範如何使用 Exit page in... 功能，直接進入指定的資料庫頁面，以便快速修改和更新資料庫屬性。

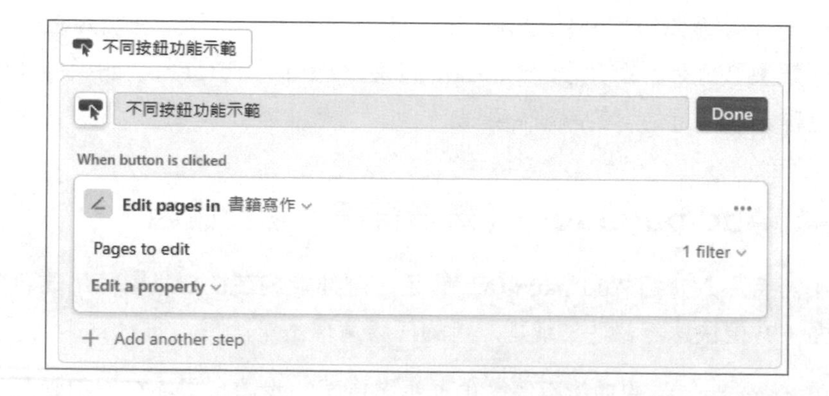

這個選項是為了方便對資料庫進行設定，特別針對現有資料庫內的資料進行屬性編輯。然而，為了有效管理資料編輯的範圍，通常會使用篩選器，以挑選出符合特定條件的資料。

首先，您需要指定欲修改的資料庫。接著，在「Page to Edit」區域，透過建立篩選器，您可以選擇符合特定條件的資料進行編輯。一旦條件設定完成，您就可以進行資料庫內屬性的編輯。

同樣地，如果您有多個屬性需要填寫，可以選擇「Edit a property（編輯屬性）」以新增。這樣的功能設計有助於提高對資料進行有條件性編輯的靈活性和效率。

5-7-6 Show confirmation（顯示確認框）功能說明

「Show confirmation」的設計有效地避免了在按鈕執行時的不慎操作，為使用者提供了一個安全的保障機制。

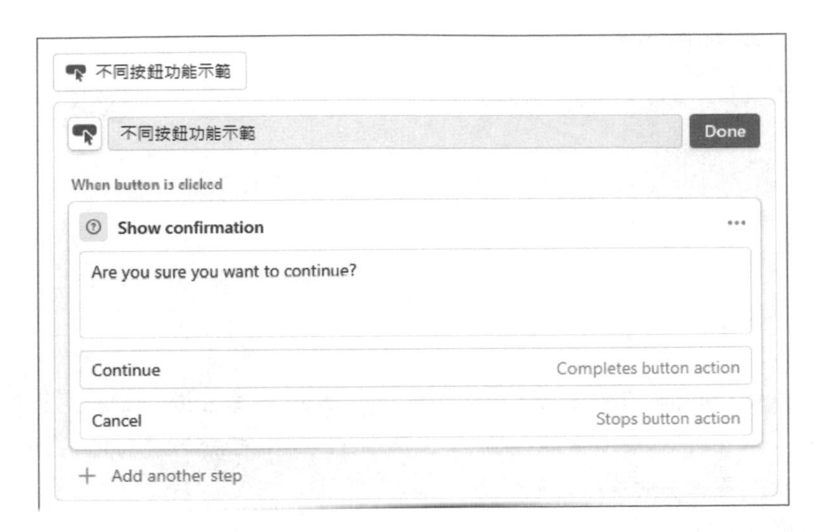

「Show confirmation」的作用在於當您點擊按鈕時，系統會彈出一個對話框，您有權編輯對話框中的文字，包括確認操作（完成按鈕動作）和取消操作（停止按鈕動作）的按鈕文字。這個選項特別適用於那些擔心誤觸按鈕的使用者，它提供了一層額外的確認機制，確保在執行任何重要操作之前，您有足夠的時間和機會審慎考慮。

例如假設您正在管理一個共享的工作區，並設置了一個按鈕來執行刪除特定項目的操作。若啟用了「Show confirmation」功能，當您點擊刪除按鈕時，將彈出確認框，顯示「您確定要刪除此項目嗎？」的確認文字。只有在使用者確認後，系統才會執行刪除操作，減少了錯誤操作的可能性。

5-7-7 Open page（開啟頁面）功能說明

最後，我們將詳細說明如何使用 Open page 功能，使你能夠在按鈕點擊後直接打開特定的頁面，節省時間並提高操作效率。

Button 的「Open page」功能允許使用者在按鈕點擊後直接打開指定頁面，並提供不同的顯示方式選擇，如「Center Peek」、「Side Peek」和「Full Page」。這樣的多樣性讓使用者能夠更自由地管理頁面視窗。

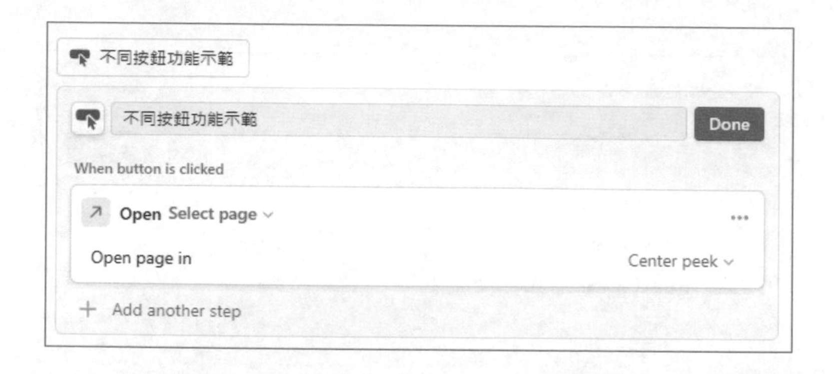

選擇「Open page」意味著當你按下按鈕時，Notion 會立即啟動特定的頁面。在藍色字的「Select page（選擇頁面）」選項中，你輕鬆挑選欲開啟的頁面，提供了直覺且快速的操作方式。

此外，右下角提供了多種頁面開啟後的顯示方式選擇，包括「Center Peek」（頁面在中間開啟）、「Side Peek」（頁面在右邊開啟），以及「Full Page」（全頁顯示）。

若需一次執行多個步驟，Notion Button 同樣應對得宜，只需輕輕一點，點擊「Add another step」，一切變得更加靈活。這進一步凸顯了 Notion Button 在使用上的便利性和多樣性。

例如假設您每天早上都需要打開 Notion 中的「日程安排」頁面以查看當天的任務。透過「Open page」功能，您可以在按鈕點擊後直接打開「日程安排」頁面，而不需要手動尋找，節省了寶貴的時間。

另一個例子是，如果您有一個特定的專案頁面，您可以設定一個按鈕，點擊後即可迅速打開該專案頁面，輕鬆切換到工作的不同部分。

「Open page」的功能使得 Notion Button 更加靈活，特別適用於需要頻繁切換頁面的使用情境，提供了更加流暢的操作體驗。這項功能的優越性不僅表現在時間節省上，同時也增加了使用者在工作流程中的流暢度，使得 Notion Button 成為一個不可或缺的效率工具。

5-8 資料庫的 Relation（關聯）與 Rollup（資料擷取）

資料庫中的 Relation 欄位允許你在不同的資料庫中建立關聯。你可以在一個資料庫中建立 Relation 欄位，將其連結到另一個資料庫的特定項目，方便地將相關的資料連接起來。例如你可以在一個專案管理的資料庫中，你可以使用 Relation 欄位連結到另一個包含成員詳細資訊的成員資料庫。這樣一來，你可以直接從專案中存取並查看相關的成員資訊。

另外，資料庫中的 Rollup 欄位中可以幫助各位去引用另一個資料庫的特定項目的屬性。也就是說 Rollup 欄位允許你在一個資料庫中 Rollup 欄位計算另一個資料庫中的資料。這可以是總和、平均值、最大值等數學運算。

總之，如果能將 Relation 和 Rollup 兩者結合使用，這會讓 Notion 中的資料庫更具靈活性，讓各位使用者能夠更有效地管理和呈現資料。

5-8-1 建立資料庫之間的 Relation（關聯）

接著來示範如何建立資料庫之間的 Relation（關聯），假設我們有兩個不同資料庫，分別是「商品」資料庫及「業務」資料庫，如果沒有使用 Relation 建立兩個資料庫之間的關聯，這兩個資料庫就是獨立的個體，分別自行記錄該個別資料庫的內容而已。如下列二圖所示：

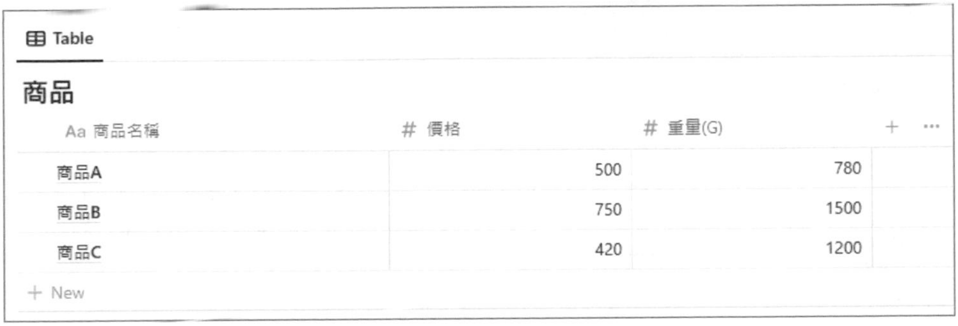

Table

商品

Aa 商品名稱	# 價格	# 重量(G)
商品A	500	780
商品B	750	1500
商品C	420	1200

+ New

Table

業務

Aa 業務姓名	賣出產品
林雅琳	商品A 商品C
陳宇軒	商品C
張嘉文	商品B

+ New

我們可以在這兩個資料庫之中，找到「商品」項目可以共同產生關聯的。接下來就來示範如何在兩個資料庫之間建立關聯的步驟，首先我們可以在「業務」資料庫新增一個「Relation」欄位：

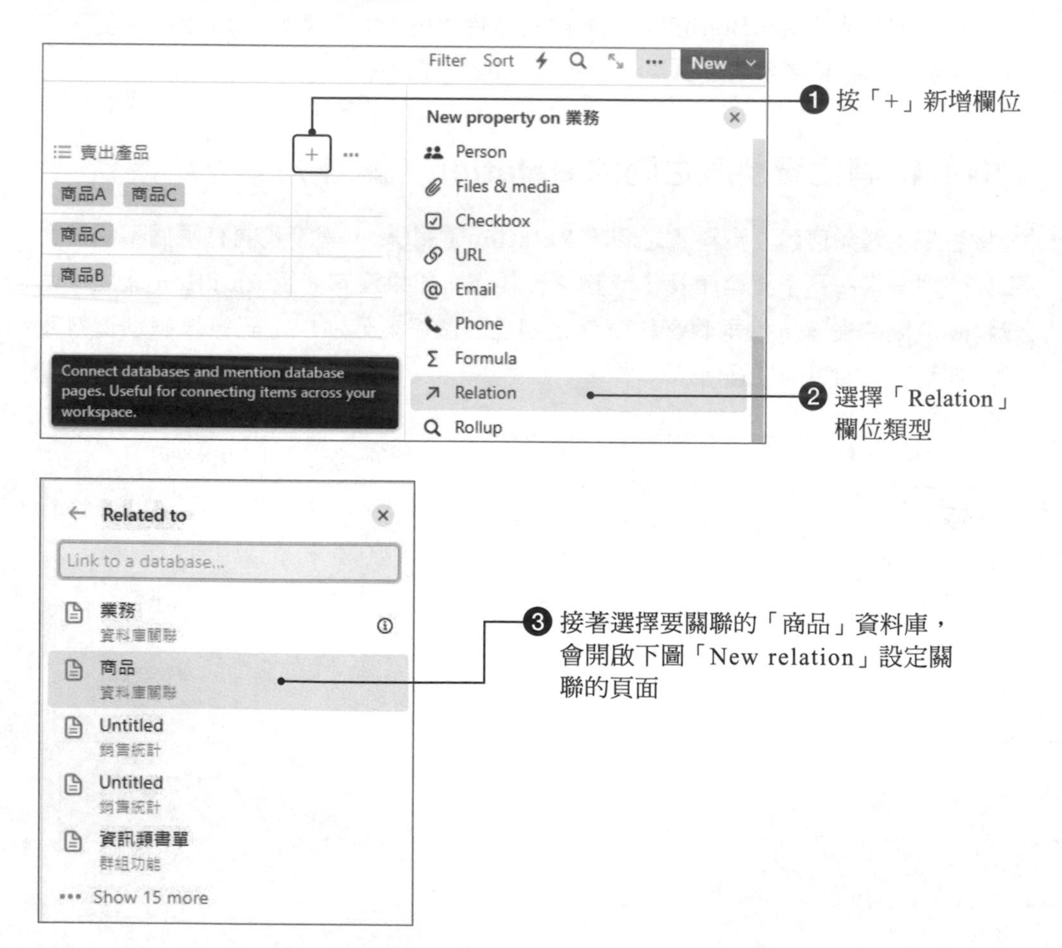

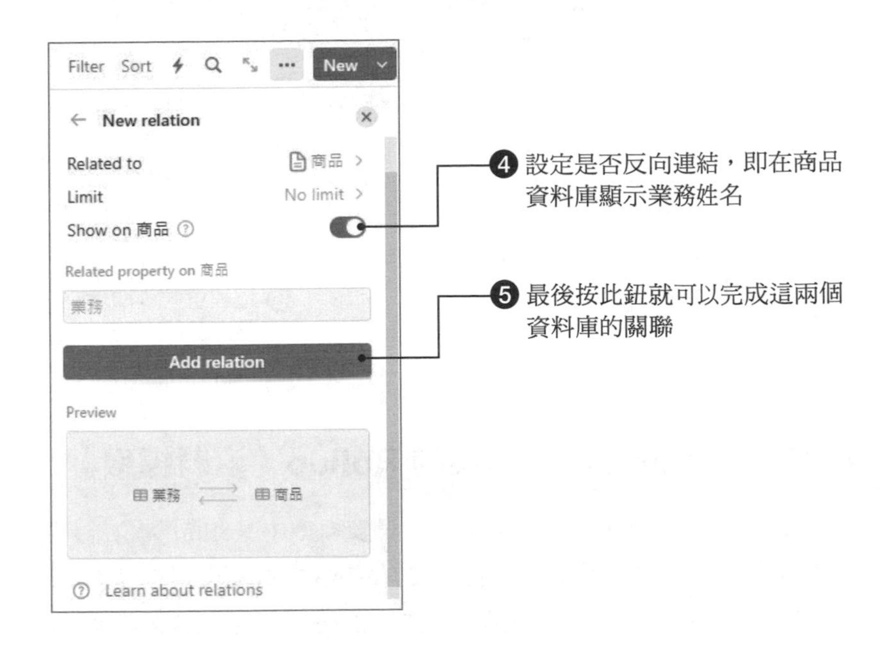

這時就可以在「業務」資料庫點選商品加入的動作，而對應的結果也會顯示在「商品」資料庫，反之亦然。

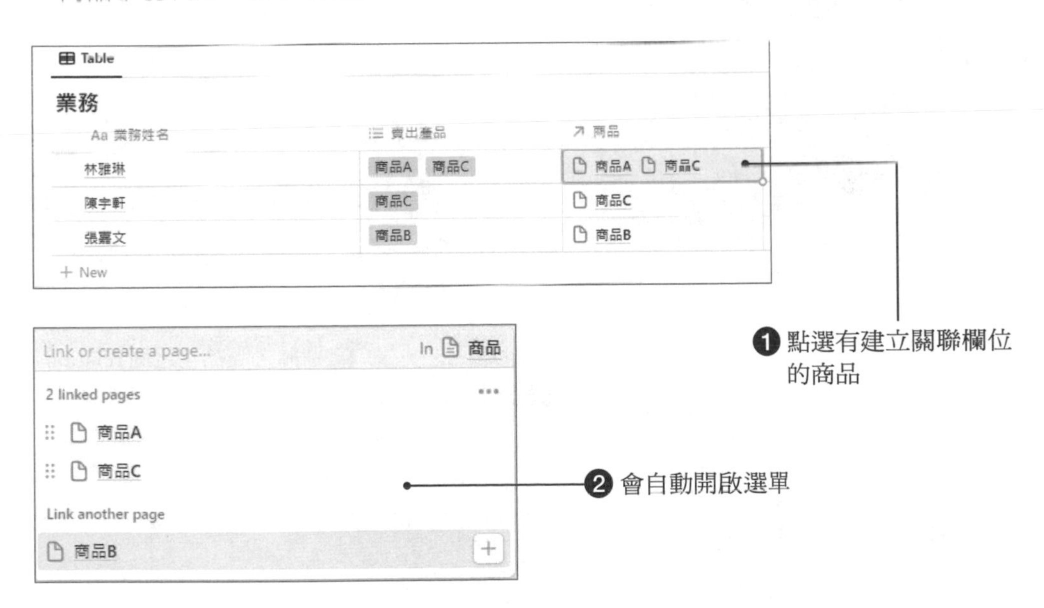

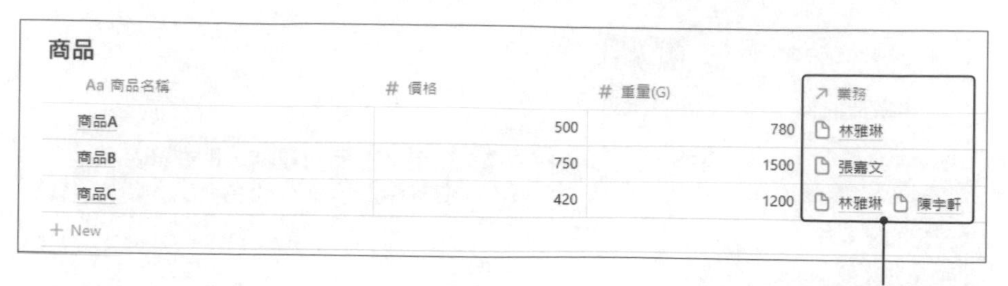

5-8-2 建立資料庫之間關聯後的 Rollup（資料擷取）

前面提到資料庫中的 Rollup 欄位允許你在一個資料庫中 Rollup 欄位計算另一個資料庫中的資料。過要特別強調的是，要建立 Rollup 欄位就必須指定要使用哪一個 relation。接著我們就以實例示範說明，例如我們想了解每一個業務賣出產品的總值。就可以參考下列作法：

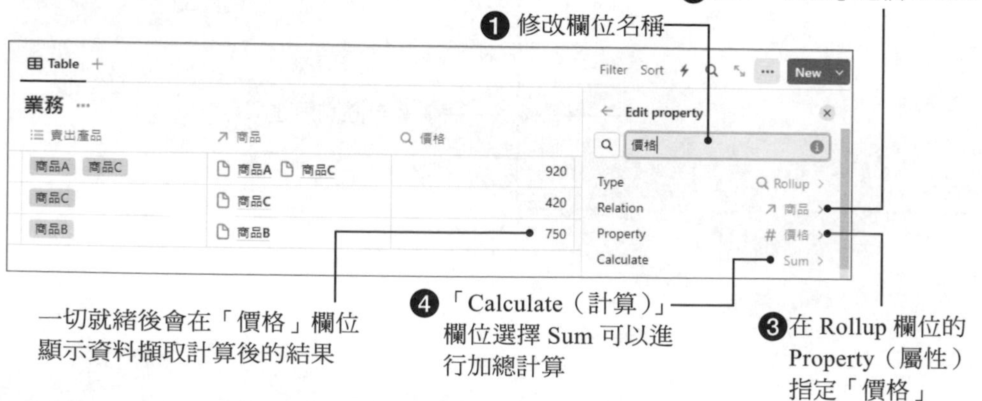

這裡要補充一下，在 Notion 中的 Rollup 欄位 Calculate 的選單中包括如下圖的好幾種計算方式，如下圖所示：

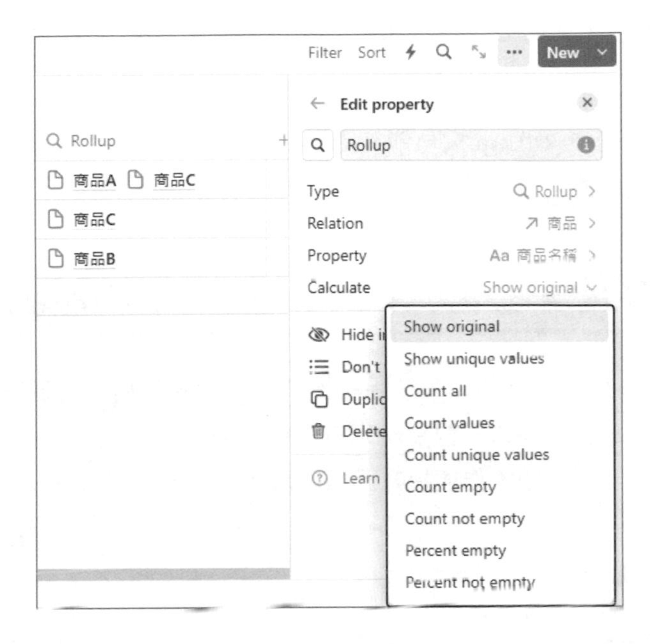

以下為各項 Calculate（計算）方式的說明：

- **Show original（顯示原始值）**：顯示來自 Rollup 欄位所連結的原始資料值。
- **Show unique values（顯示唯一值）**：顯示 Rollup 欄位所連結資料中的唯一值，去除重複項。
- **Count all（計算全部數量）**：計算 Rollup 欄位所連結的資料中的總項目數量。
- **Count values（計算值數量）**：計算 Rollup 欄位所連結的資料中非空（有值）項目的數量。
- **Count unique values（計算唯一值數量）**：計算 Rollup 欄位所連結的資料中的唯一值的數量，去除重複項。
- **Count empty（計算空值數量）**：計算 Rollup 欄位所連結的資料中空值（無值）項目的數量。
- **Count not empty（計算非空值數量）**：計算 Rollup 欄位所連結的資料中非空值（有值）項目的數量。

- **Percent empty**（百分比空值）：以百分比方式表示 Rollup 欄位所連結的資料中空值的比例。
- **Percent not empty**（百分比非空值）：以百分比方式表示 Rollup 欄位所連結的資料中非空值的比例。

這些計算方式使得 Rollup 欄位能夠更靈活地呈現和統計資料，讓用戶能夠根據具體需求進行相應的資料分析。

5-9 資料庫自動化（Database automations）

Notion 的資料庫自動化功能為使用者提供了強大的工具，使資料管理變得更加智能和高效。本章節將深入探討資料庫自動化的概念，以及如何在 Notion 平台上利用這些功能，省卻手動工作並提升工作效率。

5-9-1 資料庫自動化概述

手動更新和管理大型資料庫往往是耗時且容易出錯的任務。Notion 的資料庫自動化使其不再需要花費寶貴時間進行繁瑣的手動操作。這項功能的核心目標是消除人工錯誤，提高資料的準確性和即時性。

Notion 的自動化功能不僅僅是單一任務的自動化，而是允許使用者建立複雜的自動化規則，以根據特定的條件自動執行一系列動作。這意味著使用者可以根據自己的需求，設置多種自動化程序，讓 Notion 成為一個智能且靈活的資料庫管理工具。

5-9-2 自動化功能的實際應用

舉例來說，一個團隊可以設定自動化規則，當某個專案的進度達到特定階段時，自動生成相應的報告，並通知相關成員。這樣的自動化流程節省了大量手動報告的時間，確保專案的進展得以即時追蹤。

另一個實際應用是在 Notion 中整合客戶回饋。使用者可以設定自動化程序，當客戶提交回饋表單時，系統自動將回饋信息整合到相應的資料庫中，並觸發相應的通知。這樣的自動化提高了客戶服務的效率和準確性。

Notion 的資料庫自動化功能為使用者提供了極大的方便，不僅節省了時間，還提高了資料管理的準確性和效率。透過簡單而靈活的設定，使用者可以輕鬆地建立各種自動化規則，應對不同的工作需求。資料庫管理再也不需要繁瑣的手動操作，Notion 將其帶入一個智慧化且高效能的新時代。

5-9-3 自動化功能的設定步驟

自動化功能的強大之處在於能夠根據特定的條件設定規則，使 Notion 在背後智慧地執行各種操作。這種讓使用者能夠根據工作需求定製各種智慧型的自動化規則，使 Notion 在資料處理上更為智慧化。以實際操作為例，你有可能建立一項自動化規則，當資料庫中的某個欄位達到指定條件時，系統會立即發送通知給你，甚至可以自動更新其他相關的欄位，讓整個資料管理流程更加流暢，而且高效率。

要建立自動化流程的步驟，我們可以從任意的資料庫開始，並點選右上角的閃電符號來開啟自動化流程的選單：

底下為各個實作步驟的說明：

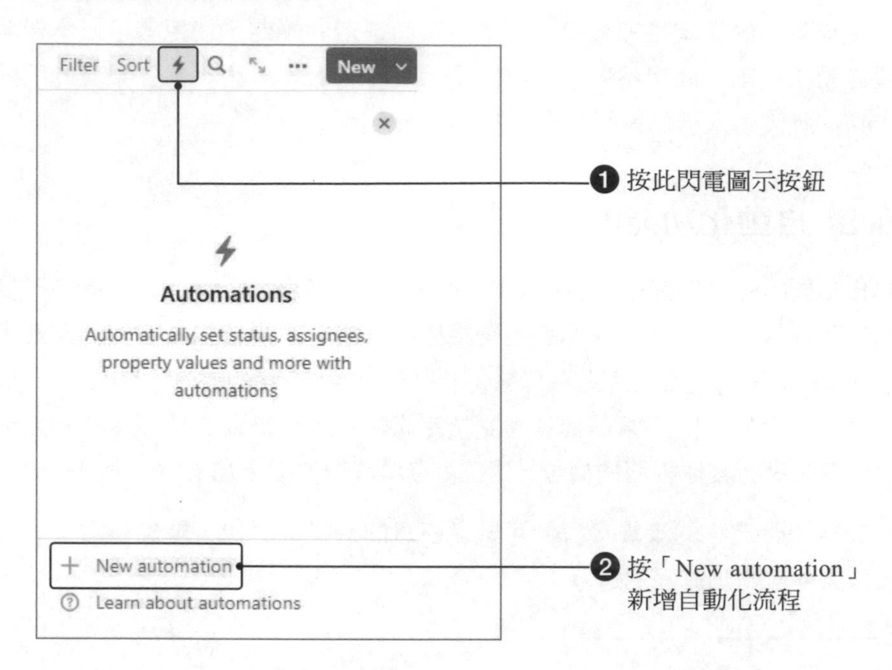

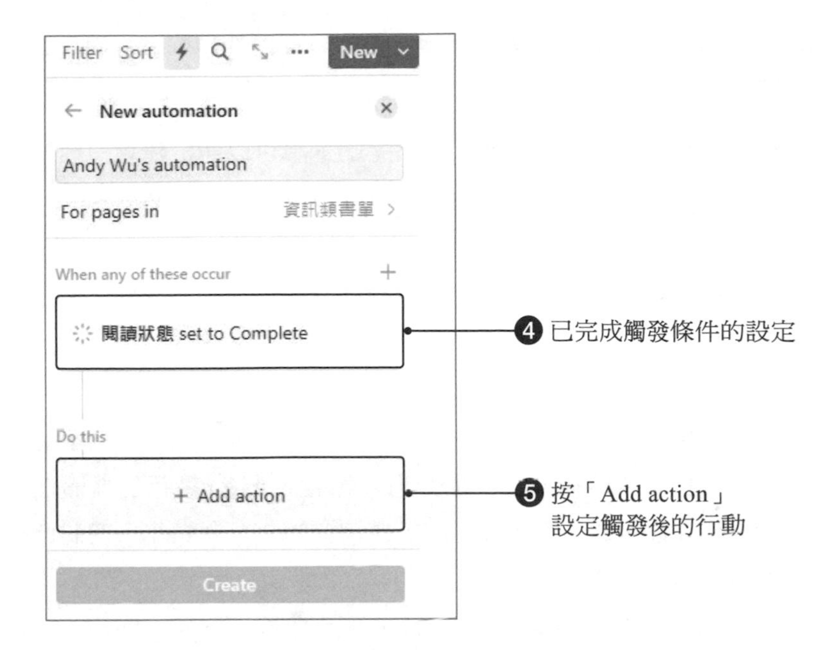

不過要使用 Notion Automation（自動化）功能，會被要求升級到「Plus」，每位用戶可以視自己的需求決定是否要升級？如下圖所示：

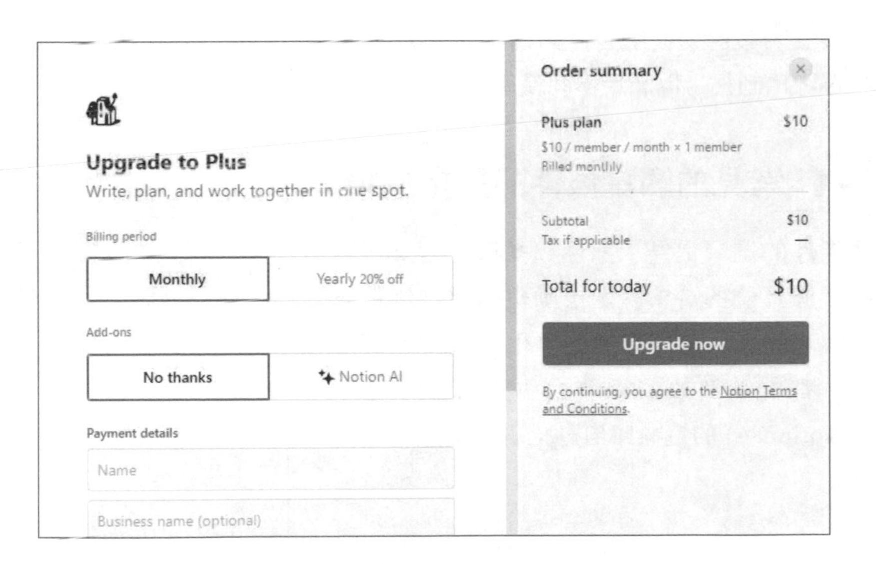

當用戶完成觸發條件及觸發後的行動設定後，按下「Create」鈕就可以建立資料庫自動化的條件，一旦你所設定的觸發條件發生時，就會自動執行所設定的行動，快速完成原先所預期的資料庫自動化流程的所有動作。

在 Notion AI 的資料庫自動化設定選單中，您會看到以下指令，各個指令的功能及特點說明如下：

- **新增自動化（New automation）**：點選此選項可以開始建立一個新的自動化。這是啟動整個自動化流程的起點，您將在這裡設定整個自動化的結構和條件。
- **新增觸發條件（Add trigger）**：點選此選項可以加入觸發條件，當這些條件被滿足時，自動化將被觸發。觸發條件是自動化開始執行的觸發點，您可以根據需要加入多個條件，以更細緻地控制自動化的啟動。
- **新增動作（Add action）**：點選此選項可以加入具體的動作，當觸發條件被滿足時，相應的動作將被執行。動作是您想要 Notion 執行的具體任務，可以是更新資料、發送通知等。您可以根據需要加入多個動作，定制自動化的執行步驟。
- **建立（Create）**：點選此選項可以完成並建立剛剛設定的自動化。這是最後一個步驟，確認您的自動化設定並使其生效。一旦建立，系統將按照您的設定自動執行相應的操作。

這些指令的設計讓使用者能夠輕鬆而直觀地建立複雜的自動化流程，同時提供了高度的可定制性，以滿足不同使用者在資料管理上的多樣需求。

5-9-4 常見的觸發條件的設定選項

觸發條件的選項提供了彈性和多樣性，讓使用者可以根據具體的需求設定自動化的觸發條件。無論是新增頁面、任何屬性的變化還是特定欄位的修改，都能夠有效地觸發相對應的自動化程序，使 Notion AI 的資料庫自動化更加適應各種使用場景。

底下是 Notion 在資料庫自動化設定過程中，常見的觸發條件設定選項的功能說明：

- **新增頁面（Page added）**：此選項用於設定當有新頁面被新增時觸發自動化。您可以選擇當新頁面被加入時啟動自動化，使您能夠即時回應並處理新增的資訊。
- **任何屬性（Any property）**：設定任何屬性的變化都可作為觸發自動化的條件。此選項提供了更靈活的觸發條件，只要任何屬性發生變化，即可啟動自動化，使其適用於各種不同情境。
- **欄位名稱**：選擇特定欄位的變化作為觸發自動化的條件。您可以針對特定欄位的變化設定觸發條件，使自動化更具精確性，只有在特定欄位的修改下才會執行相應的動作。

5-9-5 常見的觸發後行動的設定選項

在 Notion 的資料庫自動化設定過程中，觸發後行動的設定選項包括以下指令，底下是各設定選項的功能說明：

- **新增頁面至 ...（Add page to...）**：將新頁面新增至指定位置。您可以設定自動化，使得當觸發條件滿足後，相應的頁面會被自動新增至您事先指定的位置，方便整理資料。
- **編輯頁面於 ...（Edit pages in...）**：在指定位置編輯頁面內容。此指令允許您設定自動化，當觸發條件發生後，系統將會自動進行特定頁面內容的編輯，確保資訊及時更新。
- **發送 Slack 通知至 ...（Send Slack notification to...）**：將通知發送至指定的 Slack 頻道。此選項使您能夠在自動化執行時，將通知即時發送至指定的 Slack 頻道，實現團隊內即時溝通。
- **欄位名稱**：選擇特定欄位進行操作。此項目允許您針對特定欄位的資料變化進行相應操作，提供更精細的資料管理控制。

另外我們還可以按下「+」鈕新增其他操作或條件。加號表示您可以進一步擴充自動化的功能，例如新增更多的操作步驟或條件，以更全面地滿足您的需求。

5-10 凍結欄位（Freeze column）

「凍結欄位」是一項非常實用的功能，特別是在處理龐大資料庫時，這將成為您的得力助手。現在，您能輕鬆地將表格的左側一列或多列固定，使得這些欄位在您滾動表格的其他區域時仍然保持可見。這不僅讓查閱資料變得更加便利，同時也不需要來回滾動來尋找所需的資訊。

執行此指令凍結欄位

進一步延伸而言，這樣的功能不僅提高了使用者的操作效率，也有助於保持資料的整潔性和易讀性。對於需要長時間操作複雜資料表格的使用者，「凍結欄位」絕對是一項實用至上的功能，讓整個資料管理流程更加順暢。

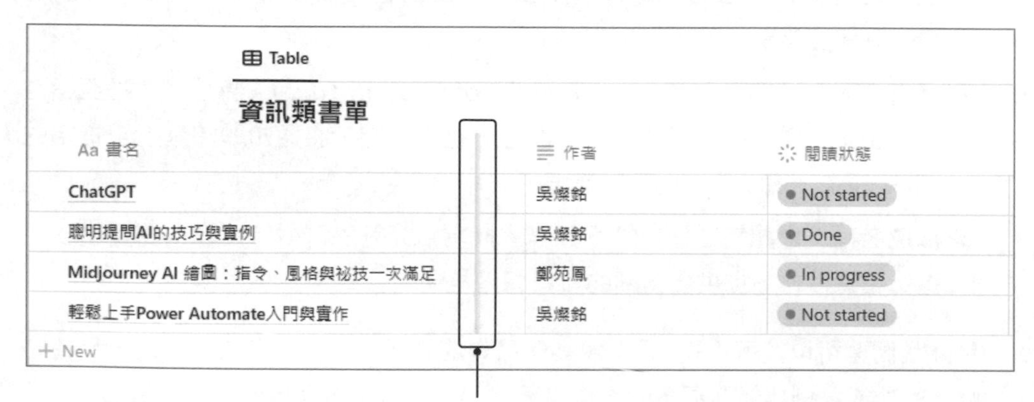

凍結欄位後，當查看其它資料時，這些凍結的欄位在你查看資料庫的其他欄位時仍然可見，而且會看到如圖所示的較粗的實體灰色線條

需要留意的是，一旦您對某些欄位進行凍結，就無法再對其他地方的欄位進行凍結操作。若您想要凍結其他欄位，必須先取消之前的凍結，然後才能對新的欄位進行凍結操作。這項操作方式確保了凍結欄位的適用靈活性，使得使用者能夠根據需要進行精細的資料顯示控制。

NOTE

第 6 章

Notion 生活策略—日常生活的智慧型管理

在本節中，我們將探討如何將 Notion 應用於日常生活的智慧型管理中。從簡單的待辦事項到繁複的日程安排，再到全面的財務規劃，Notion 可以成為您管理個人生活的得力助手。

6-1 日常任務和待辦事項的管理

在現代忙碌的生活節奏中，有效地管理日常任務和待辦事項對於提升生活效率至關重要。Notion 作為一個多功能的組織工具，提供了一個理想的平台來幫助您規劃和追蹤日常活動。

6-1-1 組織達人：打造專屬任務板

在 Notion 中建立一個專屬的任務板可以讓您清晰地看到待完成的任務，並有效地進行分類和跟蹤。例如，您可以為家庭、工作和個人發展建立不同的任務區塊。在每一個區塊中，您可以加入具體的任務，並為它們設置截止日期、優先級和進度狀態。

一個具體的實例是建立一個「家庭任務板」。在這個板塊中，您可以列出所有家務活動，如清潔日程、購物清單和家庭活動計劃。每項家務旁邊，您可以加入截止日期和負責人的名字。這樣一來，您和家人都可以一目了然地了解各項家務的安排，並有效地分配責任。

另外，您還可以利用 Notion 的提醒功能來設置特定任務的提醒，確保重要的事項不會被遺忘。這種方式不僅增強了生活的有序性，還提高了工作和生活的整體效率。

透過 Notion，您可以將分散的任務和計劃集中管理，因此實現日常生活的智慧型化管理，讓您的生活更加井然有序。

6-1-2 提醒與節奏：設定生活的自動響鈴

在繁忙的日常生活中，保持生活的節奏和秩序是非常重要的。Notion 的提醒功能可以幫助我們做到這一點。這個功能不僅可以用於提醒即將到來的會議或約會，還可以幫助我們記住需要完成的任務和活動。讓我們來看看如何有效地使用這一功能。

首先，您可以設置每日、每週或每月的固定提醒，以保持對於重要事項的持續關注。比如說，您可以為每週的家庭會議設置週期性提醒，確保您不會忘記這個重要的家庭時刻。

其次，Notion 還允許使用者為特定的專案或任務設定一次性提醒。例如，如果您計劃在下週四參加一個線上研討會，您可以為這個事件設置一個提醒。當提醒時間到達時，Notion 會透過應用程式或電子郵件發送通知，確保您不會錯過這個活動。

此外，Notion 的提醒功能還可以用於個人生活中的各種方面。比如，您可以設置提醒來追蹤藥物服用時間、紀念日或是其他重要的個人事件。這樣一來，Notion 不僅僅是一個工作管理工具，更成為了一個全面管理個人生活節奏和健康的利器。

最後，Notion 的靈活性還允許您根據個人偏好自訂提醒方式。無論是選擇聲音提醒、快顯視窗通知，還是僅僅是在應用程式中顯示，都可以根據您的生活習慣和需求來調整。這樣的個性化設置，確保了提醒功能能夠更好地融入您的日常生活，幫助您更有效地管理時間和活動。

總的來說，Notion 的提醒功能是一個強大的工具，可以幫助使用者保持生活節奏和秩序。透過合理的設置和使用，它可以顯著提高我們的生活品質和工作效率。

6-2 時間的藝術：行事曆與規劃大師

在這個快節奏的時代，有效的時間管理成了成功的不二法門。Notion 以其靈活多變的功能，提供了一個絕佳的平台來打造個人行事曆，幫助使用者有效地安排和管理時間。讓我們深入了解如何運用 Notion 來成為時間管理的大師。

6-2-1 我的時間地圖：打造個人行事曆

在 Notion 中建立和管理個人行事曆，可以幫助您對時間有更清晰的規劃和掌控。以下是一些實用的步驟和建議，以及實際的應用案例。

首先，您需要在 Notion 中建立一個專屬的行事曆頁面。這個頁面可以按照週檢視、月檢視或自訂格式來展示。例如，如果您是一位忙碌的職業人士，您可以選擇週檢視來更好地概覽一週的安排，而如果您是一位自由職業者，則可能更喜歡月檢視來長遠規劃您的專案和約會。

其次，您可以在行事曆中加入各種事件和任務。這些專案可以包括工作會議、私人約會、健身時間等等。您可以為每一個專案設定具體的時間、日期，甚至加入地點和相關附註。例如，您可能會在行事曆上安排每週三晚上的瑜伽課，並附上上課的地點和教練的聯絡方式。

此外，Notion 的行事曆功能還支援與其他平台的同步，例如 Google 日曆或 Apple 行事曆。這樣，您就可以在不同的設備和應用程式間無縫地管理您的時間安排。

一個實際的例子是，假設您是一位大學生，您可以在 Notion 中建立一個專門的學習計劃行事曆。在這個行事曆中，您可以安排您的課程時間、學習小組會議、考試日期，甚至是圖書館的學習時間。這樣一來，您就可以清楚地看到每天、每週的學習任務和目標，因此更有效地規劃您的學習時間。

總之，Notion 的行事曆功能提供了一個強大的工具來幫助您規劃和管理時間。無論您是學生、職業人士還是自由職業者，都可以利用這一功能來提高時間管理的效率，因此達到更高的生產力和更好的生活品質。

6-2-2 生活節拍器：事件與活動的精密規劃

在當今快節奏的生活中，將每一刻時間都用得恰到好處，是提高生活品質的關鍵。Notion 能幫助我們精確規劃生活中的各種事件和活動。這一節將帶您了解如何運用 Notion 來達成這一目標。

首先，Notion 中的資料庫功能可以用來建立活動和事件的清單。您可以為每一個事件設定具體的時間、地點、參與者和其他相關細節。例如，如果您正在計劃一個家庭聚會，您可以在 Notion 中列出所有必要的準備事項，包括購買食材、發送邀請和安排活動流程。

接下來，您可以利用 Notion 的提醒功能來設定特定活動的提醒。這樣一來，無論是朋友的生日派對還是重要的商務會議，您都不會錯過。您甚至可以設置多個提醒，確保在活動前有充足的時間來準備。

此外，Notion 的模板（template）功能可以用來建立重複性事件的模板。這對於定期會議、例行公事或經常性的家庭活動特別有用。例如，您可以建立一個每週家庭電影之夜的模板，其中包括電影選擇、食物準備和時間安排。

一個實際的例子是，假設您是一位忙碌的企業家，需要管理多個專案和會議。您可以在 Notion 中建立一個專門的專案管理資料庫，並為每一個專案設置詳細的時間線和里程碑。這樣，您不僅能夠清楚地追蹤每一個專案的進展，還能確保所有關鍵的會議和決策點都被妥善安排和提醒。

總之，利用 Notion 進行事件和活動的精密規劃，可以幫助您更好地管理時間，確保每一刻都能夠高效利用。無論是職業生涯的需求，還是個人生活的安排，Notion 都能夠提供強大的支援，幫助您達到更高的生產力和更好的生活品質。

6-3 實作日常生活追蹤看板

本例的主要工作是建立日常生活追蹤看板，這個例子會先建立三個頁面區塊：「待進行工作」區塊、「工作分配」表格資料庫及「行事曆」資料庫檢視。

6-3-1 版面規劃

首先我們必須先進行版面的配置，由於 Notion 的資料庫的區塊因為涉及到欄位屬性的設定關係，不像文字具備拖拉的彈性，因此通常在進行版面規劃時，會先預由資料庫區塊進行規劃。

<table>
<tr><td>「待進行工作」區塊</td><td>「工作分配」表格資料庫</td></tr>
<tr><td colspan="2" align="center">「行事曆」資料庫檢視</td></tr>
</table>

這個例子我們將完成如下圖的「日常生活追蹤看板」：

日常生活追蹤看板

待進行工作

- [ ] 去接小孩
- [x] 運動1小時

Table

工作分配

Aa 姓名	主要工作
爸爸	戶外的粗重活
媽媽	室內的工作
小孩	專心學業

+ New

Calendar view + Filter Sort New

行事曆 ···

January 2024 < Today >

Sun	Mon	Tue	Wed	Thu	Fri	Sat
31	Jan 1	2	3	4	5	6
7	8	9	10	11	12 台中高工… Not started 1小時 2點在教	13
14	15	16	17	18	19	20

6-3-2 日曆檢視

首先請透過「/」叫出功能表，並選擇「日曆檢視（Calendar view）」：

因為目前沒有已內建好的資料庫可以套用，請在資料庫來源中選擇「New database」，如果各位已有內建的資料庫內容，則可以選擇該資料庫再加以修改。

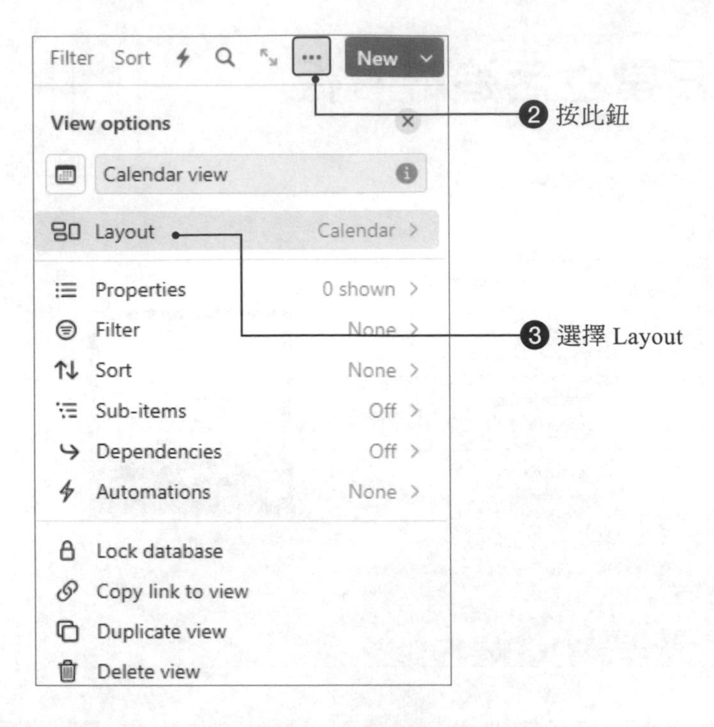
Filter
Sort
New
View options
Calendar view
Layout
Calendar
Properties
0 shown
Filter
None
Sort
None
Sub-items
Off
Dependencies
Off
Automations
None
Lock database
Copy link to view
Duplicate view
Delete view
❷ 按此鈕
❸ 選擇 Layout

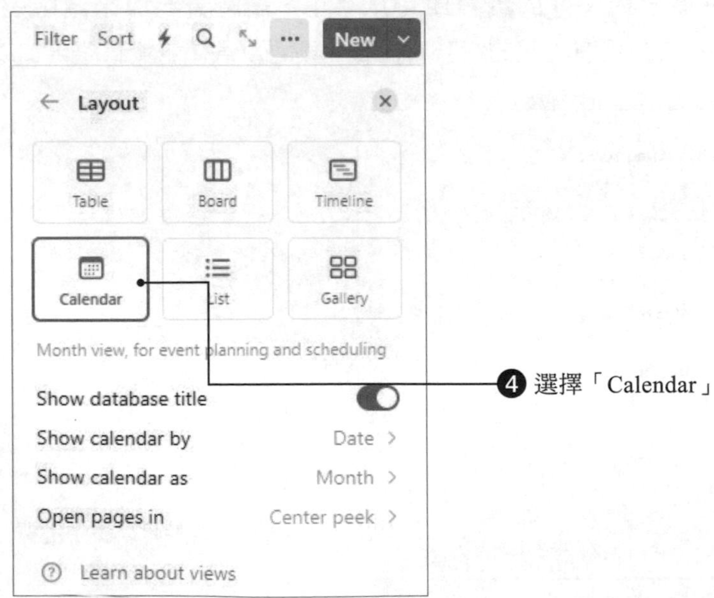
Filter
Sort
New
Layout
Table
Board
Timeline
Calendar
List
Gallery
Month view, for event planning and scheduling
Show database title
Show calendar by
Date
Show calendar as
Month
Open pages in
Center peek
Learn about views
❹ 選擇「Calendar」

如果要重新命名日曆資料庫的名稱，則可以點選「Untitled」右邊的⋯鈕，執行「Edit database title」指令：

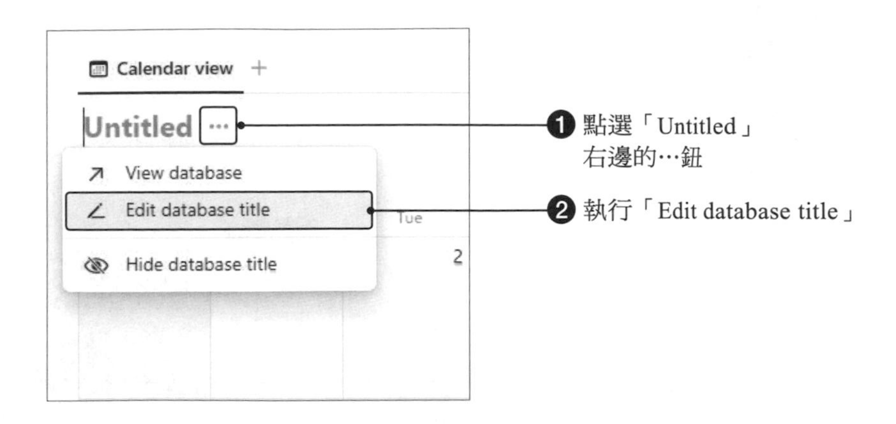

例如下圖筆者修改名稱為「行事曆」。

接著我們可以在日曆中新增內容，請點擊該日期左上角「+」來新增內容。

行事曆 ···
January 2024
Today
Sun Mon Tue Wed Thu Fri Sat
31 Jan 1 2 3 4 5 6
7 8 9 10 11 12 13
Add an item

在日曆中可以依照自己的需求加入相關的屬性，例如下圖中包括：內容的標題、日期的屬性、單選標籤、進度等。

台中高工演講
Date January 12, 2024
摘記事項 1小時 2點在教務處
Status Not started
Add a property
Add a comment...
Press Enter to continue with an empty page, or create a template

下圖為指定日期加入內容的外觀，事實上我們也可以設定日曆上要顯示的資訊，作法如下：

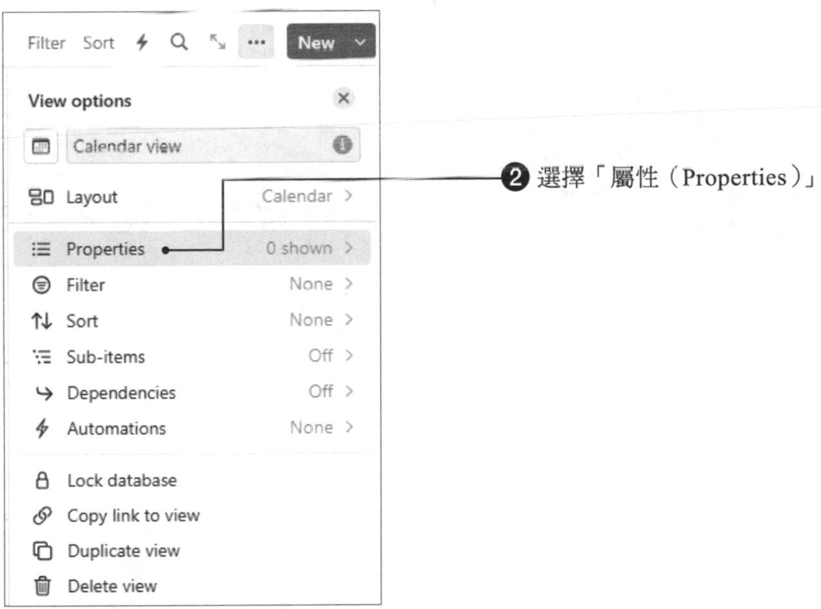

如下圖所示，該日曆顯示了「摘記事項」及目前的「進度（Status）」。

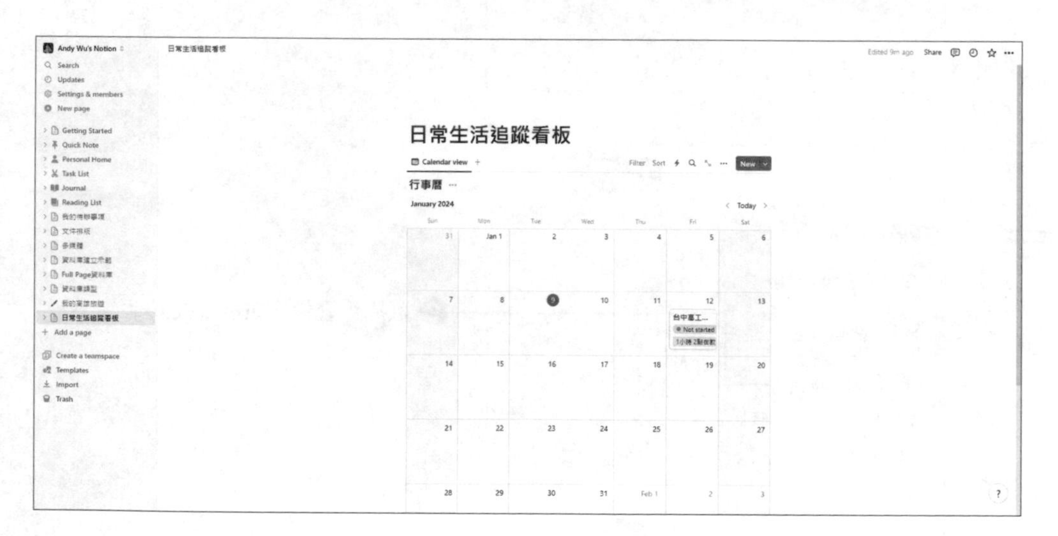

6-3-3 在頁面加入「待進行工作」區塊

接著加入「待進行工作」的欄位區塊，步驟如下：

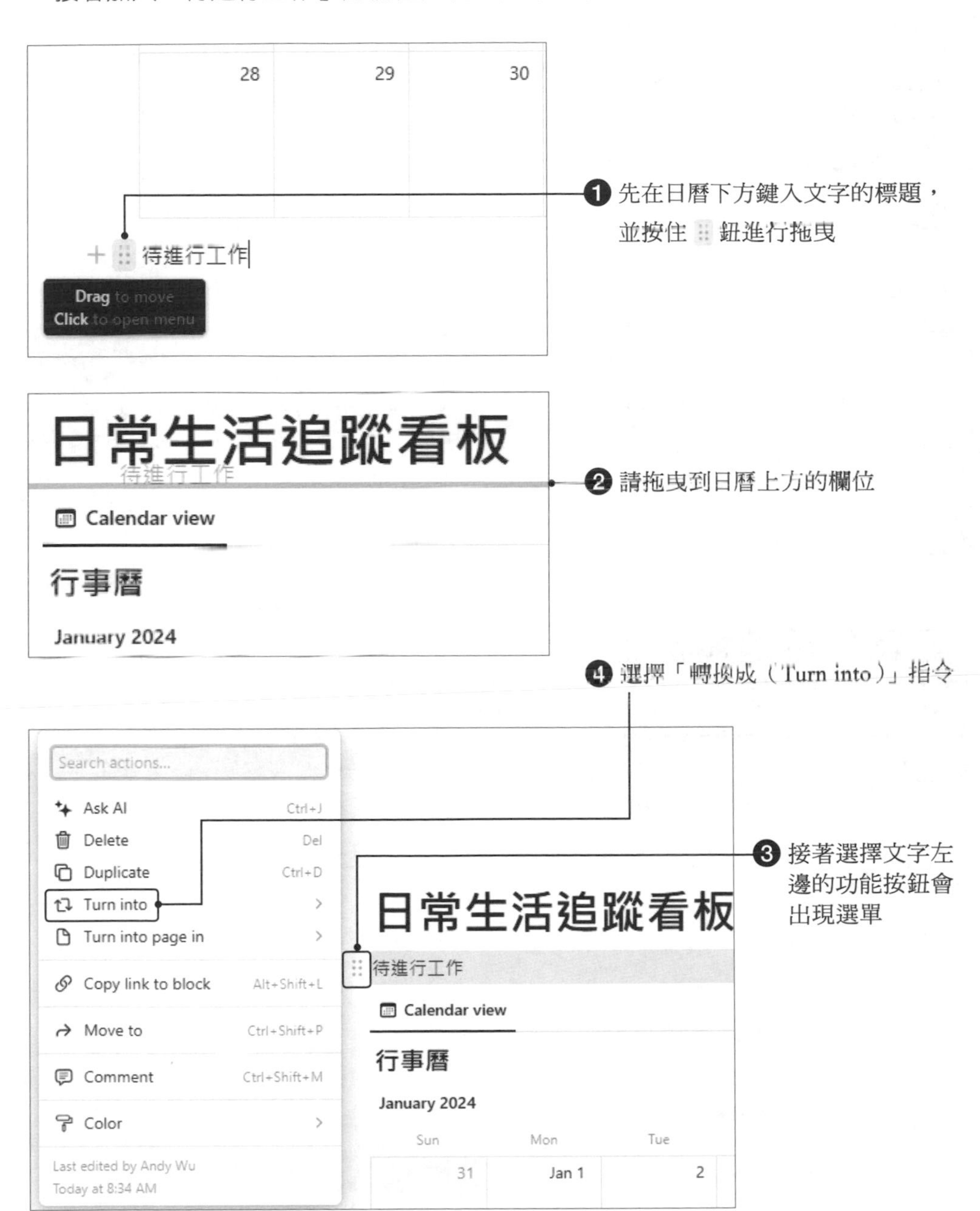

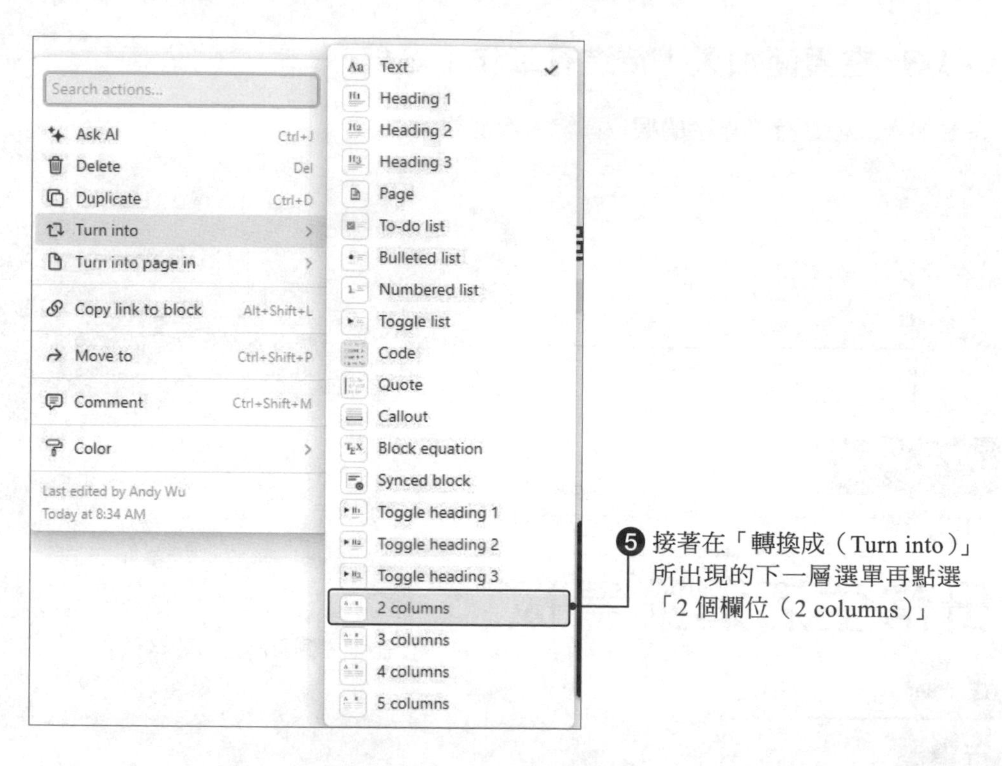
Search actions...
Ask AI Ctrl+J
Delete Del
Duplicate Ctrl+D
Turn into
Turn into page in
Copy link to block Alt+Shift+L
Move to Ctrl+Shift+P
Comment Ctrl+Shift+M
Color
Last edited by Andy Wu
Today at 8:34 AM
Text
Heading 1
Heading 2
Heading 3
Page
To-do list
Bulleted list
Numbered list
Toggle list
Code
Quote
Callout
Block equation
Synced block
Toggle heading 1
Toggle heading 2
Toggle heading 3
2 columns
3 columns
4 columns
5 columns
❺ 接著在「轉換成（Turn into）」所出現的下一層選單再點選「2 個欄位（2 columns）」

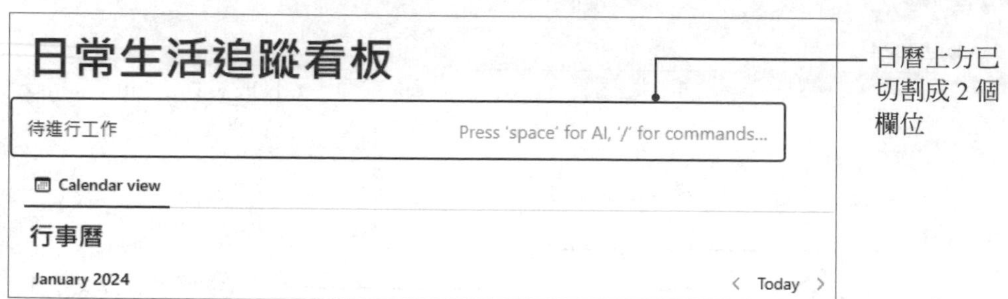
日常生活追蹤看板
待進行工作
Press 'space' for AI, '/' for commands...
Calendar view
行事曆
January 2024
Today
日曆上方已切割成 2 個欄位

新增強調（Callout）標題

新增「待進行工作」的標題與內容，這個標題我們可以利用強調（Callout）功能來凸顯標題。而且也可以為標題名稱加入「表情符號」，請參考以下的作法：

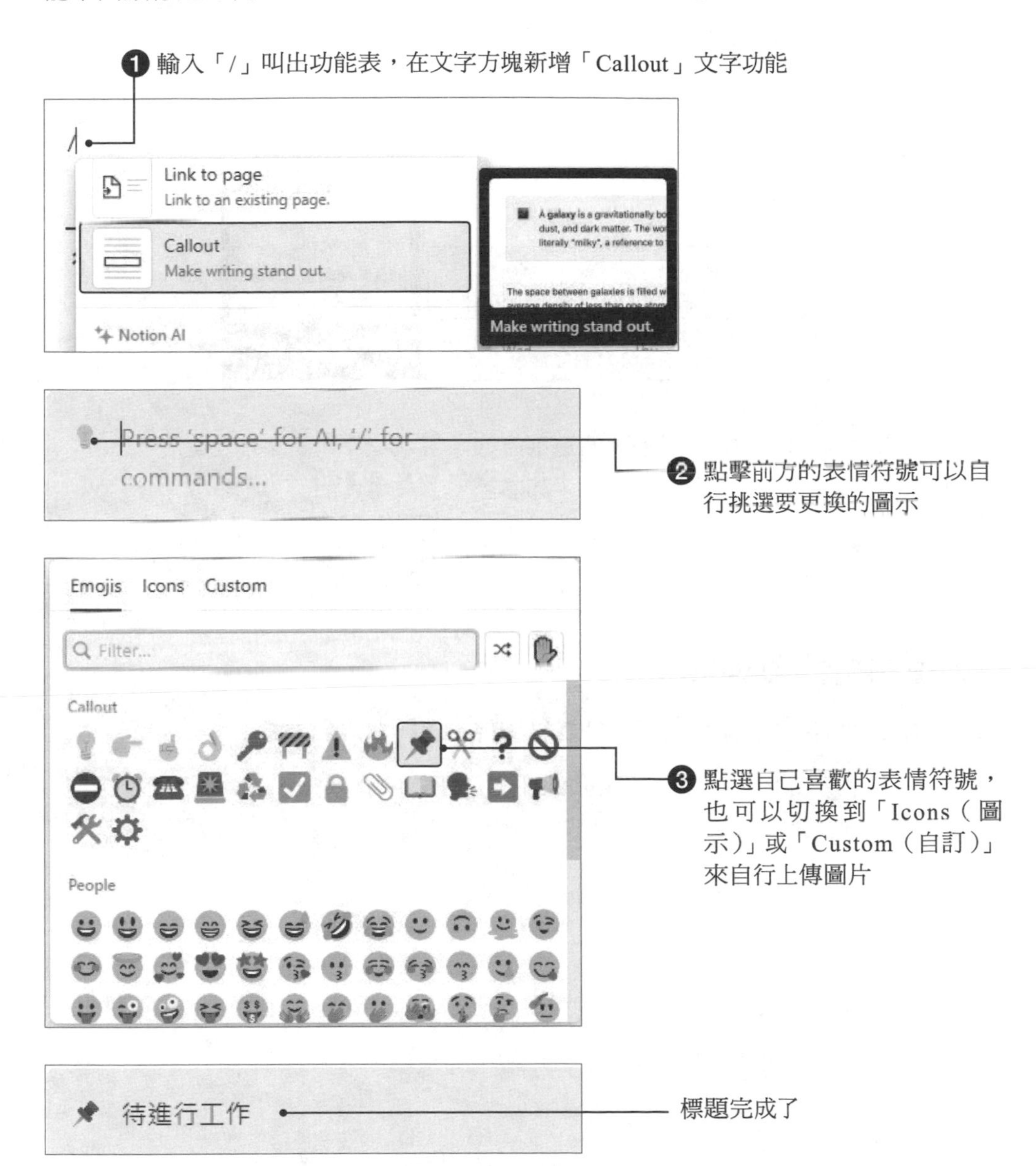

新增完標題後，接著就可以要加入工作的核取方塊，請輸入「/」後選擇「待辦事項（To-do list）」

新增待辦事項（To-do list）

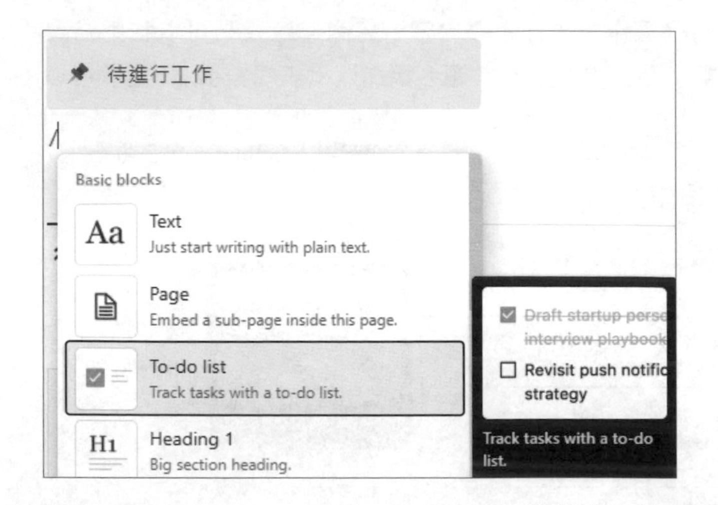

接著輸入待進行的工作，如果有勾選前方的核取方塊，就會呈現不同的文字樣式，如右圖所示：

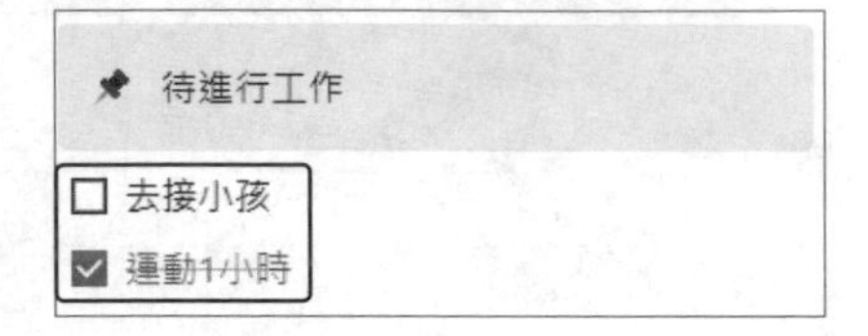

新增分隔線（Divider）

另外我們也可以在「標題」和「待進行工作」之間加入分隔線，作法如下：

請輸入「/」後選擇「分隔線（Divider）」

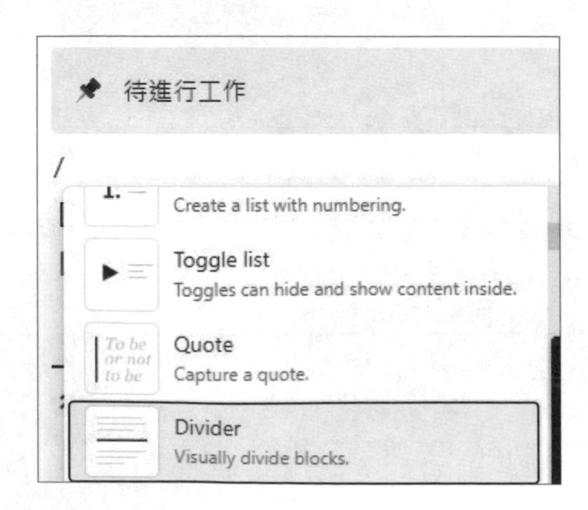

下圖中已在標題下方加入了分隔線，

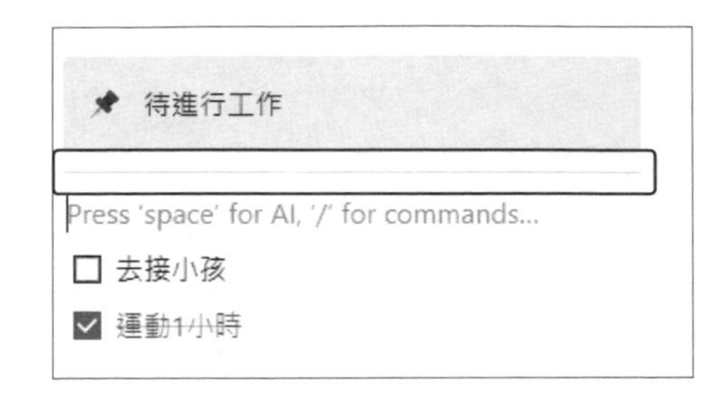

6-3-4 表格檢視

1 STEP 接著請在頁面上方右側的版面位置加入「Table」資料庫，下圖中顯示還沒有資料來源，請點選「Select a data source」。如右圖所示：

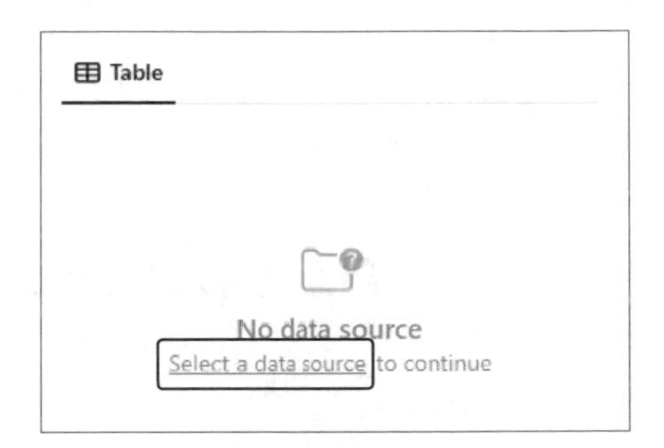

2 STEP 再選「New databasc」建立新的資料庫

3 STEP 接著輸入該表格資料庫的欄位資訊，如下圖所示：

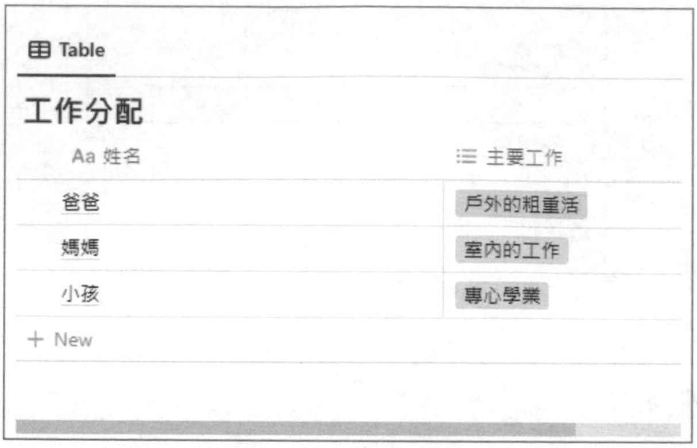

Table

工作分配

Aa 姓名	主要工作
爸爸	戶外的粗重活
媽媽	室內的工作
小孩	專心學業

+ New

一切就緒後，本範例實作的「日常生活追蹤看板」已完成，這個 Notion 頁面包括三個區塊，如下圖所示：

日常生活追蹤看板

待進行工作

- [ ] 去接小孩
- [x] 運動1小時

Table

工作分配

Aa 姓名	主要工作
爸爸	戶外的粗重活
媽媽	室內的工作
小孩	專心學業

+ New

Calendar view + Filter Sort New

行事曆 ···

January 2024 < Today >

Sun	Mon	Tue	Wed	Thu	Fri	Sat
31	Jan 1	2	3	4	5	6
7	8	9	10	11	12 台中高工... Not started 1小時 2點在教	13
14	15	16	17	18	19	20

6-4 財務智慧型：Notion 財務規劃攻略

在當前經濟環境下，有效的財務管理變得越來越重要。Notion 作為一個多功能工具，提供了強大的支援，幫助使用者進行全面的財務規劃和追蹤。這一章節將深入探討如何利用 Notion 來達成這一目標。

6-4-1 資金的守護者：建立個人財務儀表板

在 Notion 中建立一個全面的個人財務儀表板，可以幫助您即時監控和管理您的財務狀況。以下是如何建立這樣一個儀表板的步驟和實際案例。

首先，您需要在 Notion 中建立一個新的頁面，用來作為您的財務儀表板。在這個頁面上，您可以加入多個部分，包括資產、負債、支出和收入等。

接著，您可以在儀表板中建立資料庫來追蹤您的日常支出和收入。您可以設定不同的類別，如食物、交通、娛樂等，並記錄每筆交易的日期、金額和相關細節。這樣一來，您就可以清楚地看到您的資金流向，並根據需要調整您的預算。

此外，您還可以在儀表板中設置資產和負債的追蹤。例如，您可以記錄您的儲蓄帳戶餘額、投資價值以及任何貸款或信用卡欠款。這有助於您全面了解自己的財務狀況，並做出明智的財務決策。

一個實際的例子是，假設您是一位想要控制家庭預算的家庭主婦。您可以在 Notion 中設置一個「家庭預算儀表板」，其中包括每月的食品、水電、孩子教育等支出。每筆支出都被記錄和分類，這樣您就可以清楚地看到每一個月的支出狀況，並在必要時進行調整。

總結來說，Notion 的財務儀表板功能提供了一個強大的平台，幫助使用者有效地管理和追蹤他們的財務狀況。無論是日常支出的記錄、長期財務規劃，還是資產和負債的監控，Notion 都能提供必要的工具和支援，幫助使用者實現財務目標。

6-4-2 財報自動化：資料洞察與報告

在現代財務管理中，能夠迅速獲取資料洞察並製作財務報告對於做出明智的決策相當重要。Notion 提供的自動化工具能夠幫助我們在這方面做得更好。以下我將介紹如何利用 Notion 來建立財務報告，並從中獲取有價值的資料洞察。

首先，我們可以在 Notion 中設置自動化的資料收集。透過連接外部資料源（例如銀行帳戶、信用卡交易等），Notion 可以自動將您的財務交易記錄導入到一個集中的資料庫中。例如，您可以設定每週自動從您的銀行帳戶導入交易記錄，因此即時追蹤您的支出和收入。

接著，您可以在 Notion 中利用這些資料來建立個性化的財務報告。您可以設定不同的過濾器和分類，以便對資料進行細分和分析。例如，您可以建立一個月度支出報告，其中包括按類別分類的所有支出，這樣您就可以一目了然地看到您的資金去向。

此外，Notion 還支援資料可視化，這意味著您可以利用圖表和圖形來展示您的財務狀況。例如，您可以建立一個圓餅圖來呈現不同支出類別的比例，或者利用條形圖來顯示過去幾個月的收入趨勢。如果各位有進一步興趣了解如何在 Notion 繪製圓餅圖，可以參考下圖網頁的推薦作法：

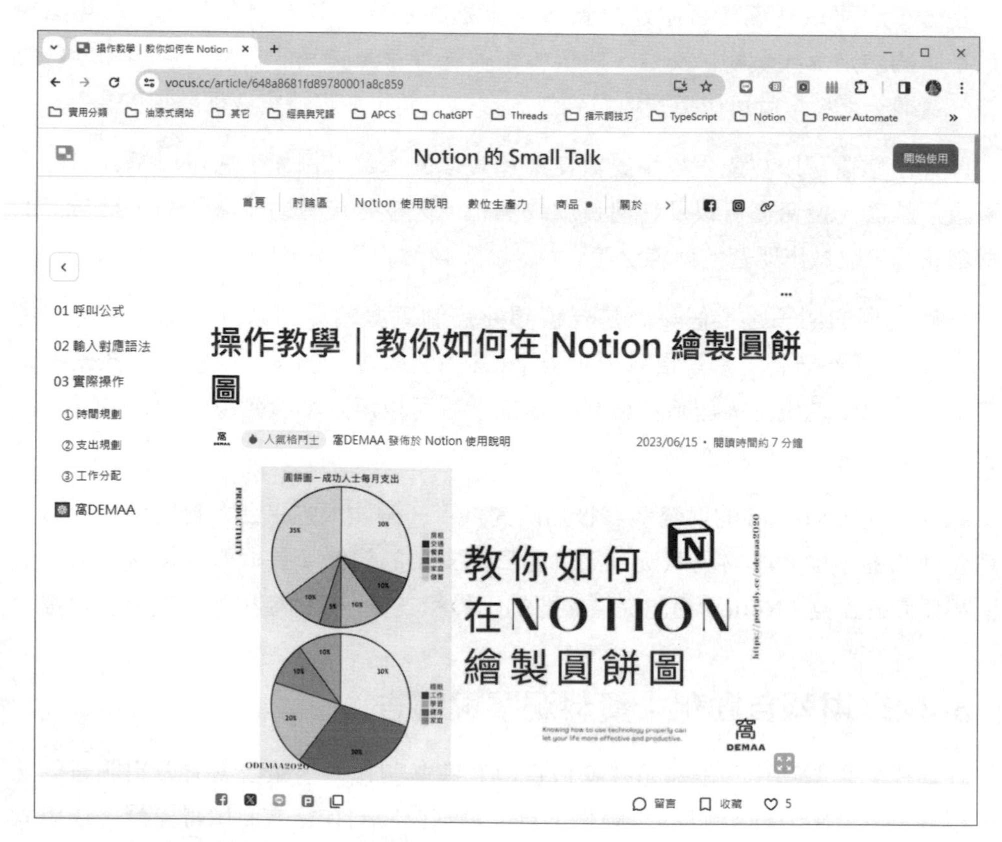

▲ https://vocus.cc/article/648a8681fd89780001a8c859

一個實際的應用案例是，假設您是一位自由職業者，需要追蹤多個客戶的收入和開支。在 Notion 中，您可以設定一個自動化的財務報告系統，其中包括每一位客戶的收入、發票日期和付款狀態。這樣一來，您可以輕鬆地追蹤哪些客戶已經付款，哪些還未付款，因此更有效地管理您的現金流。

總的來説，利用 Notion 進行財報自動化，不僅可以節省大量手動處理資料的時間，還可以提供深入的資料洞察，幫助您做出更加精確和明智的財務決策。無論是個人財務管理還是小型企業的財務規劃，Notion 都是一個強大的工具，可以幫助您實現財務目標。

NOTE

第 7 章

Notion 學習好幫手—學術成就的加速器

在這一章中，我們將探討如何利用 Notion 作為學習輔助工具，幫助學生和研究者在學術領域取得更佳成就。Notion 提供了從課程管理到筆記整理，再到學術研究的全面工具和方法，支援您的學習旅程。

7-1 學習生態系統：Notion 課程與作業管理

在這一節中，我們將介紹如何利用 Notion 建立一個有效的學習生態系統，包括課程管理和作業追蹤。這將幫助學生和教師更好地組織和追蹤學習進度。

7-1-1 學習的指揮官：設計全域學習系統

在 Notion 中設計一個全域性的學習管理系統，可以幫助您有效地統籌各類學習資源和活動，因此提高學習效率。以下是實施這一系統的一些關鍵步驟：

首先，您需要在 Notion 中建立一個綜合性的學習管理頁面。這個頁面可以包括您的課程時間表、作業截止日期、考試安排，以及學習資料的連結。例如，如果您是一名大學生，您可以為每一個學期建立一個包含所有課程和作業的資料庫，並將其與教授提供的資源連結起來。

接著，您可以在這個系統中加入筆記和總結部分。這些筆記可以根據課程或主題進行組織，使您能夠輕鬆地回顧和複習重要概念。例如，您可以為每門課程建立一個筆記區，用來記錄授課內容、討論重點和個人見解。

此外，Notion 的提醒功能可以幫助您追蹤即將到來的作業截止日期和考試。您可以為每項作業設定提醒，確保您不會錯過任何重要的截止日期。例如，您可以為每週的物理實驗報告設定提前兩天的提醒，以確保您有足夠的時間來完成。

一個實際的例子是，假設您是一位參與研究項目的研究生。您可以在 Notion 中建立一個研究項目管理系統，其中包括實驗計劃、資料收集和分析的進度，以及相關文獻的摘要。這樣一來，您不僅可以有效地組織您的研究工作，還可以隨時追蹤進度和更新。

總之，Notion 提供了一個強大的平台，幫助學生和研究者建立一個全面且靈活的學習管理系統。透過有效地利用 Notion 的各項功能，您可以提高學習效率，並在學術領域取得更佳的成就。

7-1-2 期限的守望者：掌控截止日期和考試

在學術生活中，準時完成作業和準備考試是極為重要的。Notion 提供了一個高效的工具來幫助學生和學者追蹤重要的學術截止日期和考試時間。本節將指導您如何利用 Notion 確保您不會錯過任何關鍵時刻。

首先，您可以在 Notion 中建立一個專門的「學術日程」頁面。在這個頁面上，您可以記錄所有即將到來的作業截止日期、考試時間和重要會議。例如，如果您是一名大學生，您可以為每門課程建立一個分類，並在其中加入相關的作業和考試時間表。

接下來，利用 Notion 的提醒功能設定特定的提醒時間。這樣做可以幫助您提前準備，確保有足夠的時間來複習和完成作業。例如，對於每一個重要的考試，您可以設定在考試前一週開始的提醒，確保您有充分的時間來複習。

此外，Notion 還可以幫助您規劃學習時間表。您可以為每一個即將到來的考試或作業分配特定的學習時段。這可以透過在「學術日程」頁面中加入一個「學習計劃」區域來實現，其中包括每天的學習目標和準備事項。

一個具體的例子是，假設您是一位準備公職考試的學生。您可以在 Notion 中設定一個「公職考試倒計時」頁面，其中記錄距離考試的剩餘天數、每門科目的複習進度，以及每週的模擬考試計劃。這樣一來，您可以清晰地看到每一步的進展，並及時調整學習計劃。

總的來說，Notion 不僅可以幫助學生和學者有效地追蹤學術截止日期和考試時間，還可以協助他們合理地規劃學習計劃，確保在學術生涯中每一步都走得穩健且有序。

7-2 知識的庫房：閱讀清單與筆記整理法

有效管理閱讀材料和筆記對於知識的累積和整合扮演相當重要的角色。Notion 提供了強大的支援來幫助使用者打造一個高效的知識管理系統。本節將著重於如何使用 Notion 來管理閱讀清單和筆記。

7-2-1 「閱讀清單」範例實作

在 Notion 中建立和管理閱讀清單，可以幫助您有效地整合和存取學習資源。以下是建立和管理閱讀清單的一些步驟和實際應用的例子。

首先請在 Notion 新增一個頁面，並命名這個頁面標題為「閱讀清單」。

2 STEP 接著在頁面上新增一個「Table view（表格檢視）」資料庫：

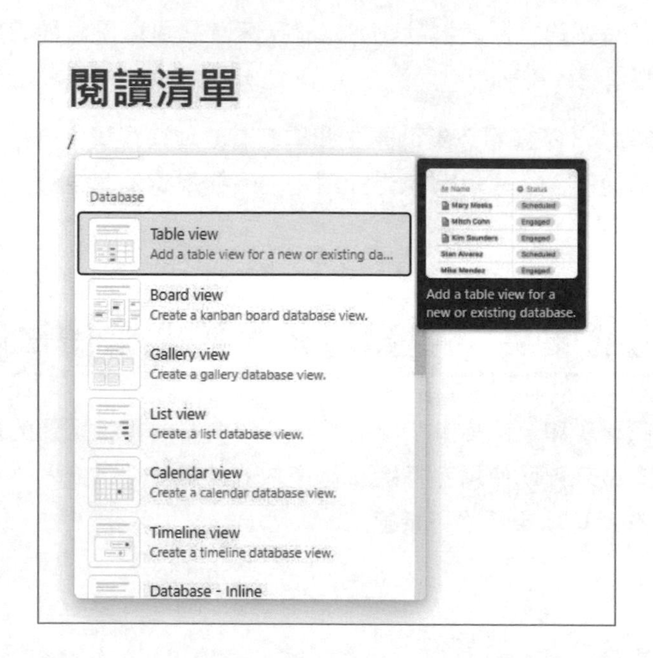

3 STEP 資料庫來源選擇「New database（建立新的資料庫）」，表示目前沒有已存在的資料庫可以直接帶入，必須自己依序建立資料庫的標題、欄位名稱及屬性。

4 STEP 以直接點選文字的方式進行資料庫名稱的修改，如下圖中的「資訊類書單」。

5 STEP 接著示範如何編輯欄位屬性，例如打算修改第二個欄位名稱為「類型」，請直接點選該欄位就可以直接修改名稱。但是如果要修改欄位屬性，則請執行「Edit property（編輯屬性）」指令。

6 STEP 變更這個欄位的資料類型為「Select（單選）」，變更完成後，按下右上方的「X」關閉編輯屬性的視窗。

接著陸續加入「出版社」及「作者」的欄位標題，Type（資料屬性）請設定為 Text（文字）。如下圖所示：

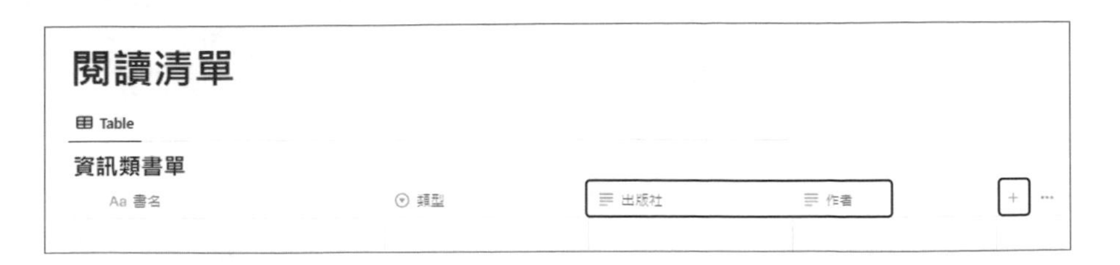

8 STEP 再按「+」鈕新增最後一個資料庫欄位，名稱為「閱讀狀態」，Type（屬性）請設定為 Status（進度）。如下圖所示：

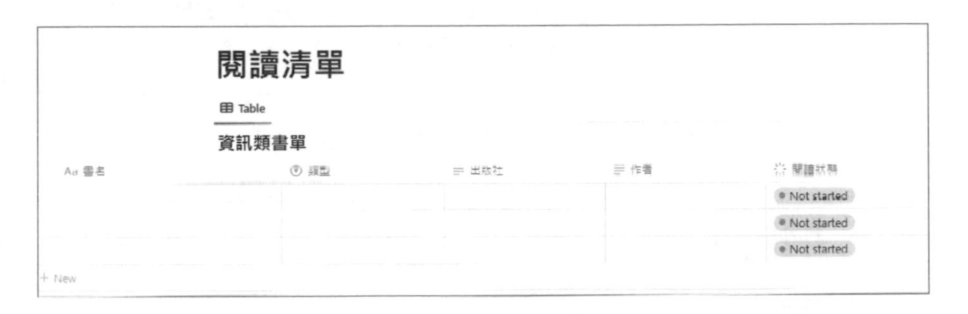

9 STEP 如果要變更「閱讀狀態」的屬性值，請點擊進度標後選「Edit property（編輯屬性）」，並選擇要變更的資料庫欄位，例如此處的「閱讀狀態」。

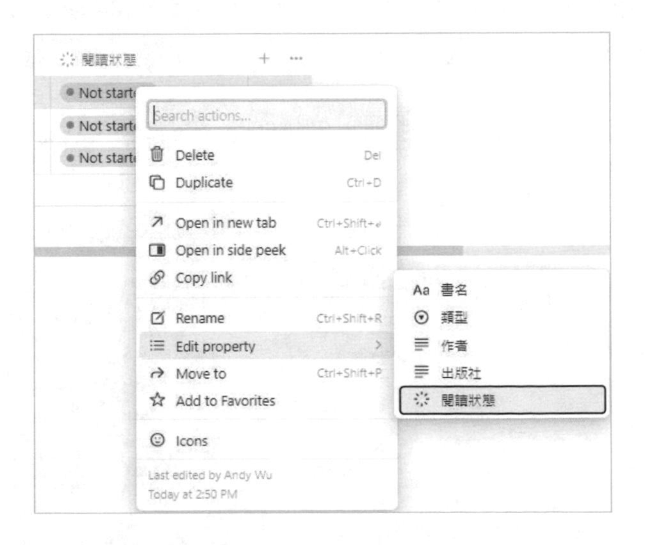

接著就可以依各書籍的閱讀狀態修改進度標籤。

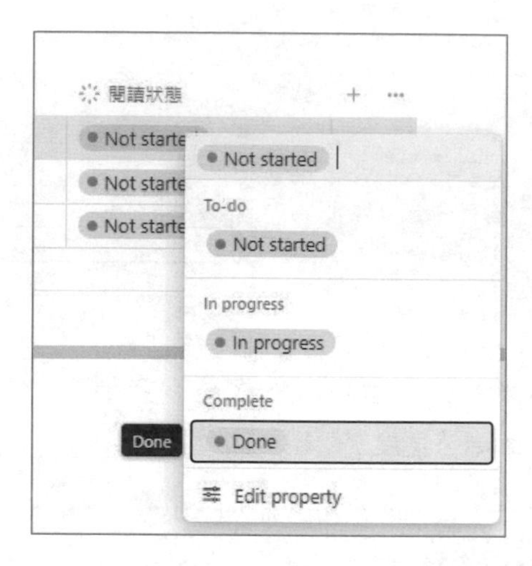

11 STEP 修改完成後，就可以看到原先的「Not started」已變更為「Done」。

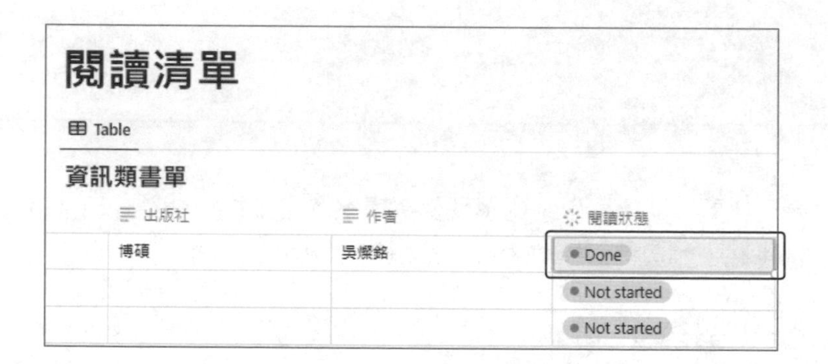

再依序輸入資訊類書單的其它要加入書籍明細，下圖就是本例完成的「閱讀清單」。

閱讀清單

Table

資訊類書單

Aa 書名	類型	出版社	作者	閱讀狀態
聰明提問AI的技巧與實例	人工智慧	博碩	吳燦銘	Done
Midjourney AI 繪圖：指令、風格與祕技一次滿足	人工智慧	博碩	鄭苑鳳	In progress
輕鬆上手Power Automate入門與實作	資訊應用	博碩	吳燦銘	Not started

接下來，就可以為每本書或文章加入個人筆記和心得。這不僅有助於加深對讀物的理解，還能在未來方便地回顧和參考。例如，您可以為每本閱讀的書籍建立一個筆記頁面，記錄關鍵觀點、重要引文和個人的評論或思考。

此外，Notion 的標籤功能可以幫助您更好地組織和分類閱讀材料。例如，您可以為每一個學術領域或興趣點設定不同的標籤，因此快速找到相關的閱讀材料。總之，Notion 提供了一個理想的平台來建立和管理閱讀清單，幫助使用者有效地整合和存取學習資源。

7-2-2 筆記的藝術：筆記高效組織術

筆記是學習過程中的重要組成部分，有效組織筆記能夠顯著提升學習的效率和成效。在 Notion 中組織筆記，不僅能幫助您保持資訊的清晰和有序，還能提升筆記的易用性和可取性。本節將介紹如何在 Notion 中有效地組織筆記。

首先，您可以在 Notion 中為每一個學科或課程建立一個專門的筆記區。這樣做可以幫助您將相關筆記集中在一起，方便查詢和回顧。例如，如果您是一名大學生，可以為每門課程建立一個獨立的筆記區，並按主題或章節進行組織。

接下來，您可以利用 Notion 的豐富格式化功能來增強筆記的可讀性。您可以使用標題、子標題和列表來組織資訊，使筆記更加清晰和結構化。此外，您還可以加入圖片、圖表和連結來豐富筆記內容。例如，您可以將課堂上的投影片或重要的圖表直接插入到筆記中，以幫助記憶和理解。

此外，Notion 的標籤和過濾功能可以幫助您更有效地管理筆記。您可以為筆記加入標籤，如「重要」、「待複習」或「項目」，並根據需要進行過濾和搜尋。這種方式特別適合那些需要管理大量筆記的使用者。例如，一名研究生可以為不同的研究主題或文獻類型設定標籤，因此快速找到所需的筆記。

7-2-3 「筆記高效組織術」範例實作

這個小節將示範建立一個「筆記高效組織術」的圖庫檢視（Gallery view），另外還會另外建立三個筆記資料庫，這三個新增的筆記資料庫的頁籤名稱分別為「AI 筆記」、「程式語言筆記」、「新科技筆記」，而且每一個頁籤的資料庫預設包

含所有的筆記，再分別透過「過濾器」來讓不同的頁籤名稱只顯特定篩選過指定項目的筆記內容。

相關的操作步驟作法如下：

建立 Notion 名稱為「筆記高效組織術」的頁面，在這個頁面中加入一個資料庫名稱為「寫作摘要」的 Gallery view（圖庫檢視）資料庫。

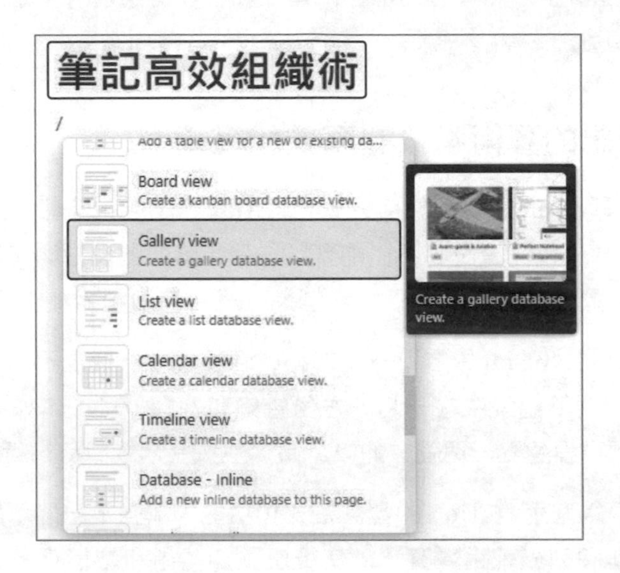

2 STEP 點選「New database（新資料庫）」作為資料庫來源。

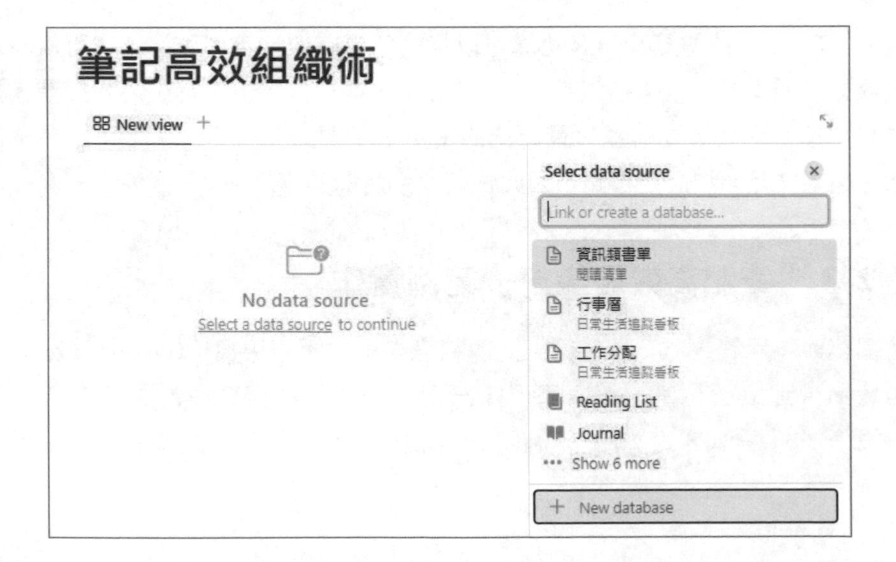

3 STEP 大家可以直接點選系統預設的卡片來進行屬性編輯，這些屬性變更將套用於這個資料庫中的所有卡片，如下圖所示。接下來，為每一張筆記卡片新增 Select（單選）標籤，同時進行相關屬性的編輯。

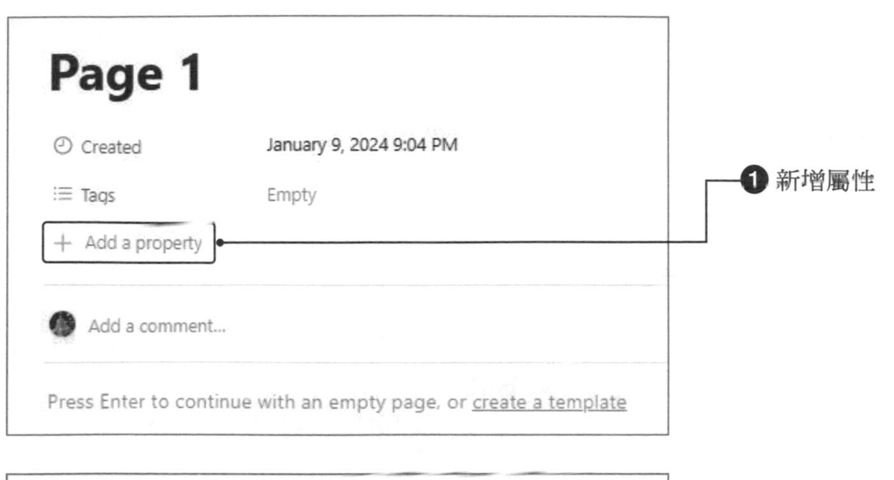

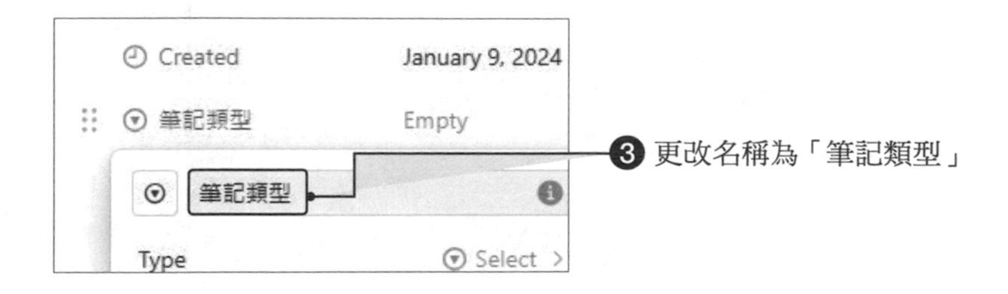

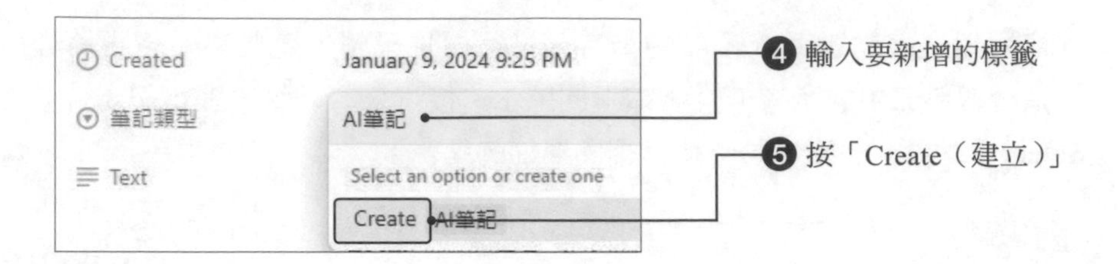

4 STEP 接著再新增一個「Text」欄位屬性（Property），並輸入要記錄的筆記內容，請參考下圖：

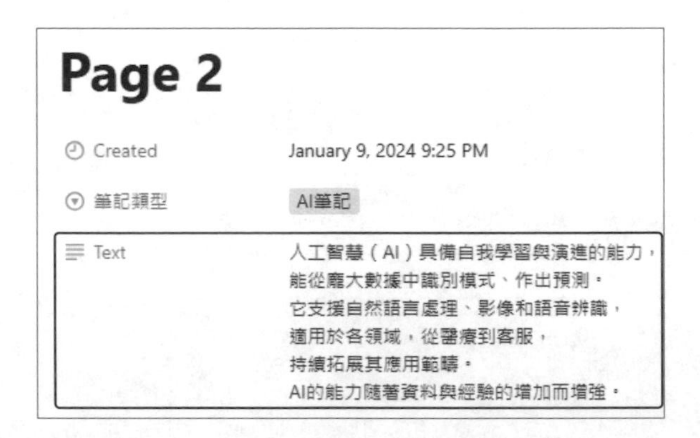

5 STEP 依此作法繼續完成不同筆記內容，顯示最後建立的「Gallery view（圖庫檢視）」資料庫的成果圖。

6 STEP 新增三個資料庫頁籤：在原先的資料庫頁籤右側「+」新增「Gallery view（圖庫檢視）」資料庫，並關閉「資料庫標題」。這三個新增的資料庫頁籤名稱分別為：「AI 筆記」、「程式語言筆記」、「新科技筆記」。作法如下：

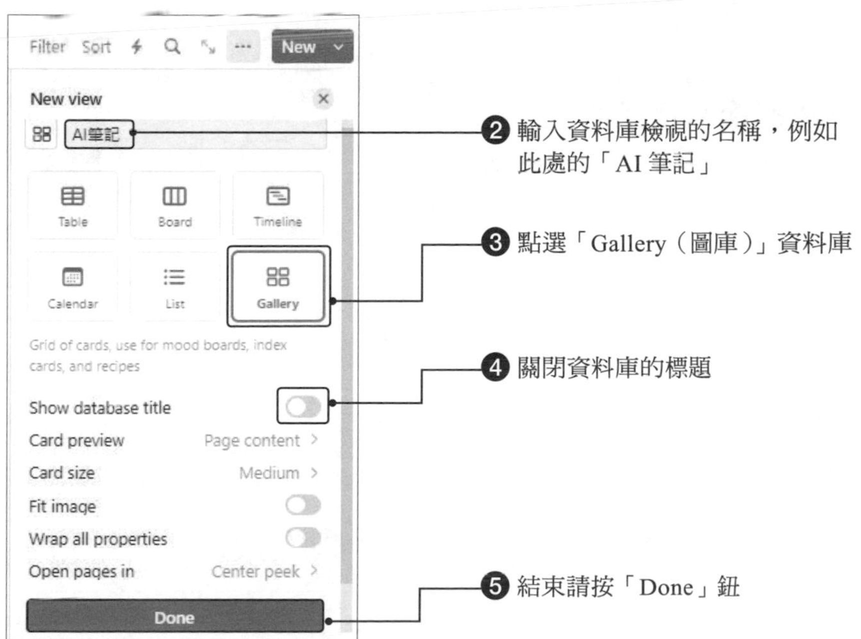

筆記高效組織術

全部摘要 AI筆記 程式語言筆記 新科技筆記

ChatGPT是基於大型語言模型的對話式AI，能夠理解和
新科技主題

Python是一種高階、多用途的程式語言，以其清晰的
程式語言筆記

機器學習是一種使電腦能夠從數據中自我學習和改進
AI筆記

響應式網頁設計（RWD）能夠讓網站在不同設備上正
新科技主題

人工智慧（AI）具備自我學習與演進的能力，能從龐
AI筆記

程式語言是用來指示電腦執行任務的工具，具備精準
程式語言筆記

依同樣的操作步驟可以依序建立另外兩個資料庫頁籤，
名稱分別為：「程式語言筆記」、「新科技筆記」

7 STEP 在新增的三個資料庫頁籤中加入過濾器：先切換到「AI 筆記」頁籤，接著點選右上角的過濾器（Filter），並根據每一個頁籤的分類，勾選對應的標籤種類。例如此處示範的是將「AI 筆記」的標籤種類的內容顯示出來。

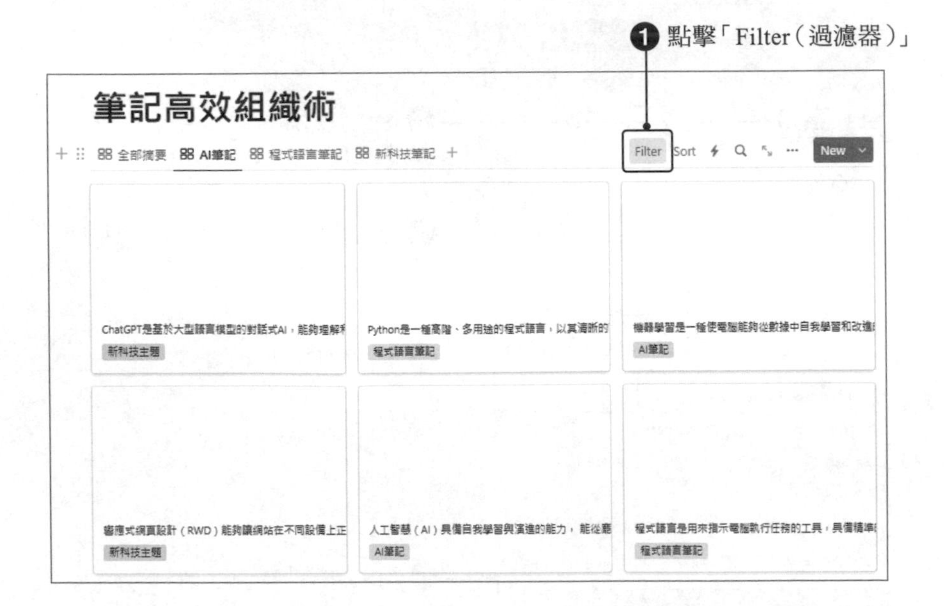

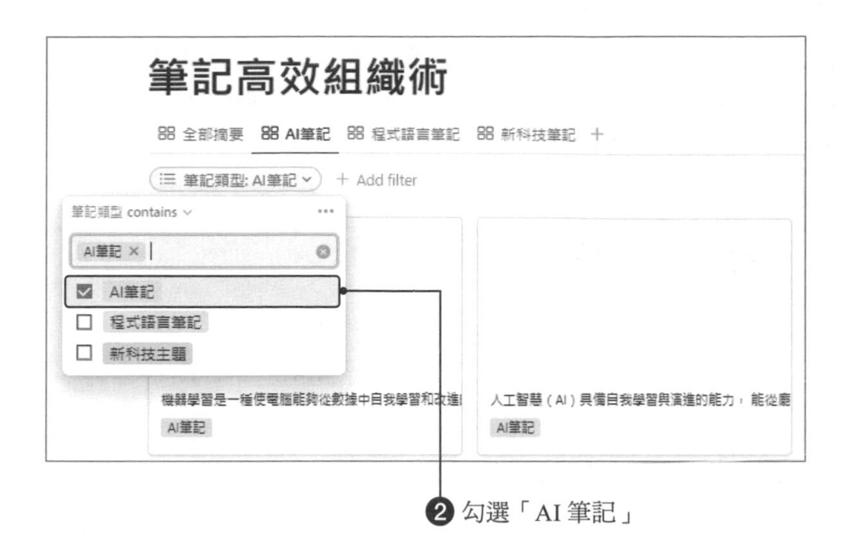
筆記高效組織術
全部摘要
AI筆記
程式語言筆記
新科技筆記
筆記類型: AI筆記
+ Add filter
筆記類型 contains
AI筆記
程式語言筆記
新科技主題
機器學習是一種使電腦能夠從數據中自我學習和改進
人工智慧（AI）具備自我學習與演進的能力，能從
❷ 勾選「AI 筆記」

❸ 此「AI 筆記」標籤頁只顯示對應的筆記類型
筆記高效組織術
全部摘要
AI筆記
程式語言筆記
新科技筆記
機器學習是一種使電腦能夠從數據中自我學習和改進
人工智慧（AI）具備自我學習與演進的能力，能從
AI筆記

8 STEP 依上述作法依序完成另外兩個頁籤的篩選工作，各位就可以發現每一個標籤頁就只顯示所篩選出的筆記內容，下列二圖為「程式語言筆記」及「新科技筆記」的筆記內容的成果外觀：

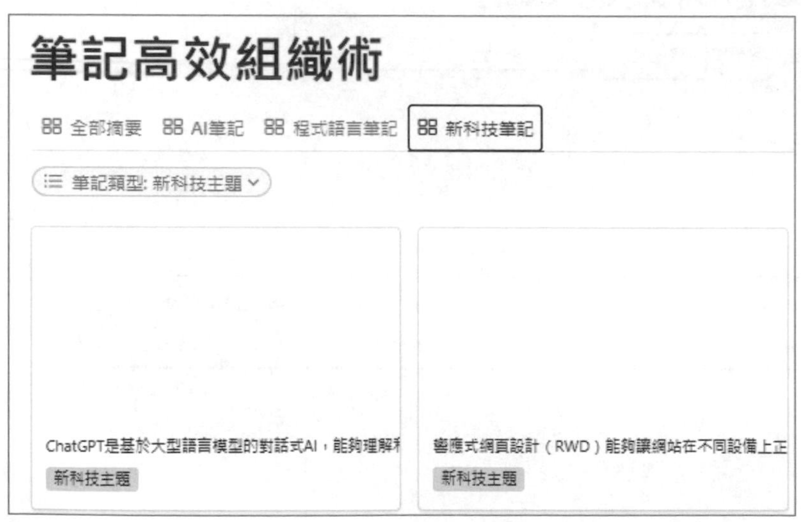

總結來說，Notion 可以幫助使用者高效地組織和管理筆記，因此更好地支援您的學習和研究工作。

7-3 學術研究工作站：Notion 論文與報告指南

學術研究常常需要處理大量的資訊和資料。Notion 以其強大的組織和整合能力，成為了學術研究中的得力助手，幫助您在撰寫論文和報告時更加得心應手。

7-3-1 研究資料的礦工：系統化的資料整合

有效的資料收集和整合對於提高學術研究的效率和品質是相當重要。在 Notion 中進行系統化的資料整合可以幫助您更好地管理研究資訊。以下是一些具體步驟和例子：

首先，您可以在 Notion 中為您的研究項目建立一個專門的工作空間。在這個空間中，您可以建立不同的頁面來組織研究資料，如文獻回顧、實驗資料、調查研究結果等。例如，假設您正在進行市場研究，您可以為每一個研究階段建立一個單獨的頁面，如市場分析、消費者調查、競爭對手分析等。

接下來，您可以利用 Notion 的資料庫功能來收集和整理研究資料。例如，您可以建立一個文獻資料庫，其中包含所有相關文獻的引用、摘要和個人評論。這樣做不僅可以幫助您快速找到需要的資料，還可以促進對研究主題的深入理解。

此外，您還可以使用 Notion 的標籤和過濾功能來更有效地管理研究資料。您可以為每條資料加入標籤，如「關鍵研究」、「待閱讀」或「實驗資料」，然後根據這些標籤進行排序和篩選。這種方法特別適合於需要處理大量資料的研究項目。

總的來說，Notion 可以有效地幫助研究者進行系統化的資料收集和整合，提高學術研究的效率，並最終提升研究成果的品質。

7-3-2 著作的工匠：學術寫作的 Notion 支援

學術寫作是一項複雜且需求嚴格的任務，涉及到從研究資料的組織到草稿撰寫，再到最終論文的精緻化過程。Notion 以其強大的組織和編輯功能，成為支援學術寫作過程的理想工具。

Notion 的資料庫功能非常適合於組織研究資料。您可以建立一個專門的資料庫來收集和整理文獻資料、研究資料和相關筆記。例如，您可以為每一篇文獻建立

一個條目，包括文獻標題、作者、發表年份、主要觀點和個人筆記。這有助於在寫作過程中快速找到和參考這些資料。

接著，在 Notion 中撰寫草稿。您可以利用 Notion 的豐富文字編輯功能來撰寫文章，並同時方便地引用您之前整理的研究資料。您可以為每一節或章節建立一個單獨的頁面，使整個寫作過程更加有序和高效。此外，您還可以利用 Notion 的協作功能與導師或同事共享和討論草稿，獲得及時的回饋。

最後，當草稿完成後，您可以在 Notion 中進行最終論文的整理和編輯。您可以對文稿進行細致的檢查，包括語言校對、格式調整和參考文獻的確認。Notion 的多層次標題也可以幫助您確保文稿的結構清晰，而內嵌的圖片和表格功能則能讓您的論文更加生動和直觀。總之，從研究資料的組織到論文的撰寫和編輯，Notion 都能提供有效的幫助，幫助學者和研究生提高寫作效率，並提升作品的品質。

第 8 章

Notion 職場進階：職業生涯的實用技巧

在職業生涯的發展過程中，有效利用工具來提升個人品牌和工作技能是非常重要的。Notion 作為一個多功能平台，不僅可以幫助您管理工作任務和時間，還可以用於打造個人品牌和建立吸引人的視覺化履歷。本章將專注於探索如何利用 Notion 提升職場技能和個人品牌。

8-1 數位自我展示：視覺化履歷製作

在當今的職場環境中，有一個清晰且吸引人的個人品牌是極其重要的。Notion 可以幫助您以創新的方式展示自己，因此在職場中脫穎而出。

8-1-1 Notion 數位履歷和傳統履歷的比較

在 Notion 中建立一份視覺化且吸引人的履歷可以大大提升您的職業形象。為什麼我們會推薦使用 Notion 來建立數位履歷，它和傳統的紙本、PDF 或網頁型式所製作的履歷表有何特性上的差異？

事實上，使用 Notion 製作的線上數位履歷表與傳統紙本、PDF 或網頁型式履歷表的差異主要在於靈活性、互動性和存取方式。以下是它們的比較：

設計和靈活性

- **Notion**：提供高度自訂性和靈活性。用戶可以使用各種模板（template），輕易地整合圖片、連結和其他媒體。它適合創意行業，可以呈現一個更多元和動態的個人品牌。
- **傳統履歷**：紙本和 PDF 格式相對固定，設計選項可能有限。但它們通常更符合傳統企業的標準，特別是在更保守的行業中。

互動性和動態內容

- **Notion**：可以包含互動元素，如可點擊的連結、影片或其他數位作品的嵌入。這使得履歷更加生動和吸引人。
- **傳統履歷**：通常是靜態的，不包含互動元素，但便於列印和電子郵件傳送。

存取和分享

- **Notion**：透過網頁連結分享，易於更新和維護。不過，需要確保存取者有適當的連結和權限。
- **傳統履歷**：以紙本或 PDF 形式發送，不需要網路存取，但更新不便。

目標群和接受度

- **Notion**：可能在創意行業和科技行業更受歡迎，但在傳統或保守行業中可能不那麼被接受。
- **傳統履歷**：廣泛被接受於各種行業，尤其適用於那些較重視傳統申請方式的公司。

隱私和安全性

- **Notion**：需注意隱私設定，確保不公開敏感資訊。
- **傳統履歷**：在發送過程中較易控制隱私。

總結來說，Notion 履歷表提供更多創意和個性化的展示空間，適合需要展示其數位作品或創意能力的求職者。然而，對於那些偏好傳統申請方式的行業或公司，傳統的紙本或 PDF 履歷仍是最佳選擇。

8-1-2 在 Notion 中建立履歷的步驟和技巧

首先，您可以選擇一個清晰且專業的版面配置來開始您的履歷設計。Notion 提供了多種模板和設計工具，幫助您輕鬆地建立出既美觀又實用的履歷。例如，您可以選擇一個簡潔的模板，然後加入您的個人資訊、工作經歷、教育背景和技能。

接下來，您可以利用 Notion 的豐富格式化功能來增強您履歷的視覺效果。您可以使用不同的字體、顏色和版面配置來突出重要資訊，並加入相關的圖片或圖示來使您的履歷更加生動和有趣。例如，您可以為每段工作經歷加入對應的公司標誌，或者使用圖表來展示您的技能程度。

此外，Notion 還允許您加入連結和互動元素來豐富您的履歷。您可以將您的 LinkedIn 個人資料、個人網站或者過去的工作案例加入到履歷中。這樣，招聘人員可以透過點擊這些連結來更深入地了解您的背景和成就。

一個實際的例子是，假設您是一名創意工作者，專注於平面設計。您可以在 Notion 中建立一份包含您的設計作品集的履歷。透過展示您過去的設計案例和創意項目，您不僅可以呈現您的技術能力，還可以表現您的創意思維和專案經驗。

總之，Notion 可以幫助您建立一份既專業又個性化的視覺化履歷。透過充分利用 Notion 的多功能性，您可以有效地提升您的職業形象，並在職場競爭中脫穎而出。

8-1-3 故事的傳播者：內容組織與展示

在職場競爭激烈的今天，擁有一個吸引人且有説服力的個人敘述是相當重要的。Notion 可以幫助您有效地組織和展示您的職業故事和成就，因此在職場中建立一個強有力的個人形象。

首先，您可以在 Notion 中建立一個個人敘述頁面。這個頁面可以包括您的職業經歷、主要成就、專業技能以及個人價值觀和願景。例如，假設您是一位行銷專業人士，您可以展示您過去成功的行銷案例、領導的團隊項目以及您對行銷行業的看法和預測。

接下來，您可以利用 Notion 的多媒體功能來豐富您的個人敘述。這包括加入相關的圖片、影片或者音訊來展示您的工作成果和過往經歷。這樣不僅可以使您的敘述更加生動和具體，還可以幫助他人更好地理解您的專業背景和技能。例如，您可以展示您參與過的重要會議的影片剪輯，或者加入您在專業論壇上的演講錄音。

此外，您還可以使用 Notion 的連結和內嵌功能來展示您的線上作品或者數位足跡。這包括您的 LinkedIn 檔案、專業部落格或者社交媒體頁面。這樣，招聘經理或潛在的合作夥伴可以直接從您的 Notion 頁面存取這些資源，更全面地了解您的專業資料和個人風格。

一個實際的例子是，假設您是一名自由撰稿人，專注於科技和創新領域。您可以在 Notion 中建立一個包含您過去文章的作品集，並加入對這些文章的簡短介紹和個人見解。此外，您還可以展示您參加的行業活動和會議的照片或影片，以及您在社交媒體上的相關發布。

總結來說，Notion 提供了一個理想的平台來幫助您組織和展示您的職業故事和成就。透過充分利用 Notion 的功能，您不僅可以提升自己的個人品牌，還可以在職場中建立一個強有力的個人敘述，因此在激烈的職場競爭中脫穎而出。

8-2 動手實作 Notion 數位履歷表

在當今數位化的時代，「視覺化履歷」已成為展示個人專業和創意的新趨勢。使用 Notion 這個多功能平台來製作視覺化履歷，不僅能夠讓您的履歷脫穎而出，更能有效地傳達您的專業技能和個人特質。在本小節中，我們將透過具體的實作範例，逐步教您如何利用 Notion 的豐富工具和功能，建立一份既美觀又實用的視覺化履歷。

在本小節中，我將一一介紹建構一份完善數位履歷表所需的核心區塊，包括「個人資料及職涯簡歷」、「學歷」、「工作經驗」、「求職條件」、「專長技能」、「自傳」以及「作品集」。每一個區塊都扮演著重要的角色，不僅呈現您的背景和成就，更能彰顯您的個人特色和專業實力。

讓我們探討這些區塊的建構過程，並學習如何有效利用 Notion 的豐富功能，打造一份既全面又具吸引力的數位履歷表。這將是您向未來雇主呈現自我最佳的方式，同時也是個人品牌建立的重要一步。

首先我們先針對「數位履歷表」包括哪些區塊的功能來加以說明：

頁面區塊名稱	此區塊的建構目的	此區塊會應用到的功能
個人資料及職涯簡歷	這一區塊將成為您數位履歷的開端，介紹您的基本資料、聯絡方式，以及一個簡潔而有力的職涯概述。透過適當的設計和內容撰寫，使讀者能夠快速瞭解您的專業特色和事業目標。	新增封面（Add cover） 個人照片（Add image） 強調（Call out） 條列式標題（Bulleted list）
學歷	在 Notion 數位履歷表中建構「學歷」區塊，突顯您的學術背景和學歷歷程。透過清晰結構和關鍵資訊的呈現，您將能夠有效地展示學位、專業課程和其他相關學習經歷，強調您在特定領域的專業知識和學術成就。	標題系列（Heading） 分隔線（Divider） 條列式標題（Bulleted list） 書籤（Web bookmark）

頁面區塊名稱	此區塊的建構目的	此區塊會應用到的功能
工作經驗	這部份我們將指導您建構「工作經驗」區塊，突顯您在職涯中的實際工作經歷。透過具體的職務描述，您能夠生動地呈現您在不同公司或專案中的角色、貢獻和成就，吸引潛在雇主或合作夥伴的注意。	標題系列（Heading） 分隔線（Divider） 條列式標題（Bulleted list）
求職條件	這部份將協助您建構「求職條件」區塊，讓您能夠明確表達您對理想職位的期望和條件。這包括您所追求的公司文化、工作環境，以及您期望發展的職業方向。這一區塊有助於與潛在雇主之間建立更準確的配對。	粗體字型（Bold） 文字（Text）
專長技能	這部份我們將引導您建構「專長技能」區塊，突顯您的技能組合和專業能力。透過清晰的分類和具體的技能標籤，閱讀者將能夠快速了解您在不同領域的專業優勢，提高您的職涯吸引力。	標題系列（Heading） 分隔線（Divider） 引用（Quote）
自傳	建構「自傳」區塊為您提供一個撰寫個人故事和專業動機的空間。透過生動的敘述和具體的事例，您能夠深入表達您的價值觀、專業目標和獨特之處，使讀者更好地認識您的專業背景和人格特質。	標題系列（Heading） 強調（Call out） 書籤（Web bookmark）
作品集	「作品集」區塊呈現您在職涯中的實際成果和專案作品。這一區塊將成為您數位履歷的亮點，讓讀者直觀地了解您的實際能力和創造力，增強您的職涯競爭力。	3 欄（3 Columns） 文字（Text） 圖像（Image）

下面是本節範例即將完成的履歷表外觀：

Andy Wu

我是一位個性穩定的中高齡求職者，本身擁有大學應用數學系及美國電腦科學碩士背景的雙重訓練，前一份工作是擔任科技公司的部門主管，長期身兼主管、行政、業務推廣、書籍寫作、軟體資料整理...等多重角色，主要工作經驗是高普考補教界老師、大學資訊相關科系兼任講師、多家電腦圖書出版社作者及科技公司的正職主管，長期從事資訊教育及寫作的工作，電腦圖書著作包括計算機概論、資料結構、程式語言、網際網路...等相關題材。

- 手機 09********
- txxxxxx@zct.com.tw
- 室內電話 07-xxxxxxx

學歷

- Rochester Institute of Technology
- Computer Science
- 碩士

Rochester Institute of Technol...
World leader in co-op. Top-ranked university for innovation. Majors

輔仁大學

數學系應用數學組

學士

輔仁大學全球資訊網
https://www.fju.edu.tw/

工作經驗

部門主管

公司名稱暫不公開（電腦軟體服務業　1～30人）

經營管理主管

- 從事資訊教育及寫作工作，電腦圖書著作包括計算機概論、資料結構、程式語言、網際網路....等相關題材等
- 致力於「油漆式速記法」的推廣，積極與學術界產學合作與應用
- 有多場油漆式速記多國語言雲端學習系統的教育訓練及演講推廣的經驗

國家高等考試資料處理科講師

考友上補習班（其他教育服務業　1～30）

其他類講師

- 教授國家高等考試資料處理科的系統程式及普考的資料處理

求職條件

希望性質 全職工作

上班時間 日班

可上班日 錄取後隨時可上班

希望待遇 依公司規定

希望地點 高雄

希望職務 經營管理主管 儲備幹部

工作內容 在公司的政策下，協助產品行銷及業務開拓，也可以從事教育訓練相關工作。

專長技能

資訊科技

AI應用能力

AI的應用能力包括數據分析、模式識別、自然語言處理、機器學習和預測建模等，能夠協助決策、自動化任務並增強用戶體驗。

程式設計

程式設計能力包括對程式語言的熟練掌握、邏輯思維、問題解決能力、程式碼除錯、軟體架構設計，以及編寫乾淨、高效、可維護的程式碼的能力。

自傳

Type something...

我是一位個性穩定的中高齡求職者，本身擁有大學應用數學系及美國電腦科學碩士背景的雙重訓練，前一份工作是擔任科技公司的部門主管，長期身兼主管、行政、業務推廣、書籍寫作、軟體資料整理...等多重角色，主要工作經驗是高普考補教界老師、大學資訊相關科系兼任講師、多家電腦圖書出版社作者及科技公司的正職主管，長期從事資訊教育及寫作的工作，電腦圖書著作包括計算機概論、資料結構、程式語言、網際網路...等相關題材。

本人前一份在科技公司的工作也監製過多套教學軟體，另外，大學讀書期間曾與輔仁大學數學系同學，一起研發「ENG英語智慧電腦輔助教學系統」，受到中視新聞、華視周末派、華視新聞雜誌等媒體爭相報導。最近幾年，主要工作致力於多國語言線上教學軟體的推廣，並積極與學術界產學合作與應用，有許多線上軟體教育訓練及演講推廣的經驗。

我的人格特質：為人正直、誠實、善良、感恩、專注、工作認真負責，另外，邏輯分析能力強，因為在美國讀電腦科學研究所，除了具備良好的英文文件閱讀能力之外，再加上在研究所求學階段及多年工作期間的訓練養成，對新事務及新科技具備研究的能力，而且對任何工作屬性都不會排斥，懂得站在公司立場去扮演好自己的角色。

雖然我的實際年齡已不再年輕，但長期接觸網路科技及到各級學校推廣軟體的經驗，常有許多機會接觸年輕人及新資訊，想法及作法都還算具備年輕人的創意思維。再加上自己對小孩講理、尊重、包容、同理心的開明教養風格，也培育出小孩今年順利考上國內最頂尖的大學，如果喜歡我這些特質的老闆，並願意給我一個工作機會，相信我一定可以對貴公司做出具體的貢獻，真的非常感恩！

底下摘要列出幾本本人參與的電腦圖書著作的相關連結介紹：

APCS大學程式設計先修檢測：C++超效解題致勝祕笈

APCS大學程式設計先修檢測：C++超效解題致勝祕笈 | 博碩文化股份有限公司
分類索引
https://www.drmaster.com.tw/Bookinfo.asp?BookID=MP22011

作品集

聰明提問AI的技巧與實例：ChatGPT、Bing Chat、AgentGPT、AI繪圖，一次滿足

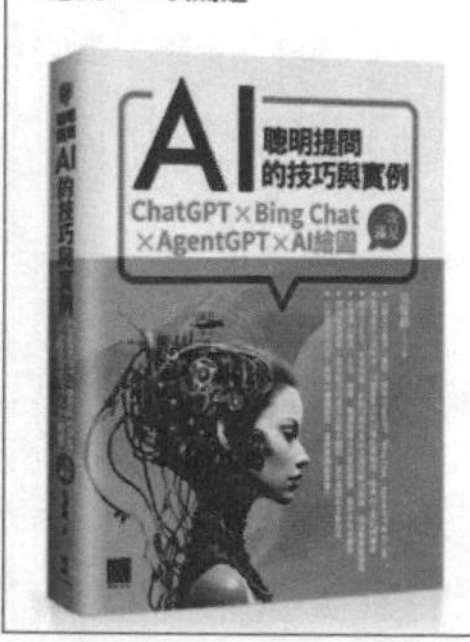

Midjourney AI 繪圖：指令、風格與祕技一次滿足

AI提示工程師的16堂關鍵必修課：精準提問x優化提示x有效查詢x文字生成xAI繪圖

在建立「個人資料及職涯簡歷」區塊時，首先請建立一個新頁面，建議先將頁面調整成全頁模式，可以有較寬廣的版面排版空間：

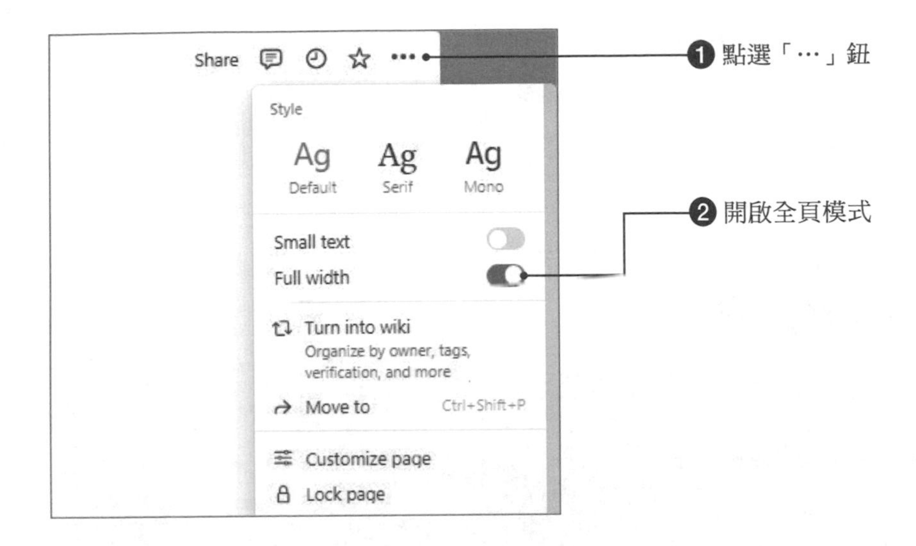

接著請將頁面名稱加以命名，本例的作法會先從空白頁面開始，再切割成不同區塊後，依序在不同區塊中加入不同功能，以逐一完成完整的「數位履歷表」。

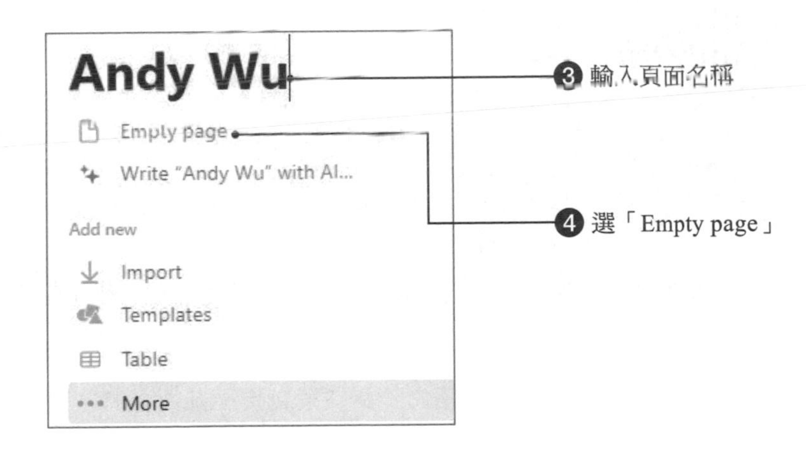

8-2-1 建構「個人資料及職涯簡歷」區塊

在製作數位履歷表的過程中，「個人資料及職涯簡歷」區塊是展現您個人身份和職業歷程的核心部分。透過 Notion 的靈活工具，我們可以建立一個既專業又具有個人風格的介紹頁面。在本小節中，將帶領大家學習如何利用 Notion 的多樣化功能，包括新增封面、加入個人照片、使用強調元素、建立條列式標題，以及呈現最終的區塊成果圖，來建構一個完整的「個人資料及職涯簡歷」區塊。

新增封面（Add cover）

封面是引人注目的第一印象。我們將學習如何在 Notion 中選擇和設置一個吸引人的封面圖片，使您的數位履歷更具吸引力和專業感。

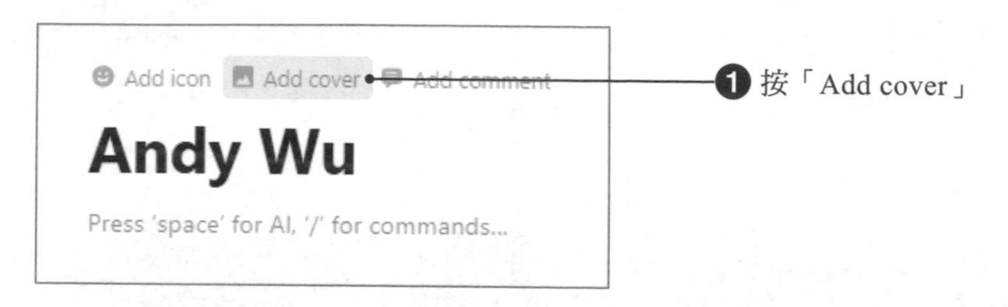

❶ 按「Add cover」

❷ 系統會隨機提供一張封面，如果要更改封面，請將滑鼠游標移到封面照片的上方，點擊「Change cover」

在 Notion 新建頁面時，要加入封面（Add Cover）有四種方式，分別是：

- **Gallery（相簿）**：允許您從 Notion 內建的相簿中選擇封面圖片。相簿中可能包含風格豐富的圖片供您選擇，讓您能夠快速為頁面加入具有視覺吸引力的封面。
- **Upload（上傳）**：提供了上傳本地檔案的選項，您可以選擇從個人電腦或其他裝置上傳自己喜歡的圖片作為頁面的封面。這使您能夠自由選擇個人或專業相片，以使頁面更具個性化。

- **Link（連結）**：允許您透過連結加入外部網址的圖片作為封面。這意味著您可以使用網路上的圖片連結，例如來自其他網站或線上相簿的圖片，來製作獨特的封面。
- **Unsplash**：連接到 Unsplash，一個提供免費高品質照片的平台。您可以在 Unsplash 上瀏覽各種風格和主題的照片，並選擇適合您頁面的圖片，為您的 Notion 頁面增加精美的視覺效果。

這四種方式提供了多元的選擇，讓您可以根據個人喜好和需求，輕鬆地為 Notion 頁面加入獨特而引人注目的封面。這個例子中我們將示範從「Upsplash」來挑選一張適合作履歷表的封面照片。

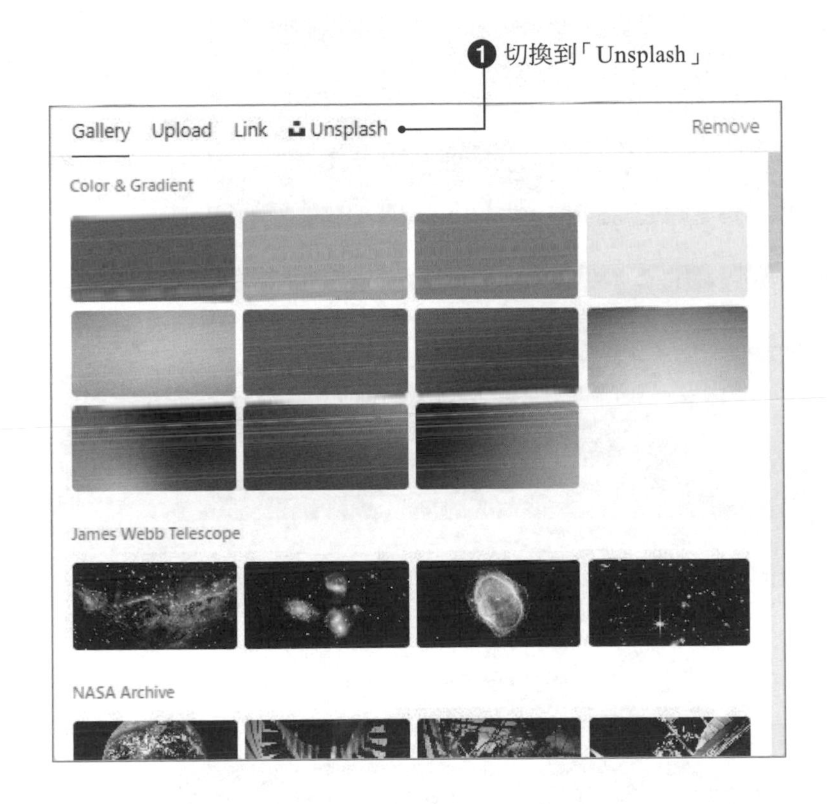

❷ 輸入要搜尋圖片的關鍵字，例如此處的「tech」關鍵字

❸ 插入較適合或喜歡的圖片後，可以點擊「Reposition」來調整背景圖片的位置

❹ 以拖曳的方式來移動圖片的位置，移到適合的位置後記得按「Save position」將此位置記錄起來

個人圖示（Add icon）

一張好的個人照片可以使您的履歷更加生動。本部分將指導如何在履歷中妥善地加入和版面配置您的個人照片，以增強親和力和專業形象。在 Notion 新建頁面時，要加入圖示（Add Icon）有以下幾種方式，分別是：

- **表情符號（Emojis）**：允許您選擇表情符號作為頁面的圖示。Notion 提供豐富的表情符號，使您能夠快速在頁面中加入具有表情和風格的圖示，以增添內容的趣味性。
- **圖示（Icon）**：提供了預設的圖示集合，您可以從中挑選適合頁面主題或內容的圖示。這使您能夠以更具象徵性的方式呈現頁面，同時提供了一系列預設選項，方便您快速找到合適的圖示。
- **自訂（Custom）**：允許您上傳自己的自訂圖示，這樣您可以使用具有個人風格或品牌特色的圖示。這提供了更大的自由度，讓您能夠以完全獨特的方式呈現您的 Notion 頁面，並確保圖示與您的內容相契合。

這三種方式提供了不同的選擇，讓您可以依據個人偏好和內容風格，自由地在 Notion 頁面中加入各種圖示，提升頁面的視覺吸引力和辨識度。

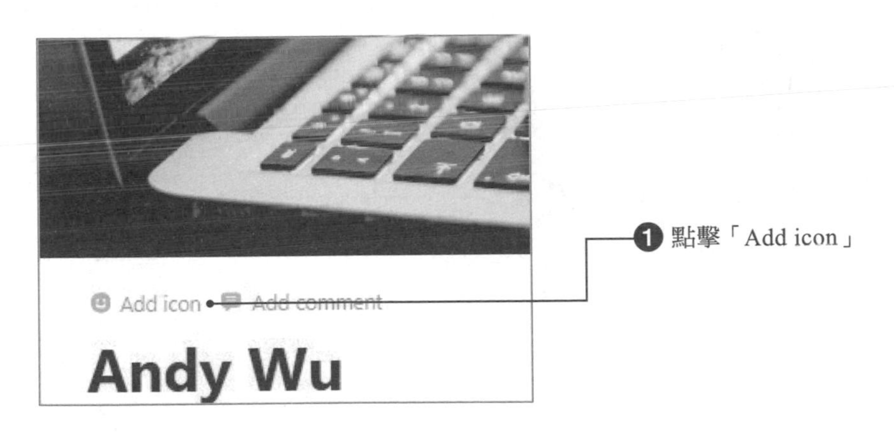

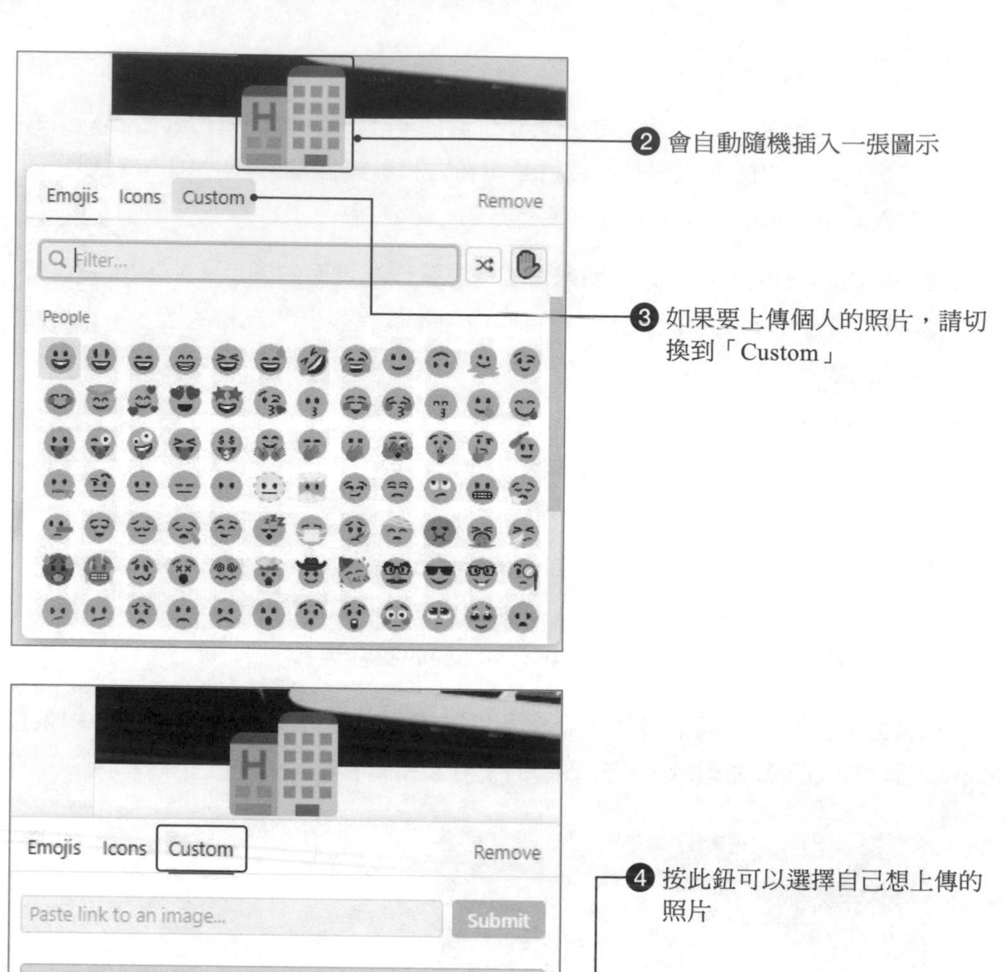
Emojis
Icons
Custom
Remove
Filter...
People
Emojis
Icons
Custom
Remove
Paste link to an image...
Submit
Upload file
Recommended size is 280 × 280 pixels
The maximum size per file is 5 MB.
PLUS
❷ 會自動隨機插入一張圖示
❸ 如果要上傳個人的照片，請切換到「Custom」
❹ 按此鈕可以選擇自己想上傳的照片

下圖為加入圖示的成果外觀：

強調（Call out）

強調元素是在 Notion 中突出重要資訊的有效工具。這裡我們將呈現如何使用強調來凸顯您的核心職業訊息或個人宣言，使之更容易抓住讀者的注意。

❶ 輸入「/」叫出指令選單，點選「Callout」

❷ 輸入個人資料及職涯簡歷的相關文字

Andy Wu

我是一位個性穩定的中高齡求職者，本身擁有大學應用數學系及美國電腦科學碩士背景的雙重訓練，前一份工作是擔任科技公司的部門主管，長期身兼主管、行政、業務推廣、書籍寫作、軟體資料整理...等多重角色，主要工作經驗是高普考補教界老師、大學資訊相關科系兼任講師、多家電腦圖書出版社作者及科技公司的正職主管，長期從事資訊教育及寫作的工作，電腦圖書著作包括計算機概論、資料結構、程式語言、網際網路...等相關題材。

條列式標題（Bulleted list）

條列式標題是組織和呈現資料的清晰方法。我們將學習如何有效運用條列式列表來結構化您的職業經歷和專業技能，使履歷內容更加清晰易讀。

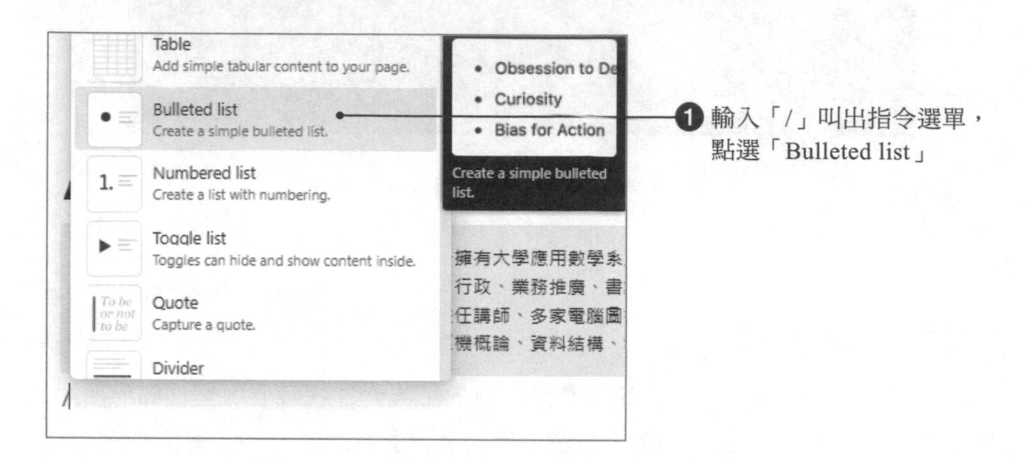

透過這些步驟的實作，您將能夠在 Notion 中有效地展現您的個人風格和職業背景，打造一個既全面又引人注目的「職涯簡歷」區塊。如下圖所示：

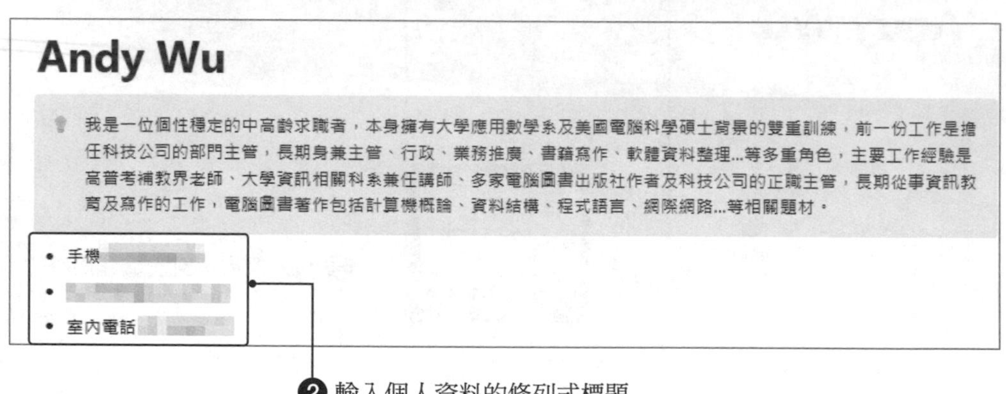

8-2-2 建構「學歷」區塊

在製作一份全面且專業的數位履歷時，「學歷」區塊是展現您學術背景和成就的重要部分。在 Notion 這個多功能平台上，我們可以透過各種工具來有效地呈現您的學術旅程。本小節將引導您如何使用標題系列、分隔線、條列式標題、書籤等功能，來建構一個既清晰又具吸引力的「學歷」區塊。此外，我們還將呈現最終的區塊成果圖，讓您可以直觀地看到成果，並應用於您自己的履歷之中。

標題系列（Heading）

一個清晰的標題系列可以幫助讀者快速理解您的學歷結構。在這一部分，我們將學習如何使用不同級別的標題來清楚劃分您的學歷階段，使履歷更具邏輯性和易讀性。

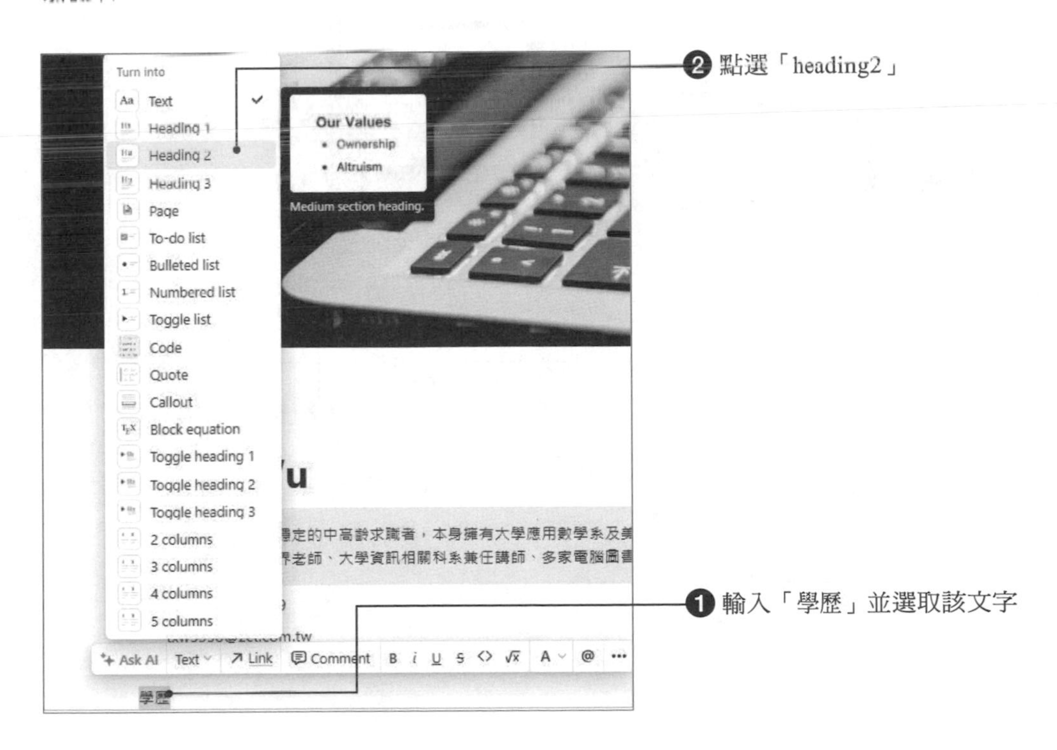

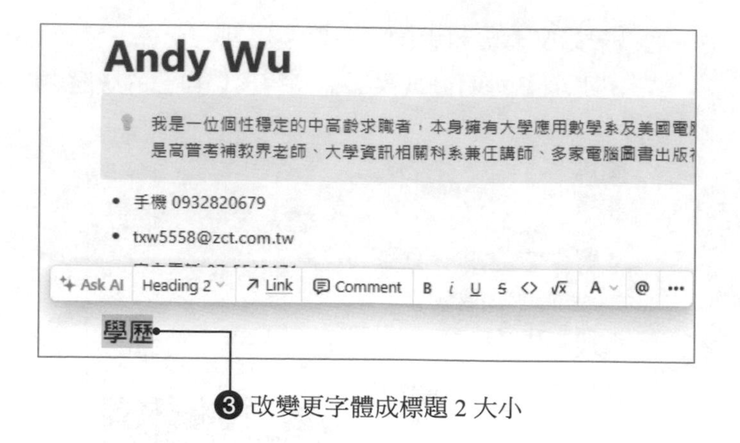

分隔線（Divider）

分隔線是一個簡單而有效的工具，用於在視覺上區分不同的學歷階段或部分。這裡我們將介紹如何恰當地使用分隔線，以提高履歷的整體版面配置和美觀度。

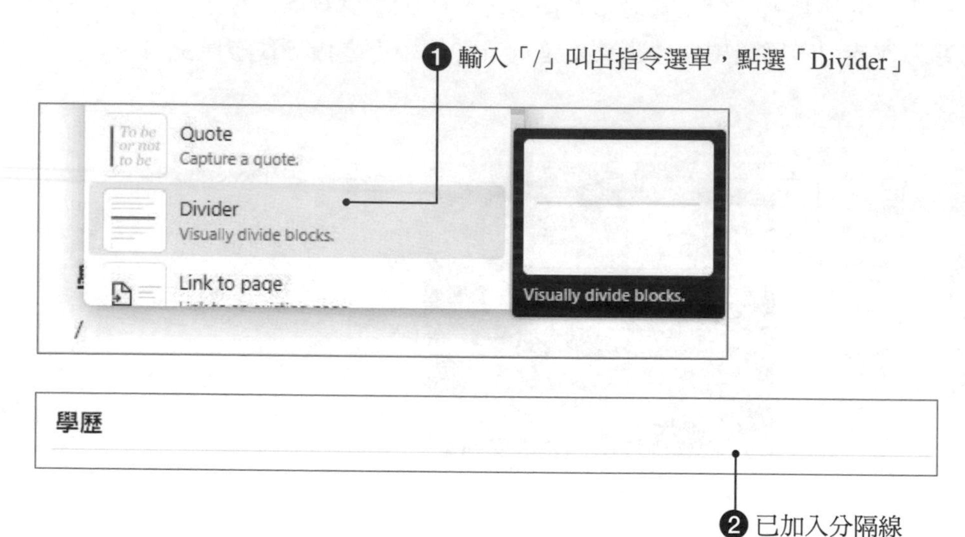

條列式列表（Bulleted list）

條列式列表是組織和呈現學歷資訊的理想方式。在本節中，我們將探討如何有效地運用條列式列表來清晰地列出您的學校名稱、學科、學位等重要資訊。

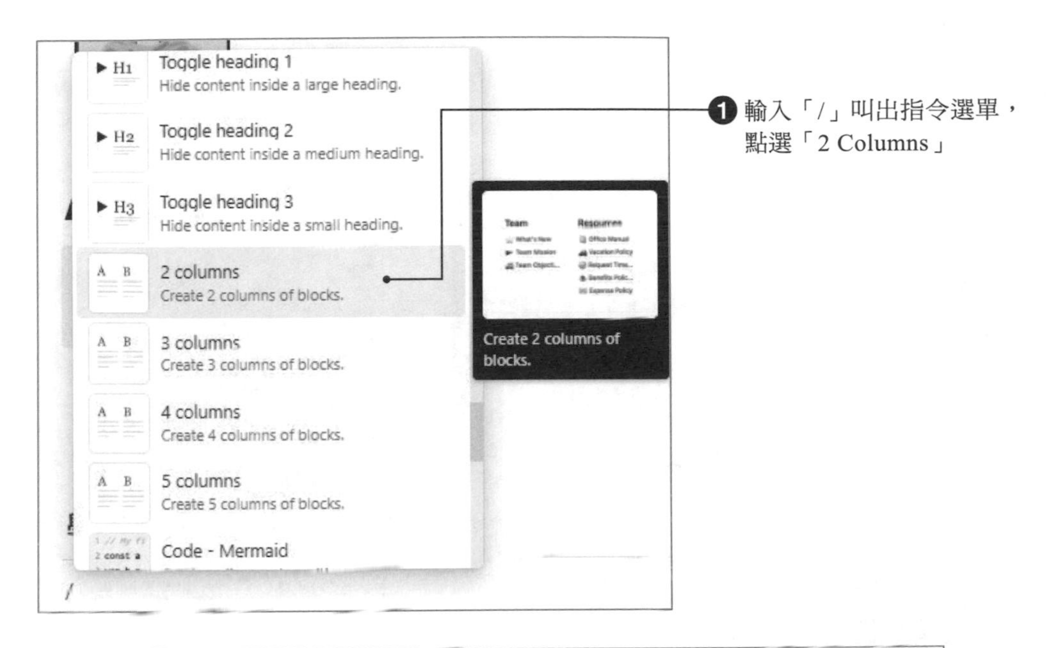

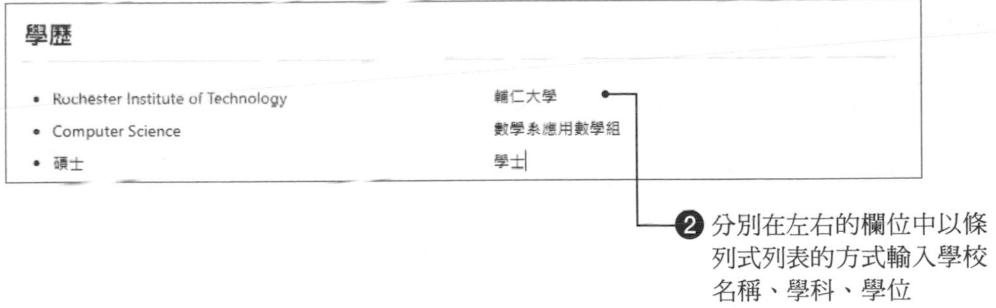

書籤（Web bookmark）

書籤功能可以讓您加入學校或學術機構的網頁連結，增加履歷的互動性和資訊豐富度。這部分將指導您如何在 Notion 中加入和版面配置這些重要的網路資源。

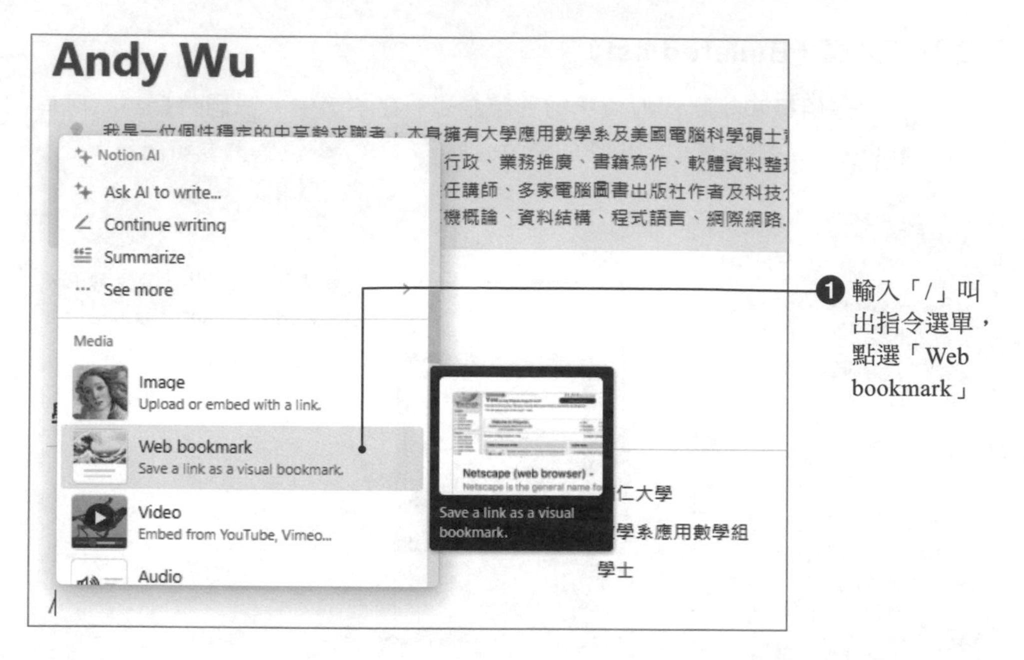

❶ 輸入「/」叫出指令選單，點選「Web bookmark」

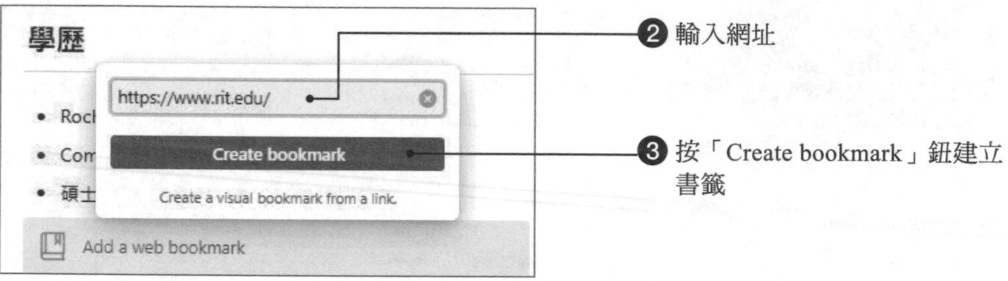

❷ 輸入網址

❸ 按「Create bookmark」鈕建立書籤

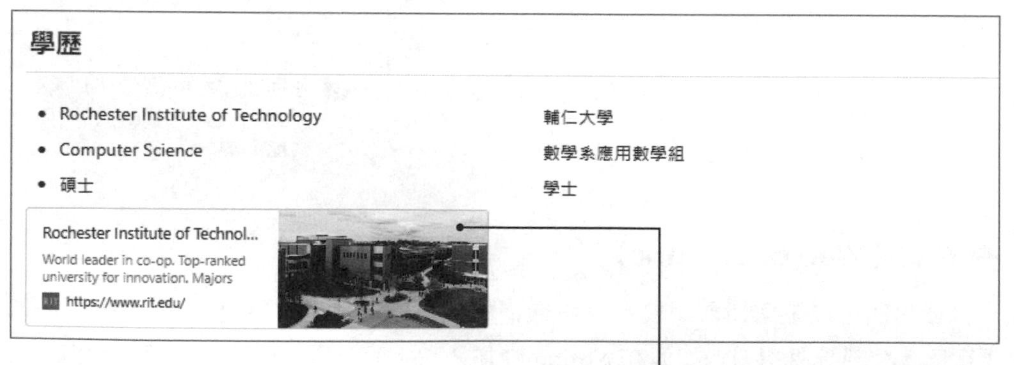

❹ 網頁書籤產生了，用滑鼠左鍵按一下，會開啟指定位址的網頁

最後，我們將呈現整個「學歷」區塊的成果圖，讓您可以一目了然地看到這些元素如何協同工作，建立一個既有組織又美觀的學歷呈現。

透過本小節的學習，您將能夠在 Notion 中有效地呈現您的學歷背景，並以一種專業和吸引人的方式呈現給潛在的雇主或合作夥伴。

8-2-3 建構「工作經驗」區塊

「工作經驗」區塊是您數位履歷中不可或缺的一部分，它直接展現了您的職業背景和專業成就。在這個小節中，我們將利用 Notion 的強大功能來建構一個既清晰又具有說服力的「工作經驗」區塊。

我們將使用標題系列、分隔線、條列式標題來組織和呈現您的工作歷程。此外，我們還會示範至少列出兩份工作經驗，並在最後呈現整個區塊的成果圖，讓您的履歷更加完善和專業。

其中明確的標題有助於突出您的工作經驗。在本小節中，您將學習如何有效地使用標題系列來組織您的職業生涯，讓每段工作經歷都清晰易懂。透過分隔線，我們可以在不同工作經驗之間創造視覺上的間隔，使履歷更具可讀性。這部分將呈現如何恰當地使用分隔線來提升您履歷的整體外觀。

而條列式列表是展現您職責和成就的絕佳方式。在這一部分，我們將介紹如何使用條列式列表來清楚且精確地描述您在每份工作中的主要職責和貢獻。

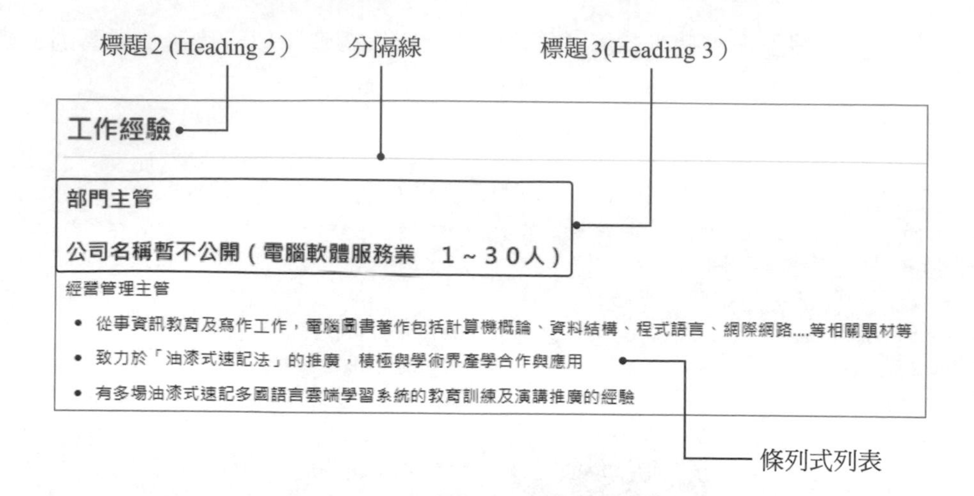

豐富的工作經驗是職業履歷的重要組成部分。我們將指導您如何至少列出兩份工作經驗，包括職位名稱、任職公司及主要工作事項。建議至少列出兩份工作經驗，如下圖所示：

工作經驗

部門主管

公司名稱暫不公開（電腦軟體服務業　1～30人）

經營管理主管

- 從事資訊教育及寫作工作，電腦圖書著作包括計算機概論、資料結構、程式語言、網際網路....等相關題材等
- 致力於「油漆式速記法」的推廣，積極與學術界產學合作與應用
- 有多場油漆式速記多國語言雲端學習系統的教育訓練及演講推廣的經驗

國家高等考試資料處理科講師

考友上補習班（其他教育服務業 1～30）

其他類講師

- 教授國家高等考試資料處理科的系統程式及普考的資料處理

完成上述步驟後，我們將呈現整個「工作經驗」區塊的成果圖。這將展現一個結構化、整潔且專業的工作經驗展示，為您的數位履歷增添光彩。透過本小節的學習，您將能夠在 Notion 中有效地展現您豐富的工作經驗，並以一種引人入勝的方式呈現給潛在的雇主。

8-2-4 建構「求職條件」區塊

在製作數位履歷時，「求職條件」區塊對於清晰傳達您的工作期望和需求有一定的重要性。這個區塊不僅幫助潛在雇主了解您的職業目標，也顯示了您對未來職位的具體要求。在本小節中，我們將運用 Notion 的多樣化文字編輯功能，包括粗體字型和一般文字，以及如何參考台灣知名求職網站「104 人力銀行」的格式來構建一個清晰且專業的「求職條件」區塊。最後，我們將呈現這個區塊的成果圖，讓您的履歷在求職市場中更加突出。本範例會使用到的功能包括：

粗體字型（Bold）

使用粗體字型來強調關鍵詞是一種有效的視覺策略。在這部分，我們將學習如何恰當地使用粗體字型來突出您的主要求職條件，使其一眼即可被注意到。

文字（Text）

文字的選擇和組織是傳達求職條件的核心。這裡我們將探討如何使用清晰、簡潔的語言來描述您的職業期望，包括期望的職位類型、工作地點、薪資範圍等。

各位可以參考台灣的主要求職網站「104 人力銀行」可以提供給您一些關於職業標準和期望的指引。我們將介紹如何優化您的「求職條件」區塊的格式和內容，使其更加符合台灣的職場環境。

完成所有步驟後，我們將呈現「求職條件」區塊的成果圖。這將為您呈現一個結構化、整潔且具有專業感的求職條件展示，幫助您在求職過程中更加明確地表達自己的期望。

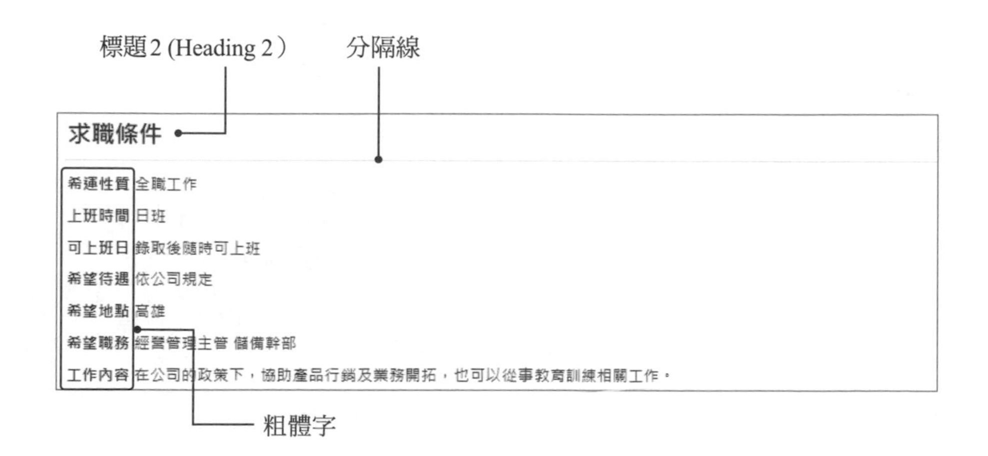

8-2-5 建構「專長技能」區塊

在這個專業技能日益重要的時代，「專長技能」區塊是您數位履歷中展現自我能力的關鍵部分。這一區塊不僅反映了您的專業知識和技術能力，還顯示了您對持續學習和自我提升的承諾。在本小節中，我們將運用 Notion 的多樣化功能，包括標題系列、分隔線、引用等功能，來建構一個包含「資訊科技」和「語言能力」兩個子區塊的完整「專長技能」區域，並使用合適的標題和格式，使得這些技能在履歷中一目了然。透過這些工具的應用，您的履歷將能更全面地呈現您的專業技能和能力。本範例會使用到的功能包括：

Heading（標題系列）

標題系列有助於清晰劃分不同類型的專長技能。在這裡，我們將指導您如何使用標題來組織和強調您的各項技能，因此提升履歷的可讀性和專業性。

Divider（分隔線）

分隔線是有效分隔不同技能類別的視覺工具。本節將呈現如何恰當地使用分隔線來增強履歷的整體結構和清晰度。

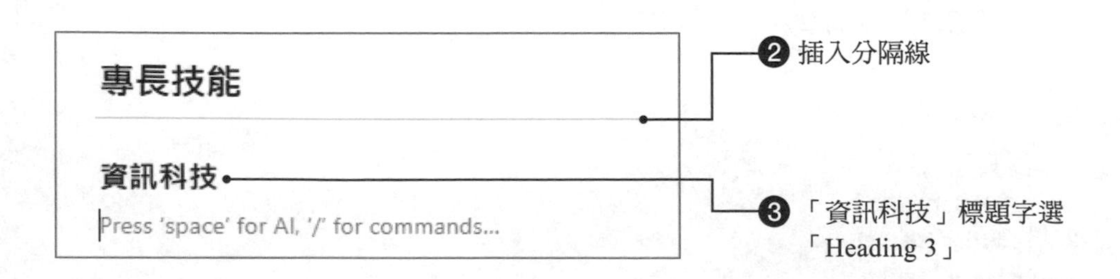

Quote（引用）

引用可以用於突出顯示重要的技能或成就。我們將介紹如何運用引用來強化某些關鍵技能或個人獨到見解的呈現。

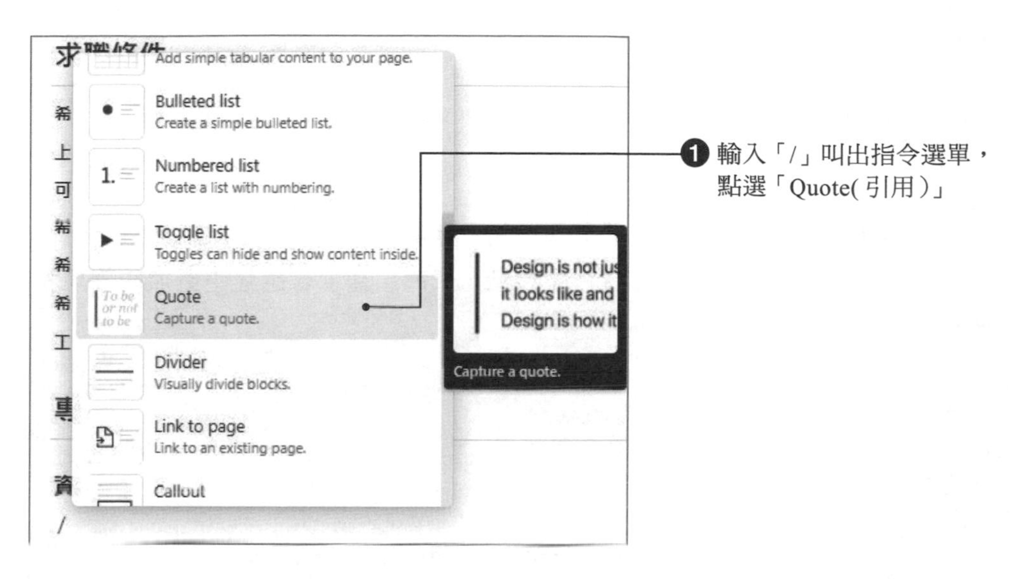

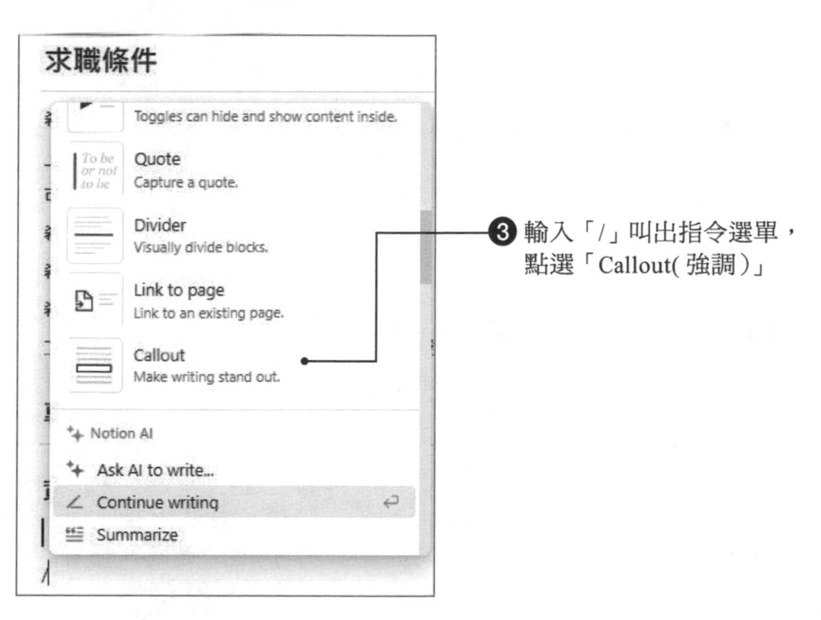

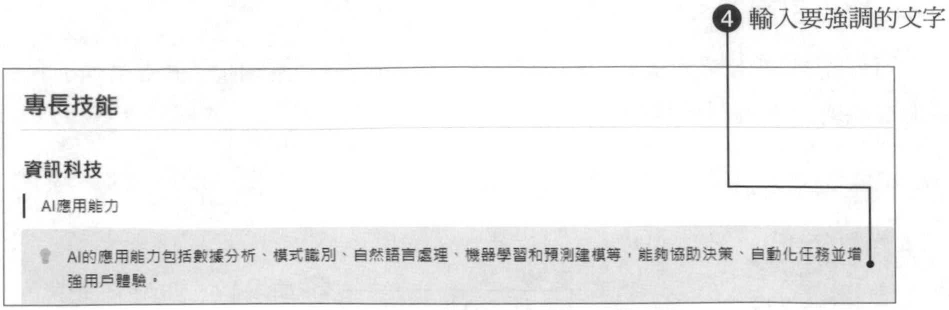

④ 輸入要強調的文字

專長技能

資訊科技

AI應用能力

AI的應用能力包括數據分析、模式識別、自然語言處理、機器學習和預測建模等，能夠協助決策、自動化任務並增強用戶體驗。

完成所有步驟後，我們將呈現「專長技能」區塊的成果圖。這將為您呈現一個結構化、整潔且具有專業感的專長技能展示，幫助您在求職過程中更加明確地表達自己的期望。

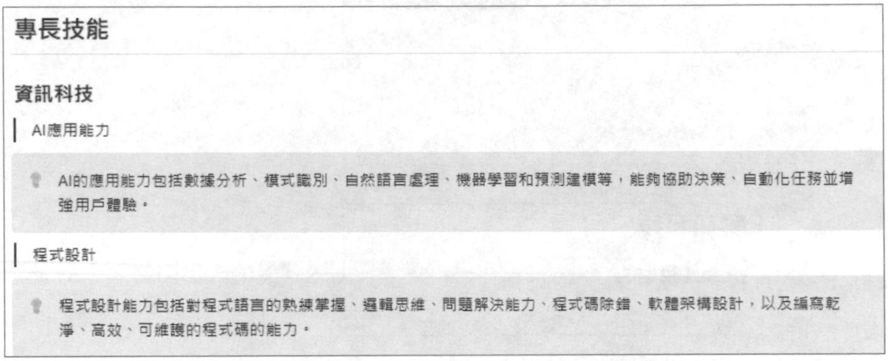

專長技能

資訊科技

AI應用能力

AI的應用能力包括數據分析、模式識別、自然語言處理、機器學習和預測建模等，能夠協助決策、自動化任務並增強用戶體驗。

程式設計

程式設計能力包括對程式語言的熟練掌握、邏輯思維、問題解決能力、程式碼除錯、軟體架構設計，以及編寫乾淨、高效、可維護的程式碼的能力。

8-2-6 建構「自傳」區塊

在每份優秀的數位履歷中，「自傳」區塊扮演著特別的角色。這不僅是您介紹自己背景、經歷和志向的地方，也是讓潛在雇主或合作夥伴感受到您個人特質和職業理念的機會。在本小節中，我們將探討如何運用 Notion 中的文字編輯功能來撰寫一段引人入勝的自傳。透過精心選擇的文字和表達方式，您的自傳將成為您數位履歷中最能體現個人特色的一部分。

文字（Text）

在撰寫自傳時，選擇合適的文字和語言風格是有其必要性。這一部分將專注於如何使用 Notion 的文字編輯工具來有效地表達您的職業經歷、個人成就和職業目標。我們將學習如何組織敘述、選擇恰當的詞彙，並創造一種流暢而吸引人的敘述風格。這樣，您的自傳不僅能清楚地傳達資訊，還能展現您的個性和專業精神。

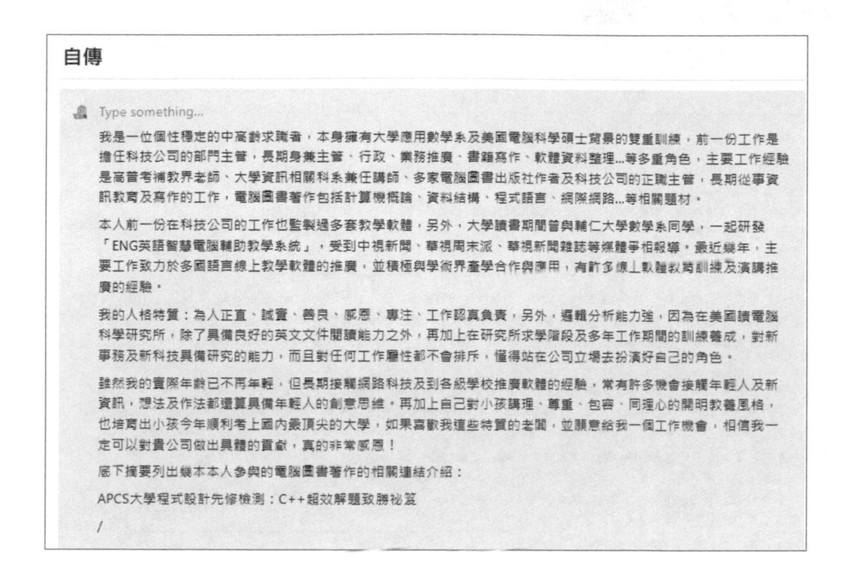

Web bookmark（書籤）

在自傳中如果有提到一些資訊需要用網頁的方式來呈現，這個情況下就可以運用「書籤（Web bookmark）」功能。

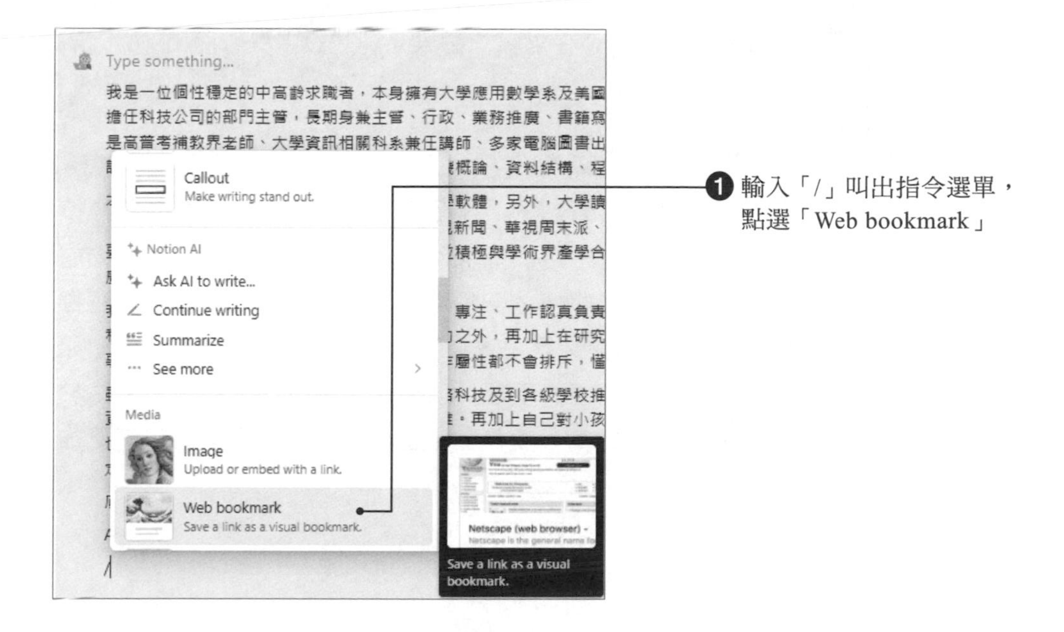

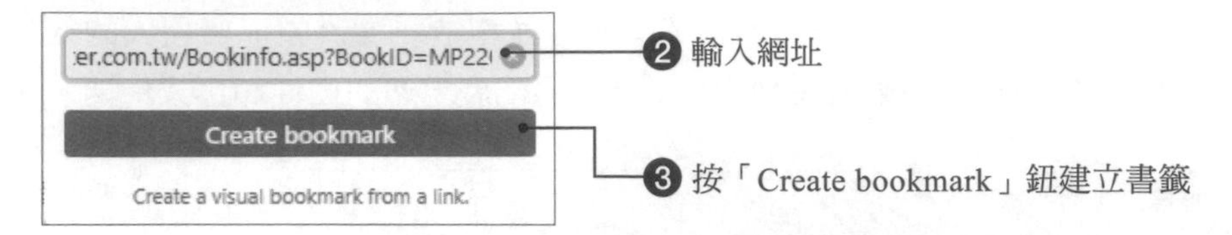

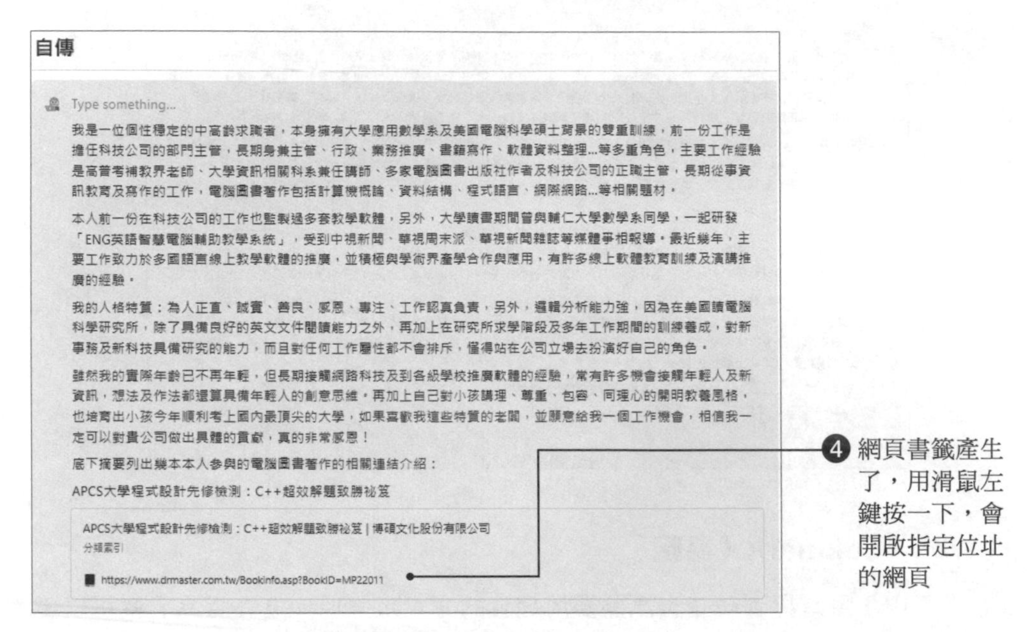

透過本小節的學習，您將能夠在 Notion 中有效地撰寫一篇精彩的自傳，這將極大地增強您數位履歷的吸引力，並使您在求職或個人品牌建設中脫穎而出。

8-2-7 建構「作品集」區塊

在當代的數位化職場中，一個精心策劃的「作品集」區塊對於呈現您的專業技能和創意成就扮演一個關鍵性的角色。這個區塊不僅是您展現個人能力和成果的舞台，也是讓潛在雇主或合作夥伴了解您才華的窗口。在這一小節中，我們將探索如何利用 Notion 建立一個既有組織又具視覺吸引力的作品集。我們將指導您如何呈現至少 3 項作品，並以分 3 欄的方式呈現，以確保您的作品集既整潔又易於瀏覽。這種組織方式不僅有利於突出每一項作品，也使得整個作品集看起來更加整齊和專業。

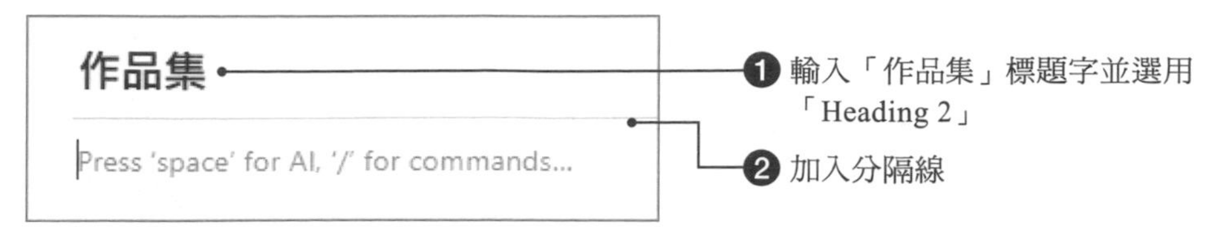
作品集
Press 'space' for AI, '/' for commands...
❶ 輸入「作品集」標題字並選用「Heading 2」
❷ 加入分隔線

Hide content inside a medium heading.
Toggle heading 3
Hide content inside a small heading.
2 columns
Create 2 columns of blocks.
3 columns
Create 3 columns of blocks.
4 columns
Create 4 columns of blocks.
5 columns
Create 5 columns of blocks.
Code - Mermaid
Create a diagram by writing code.
Inline
Create 3 columns of blocks.
❸ 在分隔線的下一列輸入「/」叫出指令選單，點選「3 Columns」

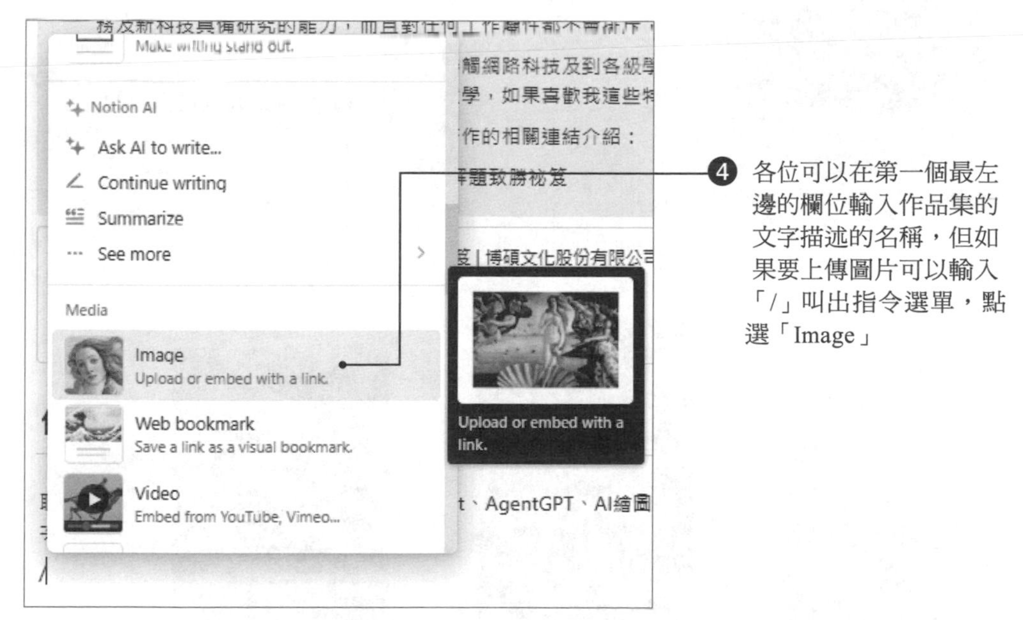
Make writing stand out.
Notion AI
Ask AI to write...
Continue writing
Summarize
See more
Media
Image
Upload or embed with a link.
Web bookmark
Save a link as a visual bookmark.
Video
Embed from YouTube, Vimeo...
Upload or embed with a link.
❹ 各位可以在第一個最左邊的欄位輸入作品集的文字描述的名稱，但如果要上傳圖片可以輸入「/」叫出指令選單，點選「Image」

作品集

聰明提問AI的技巧與實例：ChatGPT、Bing Chat、AgentGPT、AI繪圖，一次滿足

Add an image

Upload　Embed link　Unsplash　GIPHY

Upload file

The maximum size per file is 5 MB. PLUS

❺ 按「Upload file」上傳和這個作品相關的圖片

作品集

聰明提問AI的技巧與實例：ChatGPT、Bing Chat、AgentGPT、AI繪圖，一次滿足

❻ 完成最左邊一欄的作品集呈現外觀

❼ 繼續完成其它作品的編輯工作

作品集

聰明提問AI的技巧與實例：ChatGPT、Bing Chat、AgentGPT、AI繪圖，一次滿足

Midjourney AI 繪圖：指令、風格與祕技一次滿足

AI提示工程師的16堂關鍵必修課：精準提問x優化提示x有效查詢x文字生成xAI繪圖

透過本小節的學習，您將能夠在 Notion 中建立一個呈現您才華和技能的高效作品集，這將極大地提升您的專業形象，並在求職或個人品牌推廣中發揮關鍵作用。

8-3 工作效率革命：Notion 任務與項目管理

在快節奏的職場環境中，有效的任務和項目管理對於提高工作效率是非常重要。Notion 提供了眾多功能來幫助您革新工作方式，使您的工作流程更加井然有序。以下是如何在 Notion 中建立和管理項目及任務資料庫的具體方法。

8-3-1 建立項目和任務資料庫

在 Notion 中建立一個項目和任務資料庫可以幫助您更好地追蹤和管理工作任務。以下是建立這類資料庫的具體步驟和建議。

首先，您可以在 Notion 中建立一個新的頁面，用作您的項目和任務資料庫的主頁。在這個頁面上，您可以建立多個不同的資料庫來管理各種任務和項目。例如，您可以建立一個資料庫專門用於追蹤正在進行的項目，另一個資料庫用來管理日常任務和截止日期。

接著，您可以為每一個任務或項目加入詳細的資訊，包括任務描述、負責人、截止日期和任務狀態（如未開始、進行中、已完成）。您還可以利用 Notion 的標籤功能來分類任務，比如按照重要性或緊急程度進行標記。

此外，Notion 的視覺化功能如看板（Board）資料庫和日曆（Calendar）資料庫，可以幫助您更直觀地管理和追蹤任務進度。例如，您可以使用看板檢視來追蹤不同階段的任務，因此清晰地看到每一個任務的當前狀態和下一步工作。

一個實際的應用案例是，假設您是一名項目經理，負責管理一個跨部門的大型項目。您可以在 Notion 中為這個項目建立一個專門的工作空間，其中包括項目計劃、成員分工、進度更新和相關文件。透過在 Notion 中集中管理這些資訊，您不僅可以提高項目管理的效率，還可以確保團隊成員間的良好溝通和協作。

總結來說，Notion 的多功能性和靈活性使其成為理想的任務和項目管理工具。透過在 Notion 中建立和管理項目及任務資料庫，您可以更有效地組織工作流程，提高工作效率，並在職場中取得更好的成績。

8-3-2 使用 Notion 進行團隊協作

在現代職場中，團隊協作是提升工作效率和創造力的關鍵。Notion 作為一個多功能協作平台，提供了多種工具和功能，幫助團隊成員之間有效溝通和協同工作。以下是利用 Notion 進行團隊協作的一些具體方法和實際應用案例。

首先，Notion 可以作為團隊的中央資訊庫。您可以建立專門的頁面來存放團隊文件、會議記錄和重要公告。這樣，所有團隊成員都可以輕鬆存取這些共享資料，確保資訊的透明和一致性。例如，您可以為每週的團隊會議建立一個專頁，用於記錄會議議程、討論內容和決定事項。

接下來，利用 Notion 的協作功能來改善團隊之間的溝通和任務分配。您可以為不同的項目和任務建立專門的看板（Board）資料庫或列表（List）資料庫，並指派任務給特定團隊成員。此外，Notion 的註解功能允許團隊成員在文件中直接溝通和回饋，因此提高協作的效率和互動性。例如，您可以在某個項目的規劃頁面上留下註解，提出建議或提問，其他團隊成員則可以直接回應。

此外，Notion 還支援即時更新和版本控制，這對於團隊合作尤其重要。團隊成員可以同時在同一文件上工作，而所有更改都會即時保存和顯示。這意味著團隊可以有效避免文件版本混亂，並確保每個人都在使用最新資料。

一個實際的例子是，假設您在一家科技公司工作，負責一個新產品的開發項目。您可以在 Notion 中為這個項目建立一個專門的工作空間，其中包含項目計劃、設計草稿、市場研究和開發進度等各種相關資訊。團隊成員可以在這個空間中共享資料、更新進度和交流想法，因此確保項目順利推進。

總之，Notion 作為一個強大的團隊協作工具，不僅提供了豐富的功能來支援團隊溝通和協作，還提高了團隊工作的透明度和效率。透過在 Notion 中建立和管理團隊工作空間，您可以促進團隊之間的協同合作，並推動項目的成功實施。

8-4 動手實作「任務與項目管理」頁面

「任務與項目管理」是一個常見的頁面設計。透過巧妙的配置，您可以有效地組織和追蹤您的工作、任務和專案。本節將探討「任務與項目管理」頁面的建構，特別著重於各種功能區塊的應用，包括「時程表」、「工作進度板」和「重點事項摘記」。現在，讓我們一起來看看如何動手實作這些功能，讓您的工作更加有條理和高效。首先我們先針對「任務與項目管理」包括哪些區塊的功能來加以說明：

頁面區塊名稱	此區塊的建構目的	此區塊會應用到的功能
「時程表」區塊	此區塊提供一個直觀的時間軸，使您能夠清楚地規劃和掌握任務	時間軸（Timeline） 建立項目相依性 建立子項目 過濾（Filter）
「工作進度板」區塊	此區塊使您能夠即時了解項目的狀態並隨時調整策略	看板資料庫（Board）
「重點事項摘記」區塊	此區塊將成為您集中注意力、迅速查看關鍵事項的理想工具	清單資料庫（List） 文字（Text）

下面是本節範例即將完成的「任務與項目管理」Notion 頁面外觀：

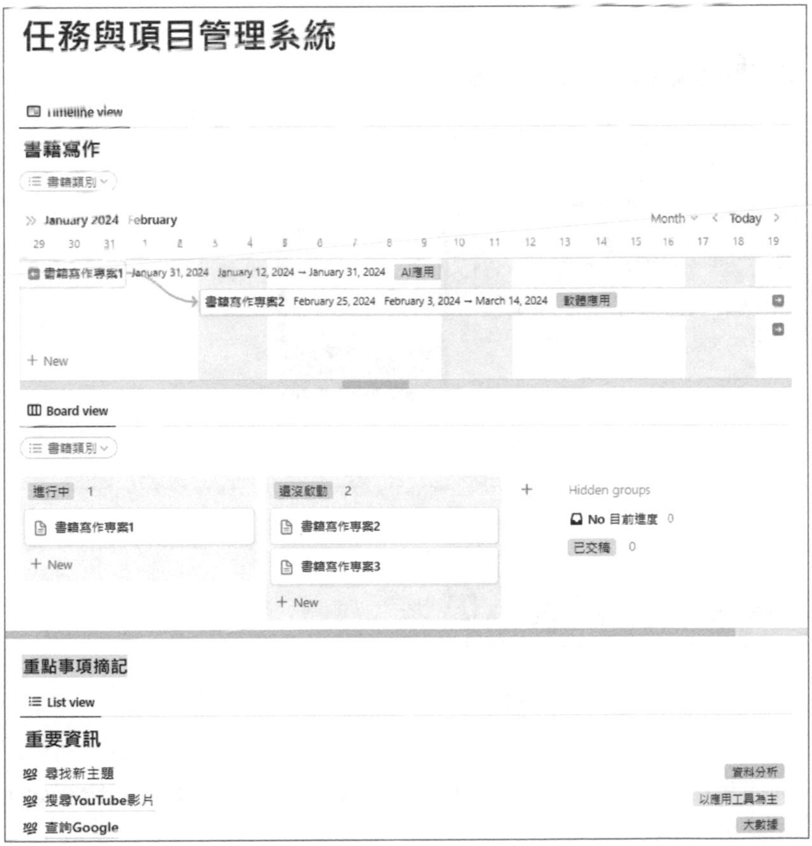

請新建一個頁面，並將頁面名稱命名為「任務與項目管理系統」：

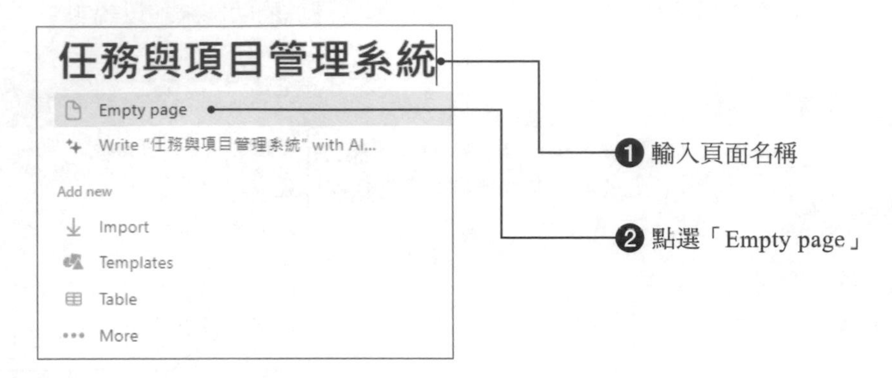

Tips／頁面欄位切割

如果有頁面欄位切割的需求，例如希望將頁面切割成兩個區塊，可以參考以下的作法如下：

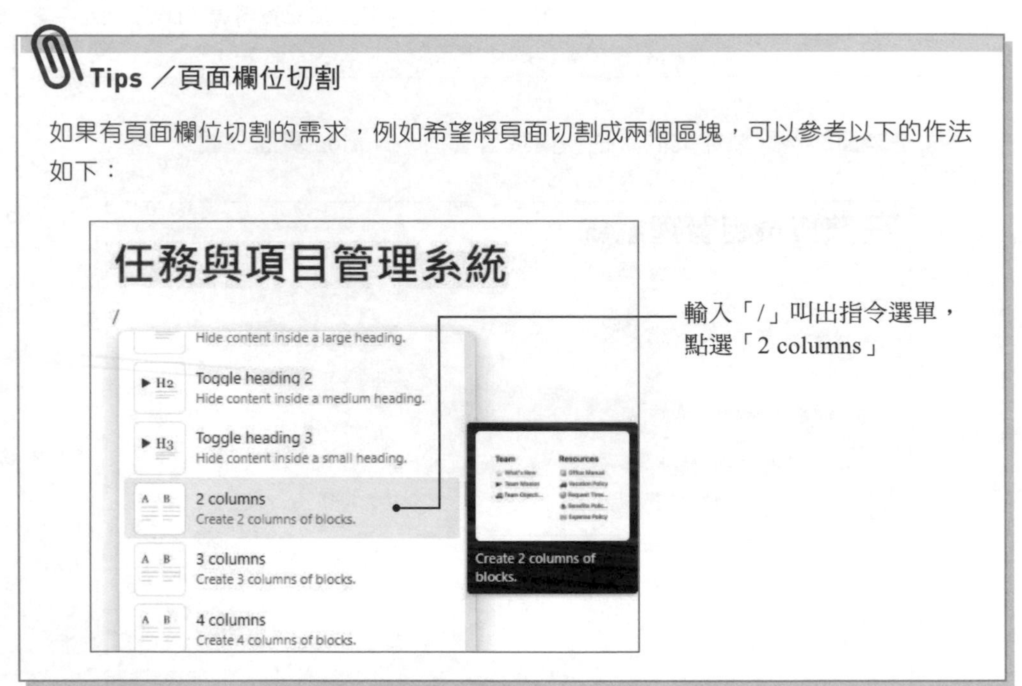

8-5 建構「時程表」區塊

Notion 的「時程表」區塊在任務與項目管理中扮演著重要的角色。這個功能提供了一個直觀的時間軸視覺化，使您能夠清楚地規劃和掌握任務、活動的時間安排。在本小節中，我們將探討如何建構「時程表」區塊，讓您能夠有效地管理日程、截止日期以及任務進度。現在，讓我們開始動手實作，打造一個個人化且高效的時程管理系統。

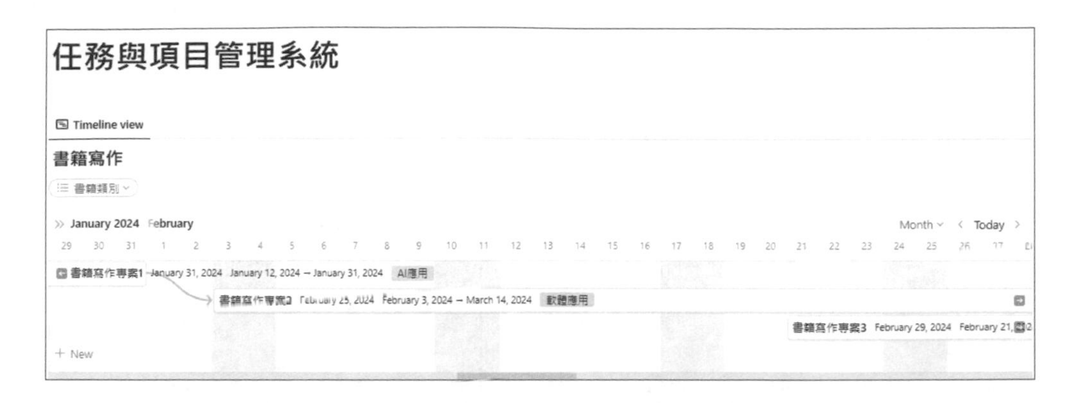

8-5-1 新增 Timeline view（時間軸檢視）資料庫

在這個小節中，我們將探討如何運用 Notion 的「時程表」功能，具體來說是新增「Timeline view」，這是一個強大的工具，能夠幫助您更直覺地理解與追蹤專案的時間軸。我們將引入六種屬性，包括書籍類別、作者、寫作期間、交稿日、目前進度以及參考大綱，讓您能夠在時程表上更精確地定位每一個專案的位置。接著我們就馬上開始動手實作，首先在頁面左邊欄位新增時間軸資料庫（Timeline view），作法如下：

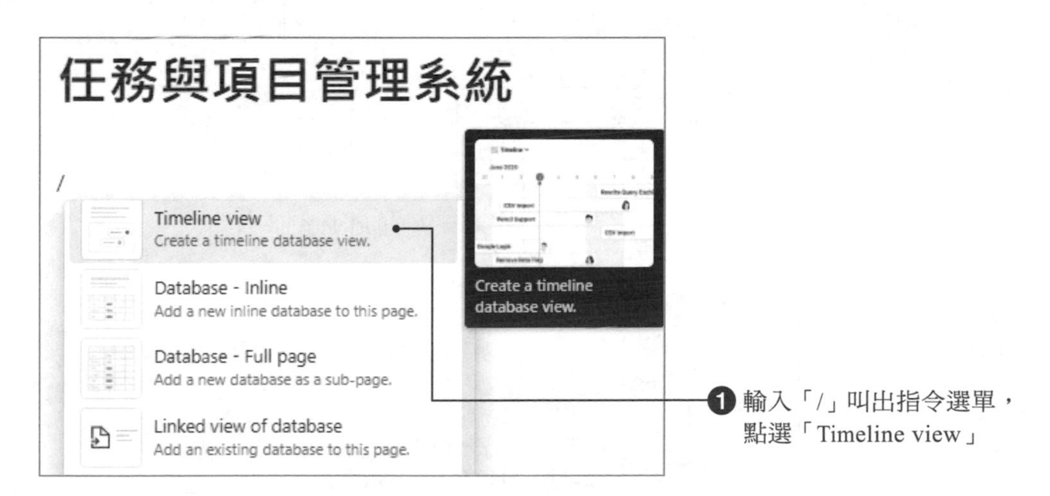

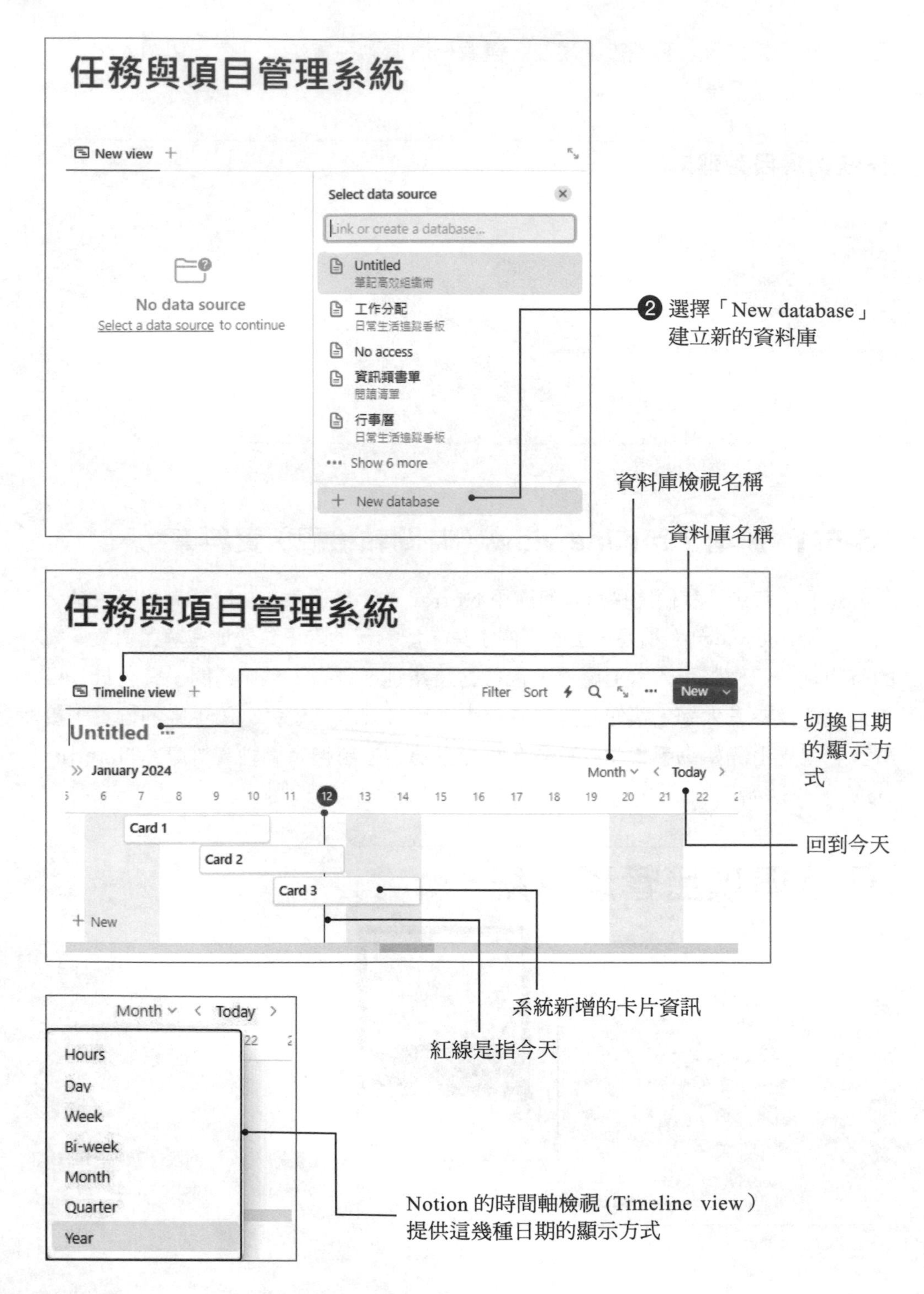

任務與項目管理系統
New view
Select data source
Link or create a database...
Untitled
No data source
Select a data source to continue
工作分配
No access
資訊類書單
行事曆
Show 6 more
New database
❷ 選擇「New database」建立新的資料庫
資料庫檢視名稱
資料庫名稱
任務與項目管理系統
Timeline view
Filter
Sort
New
Untitled
January 2024
Month
Today
Card 1
Card 2
Card 3
New
切換日期的顯示方式
回到今天
系統新增的卡片資訊
紅線是指今天
Hours
Day
Week
Bi-week
Month
Quarter
Year
Notion 的時間軸檢視 (Timeline view）提供這幾種日期的顯示方式

屬性 1：書籍類別

這個屬性，我們將研究「書籍類別」屬性的應用，以使您能夠有效地分類和組織您的寫作項目。這個屬性將成為您在時程表上追蹤不同書籍類型的重要參考點，助您更清晰地了解整體寫作計畫。作法如下：

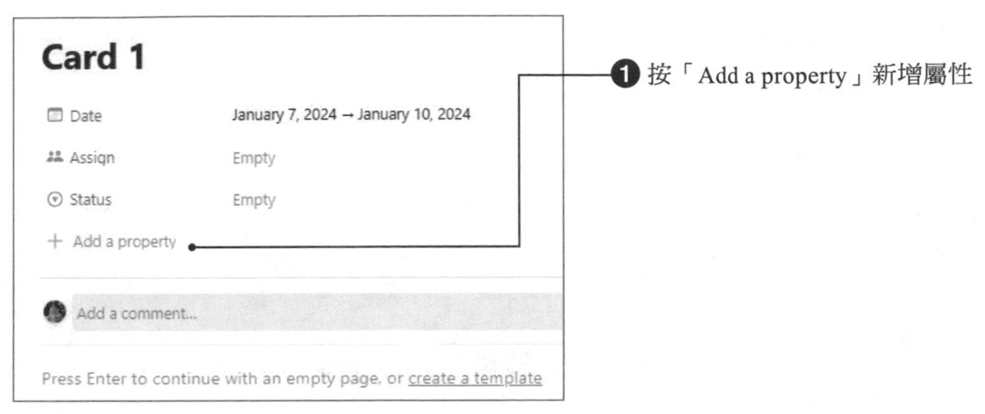

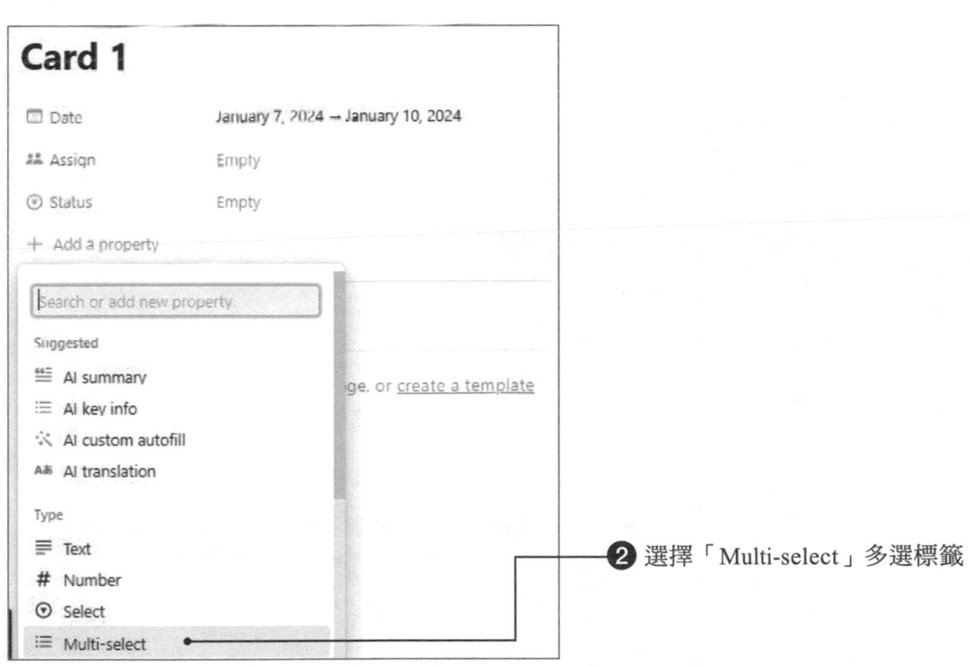

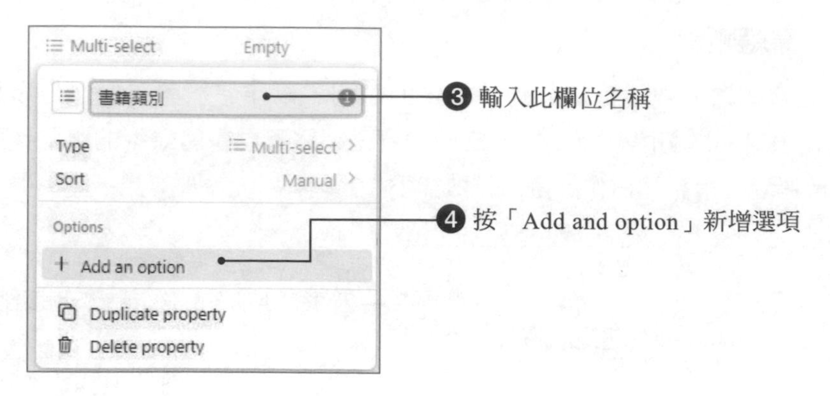
Multi-select Empty
書籍類別
Type Multi-select
Sort Manual
Options
Add an option
Duplicate property
Delete property
❸ 輸入此欄位名稱
❹ 按「Add and option」新增選項

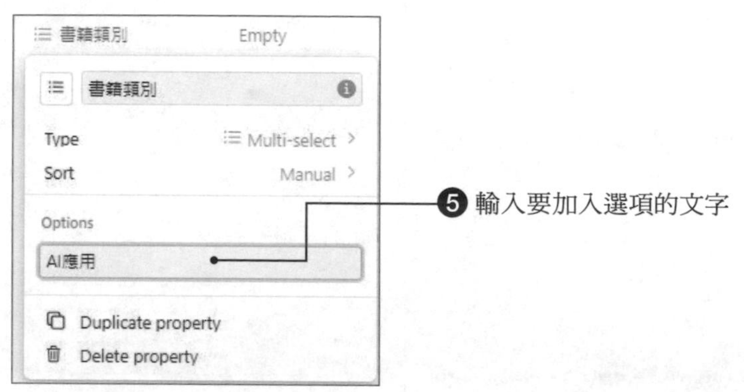
書籍類別 Empty
書籍類別
Type Multi-select
Sort Manual
Options
AI應用
Duplicate property
Delete property
❺ 輸入要加入選項的文字

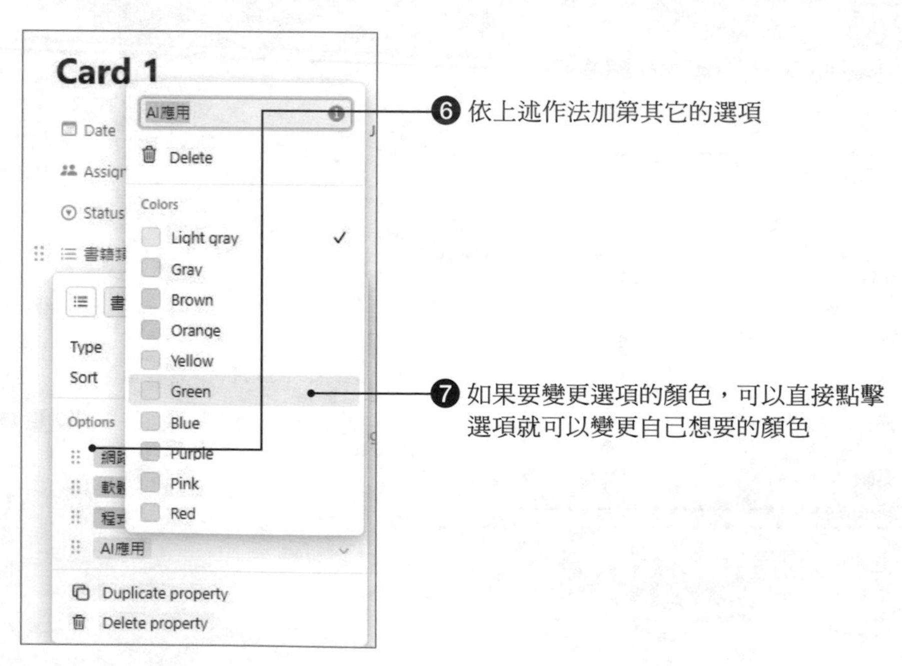
Card 1
Date
Status
AI應用
Delete
Colors
Light gray
Gray
Brown
Orange
Yellow
Green
Blue
Purple
Pink
Red
Type
Sort
Options
AI應用
Duplicate property
Delete property
❻ 依上述作法加第其它的選項
❼ 如果要變更選項的顏色，可以直接點擊選項就可以變更自己想要的顏色

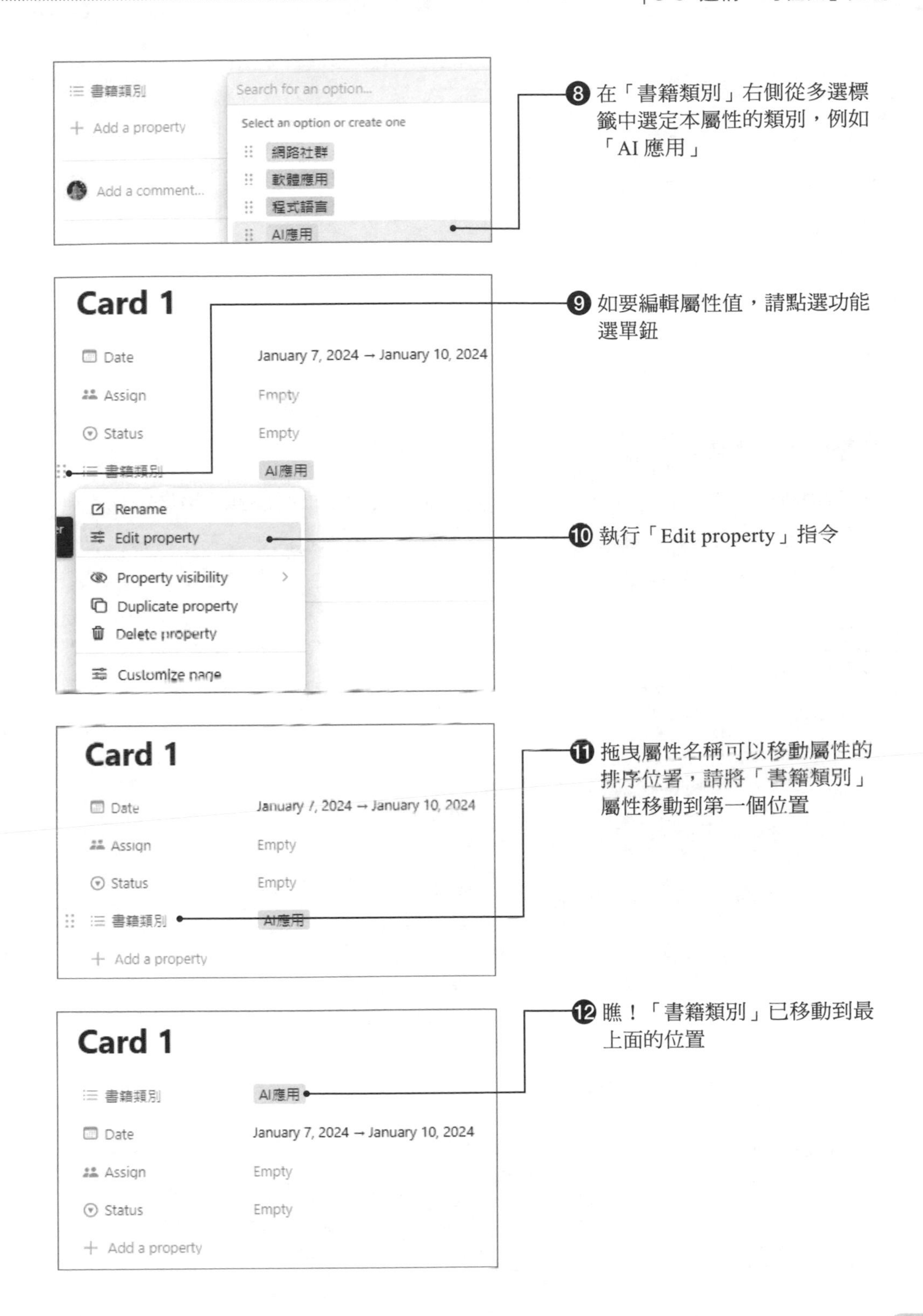
書籍類別
Add a property
Add a comment...
Search for an option...
Select an option or create one
網路社群
軟體應用
程式語言
AI應用
❽ 在「書籍類別」右側從多選標籤中選定本屬性的類別，例如「AI 應用」
Card 1
Date
January 7, 2024 → January 10, 2024
Assign
Empty
Status
Empty
書籍類別
AI應用
Rename
Edit property
Property visibility
Duplicate property
Delete property
Customize page
❾ 如要編輯屬性值，請點選功能選單鈕
❿ 執行「Edit property」指令
Card 1
Date
January 7, 2024 → January 10, 2024
Assign
Empty
Status
Empty
書籍類別
AI應用
Add a property
⓫ 拖曳屬性名稱可以移動屬性的排序位置，請將「書籍類別」屬性移動到第一個位置
Card 1
書籍類別
AI應用
Date
January 7, 2024 → January 10, 2024
Assign
Empty
Status
Empty
Add a property
⓬ 瞧！「書籍類別」已移動到最上面的位置

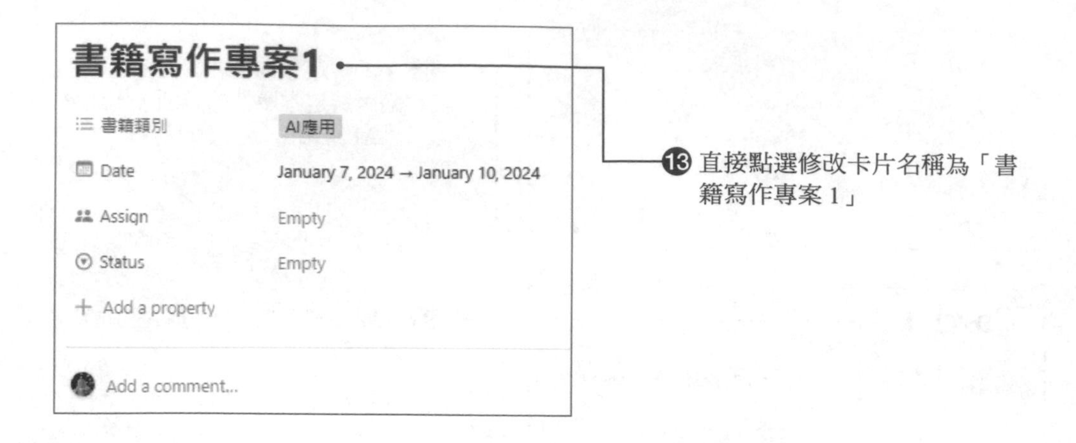

屬性 2：作者

這個屬性，我們將關注「作者」屬性的建構，這將有助於您快速追蹤不同作者的寫作進度。這個屬性將成為您在時程表上查看每位作者的重要工作指標，有助於合理分配時間並提高合作效率。

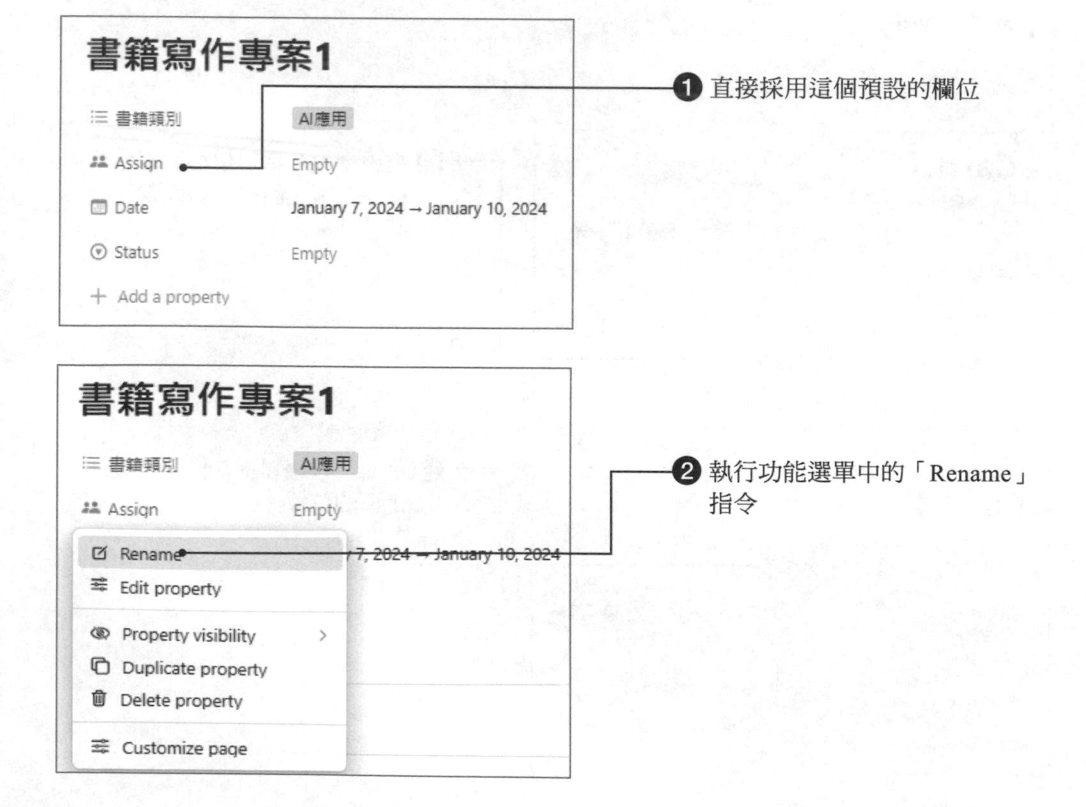

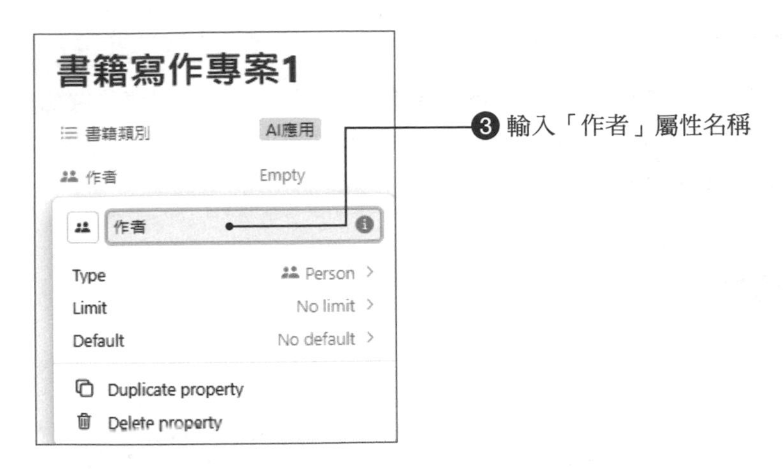
書籍寫作專案1
書籍類別
AI應用
作者
Empty
作者
Type
Person
Limit
No limit
Default
No default
Duplicate property
Delete property
❸ 輸入「作者」屬性名稱

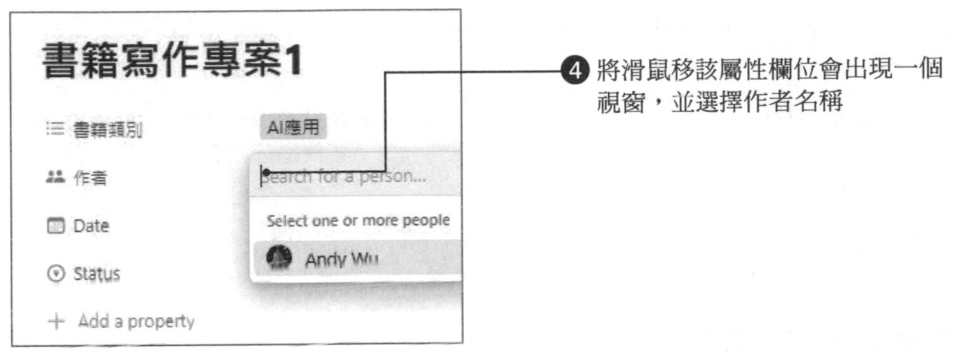
書籍寫作專案1
書籍類別
AI應用
作者
Date
Status
Add a property
Search for a person...
Select one or more people
Andy Wu
❹ 將滑鼠移該屬性欄位會出現一個視窗，並選擇作者名稱

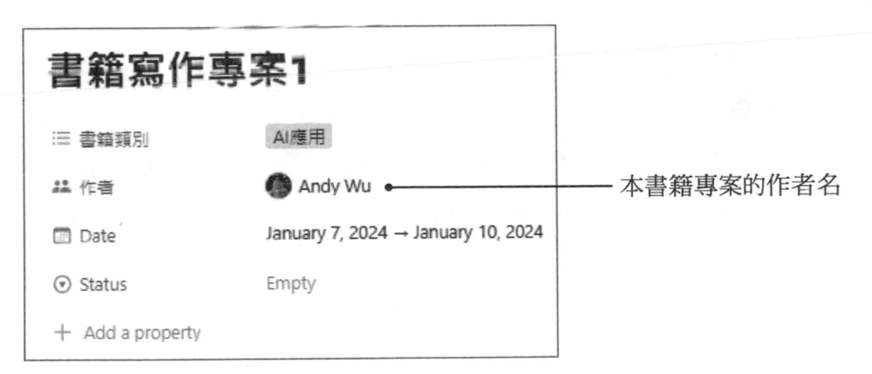
書籍寫作專案1
書籍類別
AI應用
作者
Andy Wu
Date
January 7, 2024 → January 10, 2024
Status
Empty
Add a property
本書籍專案的作者名

屬性 3：寫作期間

「寫作期間」屬性是時程表上不可或缺的一部分。這個屬性，我們將學習如何有效地設定和管理寫作期間，以確保項目在時間內順利完成。這個屬性將使您更有彈性地應對寫作過程中的各種挑戰。

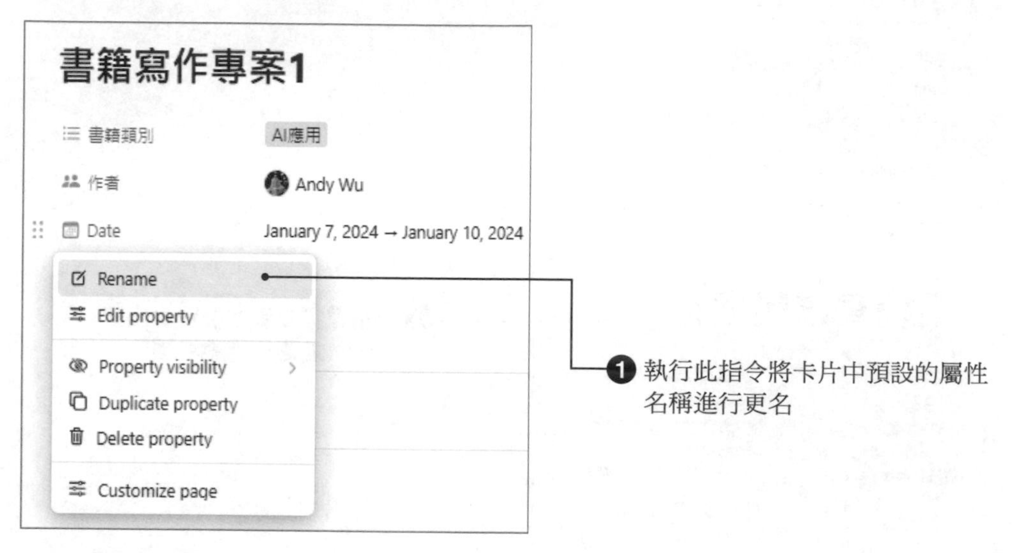

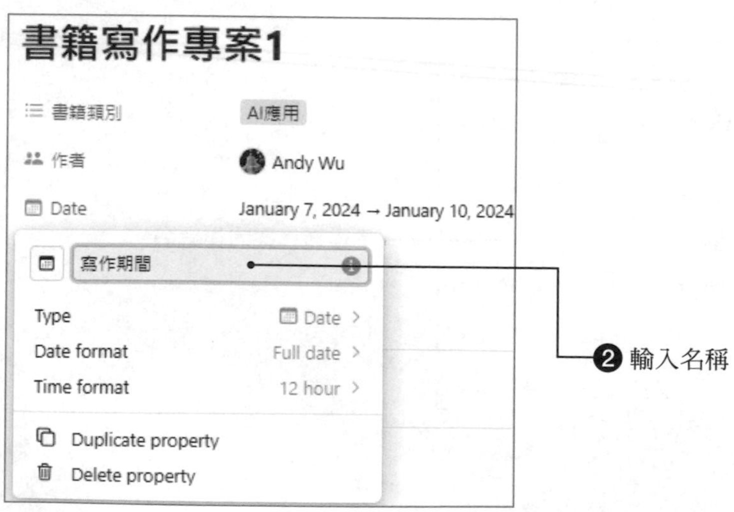

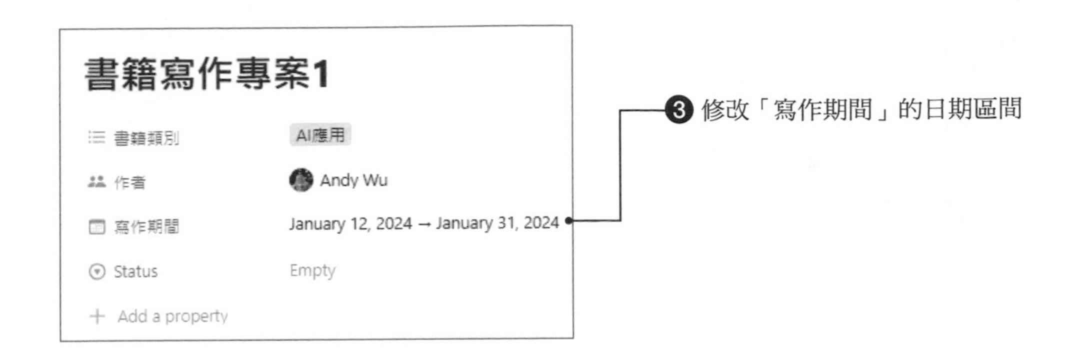

屬性 4：交稿日

這一節將聚焦在「交稿日」屬性的建構上，這是確保您按時完成並提交寫作專案的重要元素。我們將深入了解如何在時程表上清晰地顯示交稿日，以及如何有效地安排工作流程，以達到及時完成目標。首先請在本卡片中點選「Add a property」新增一個屬性。

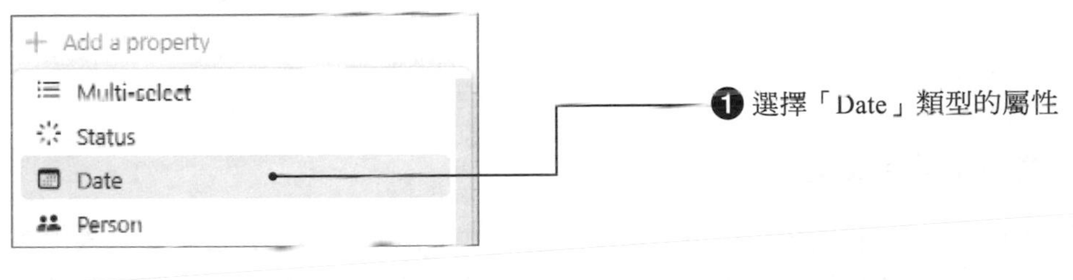

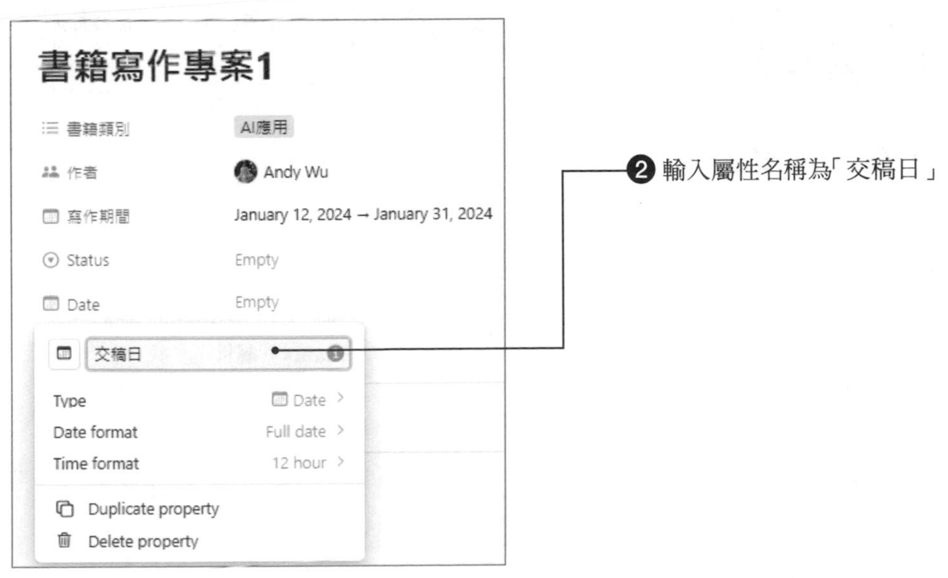

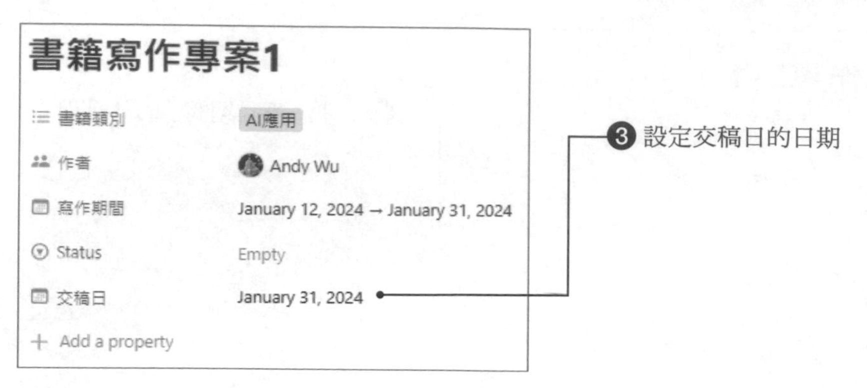

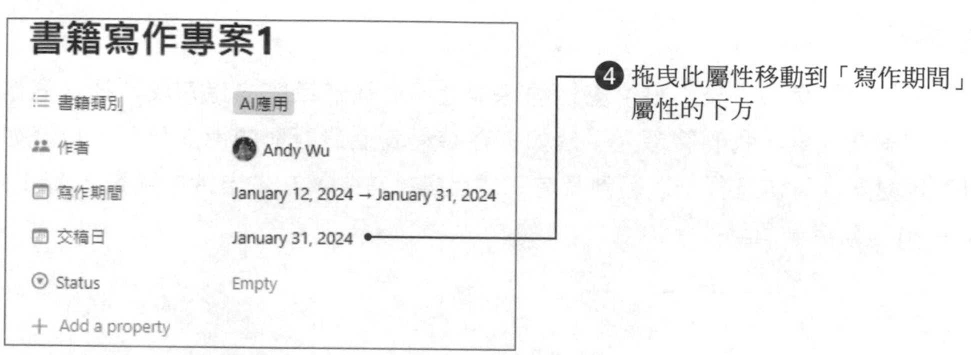

屬性 5：目前進度

在這個小節中，我們將探討「目前進度」屬性的應用，這將是您在時程表上實際追蹤每一個寫作項目進展狀況的利器。透過這個屬性，您能夠及時調整策略，保持專案的順利進行。

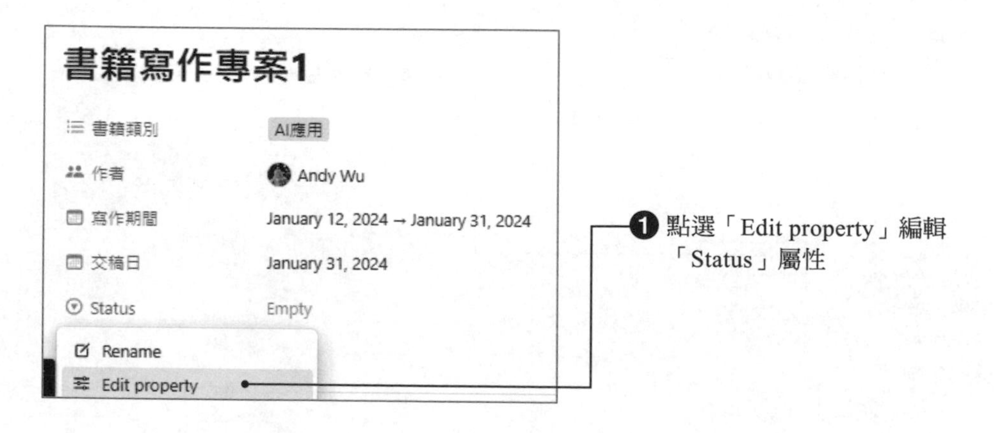

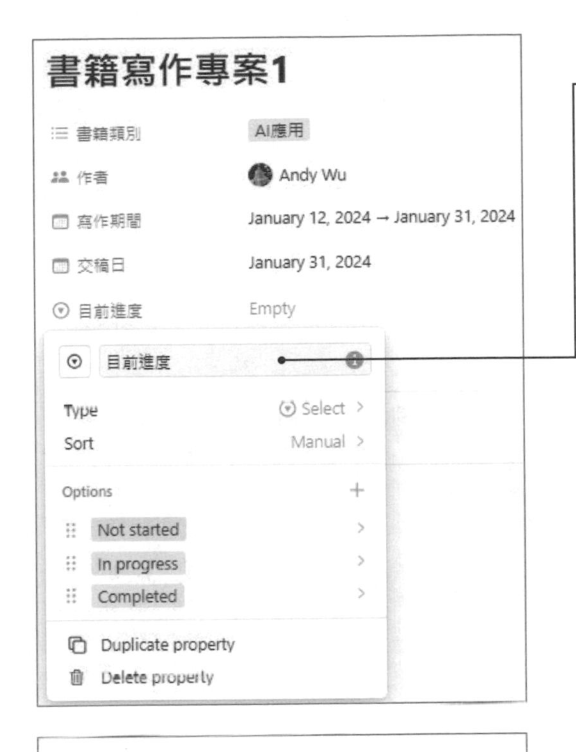

❷ 更改屬性名稱為「目前進度」

❸ 更改選項名稱為較易理解的中文

❹ 從下拉清單中挑選一個目前這本書籍的進度，例如「進行中」

屬性 6：參考大綱

最後，我們將關注「參考大綱」屬性的建構，這將是在時程表上加入專案相關資料的有效方式。這個屬性將使您能夠在需要時快速查閱相關參考資訊，提高寫作流程的整體效率。讓我們一同學習如何善用這個強大的工具，為您的寫作工作增添更多便利。

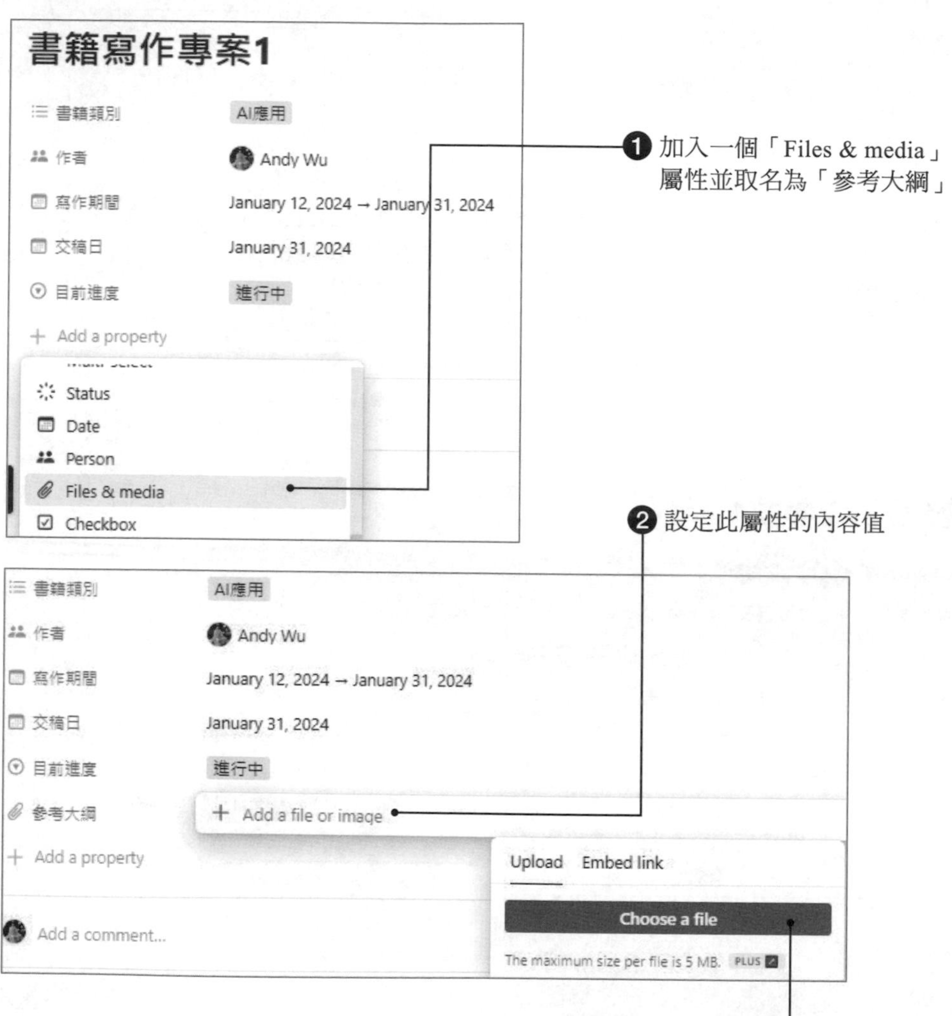

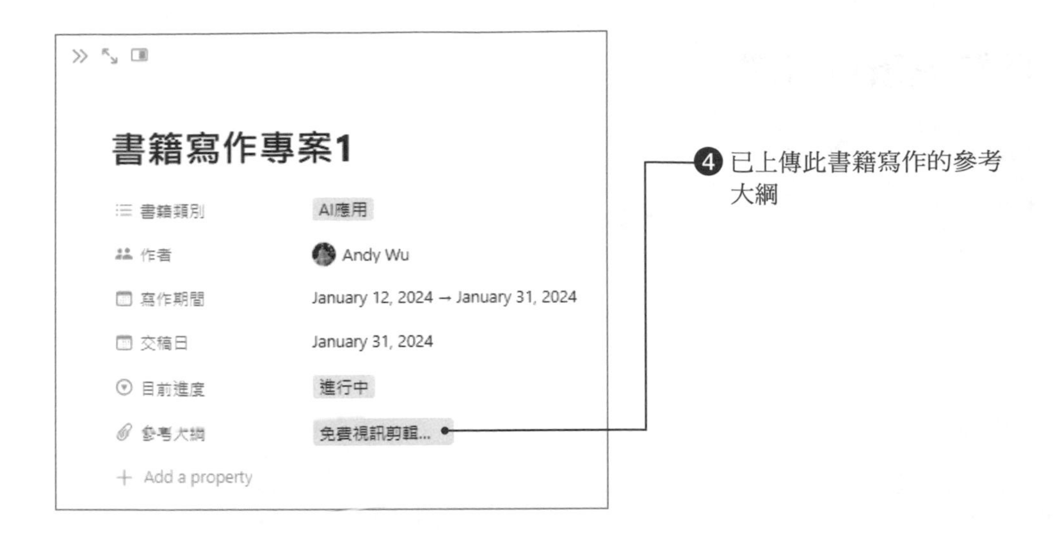

8-5-2 設定要顯示的屬性欄位

接下來要為各位示範哪些屬性欄位可以出現在時間軸檢視模式的看板上，作法如下：

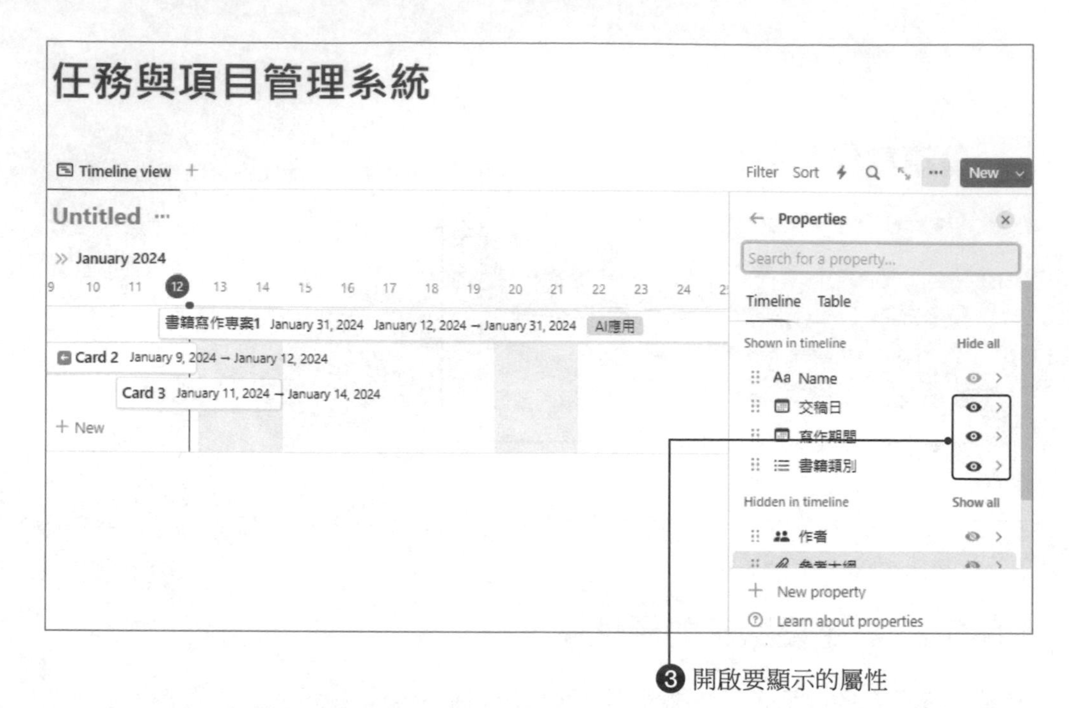

❸ 開啟要顯示的屬性

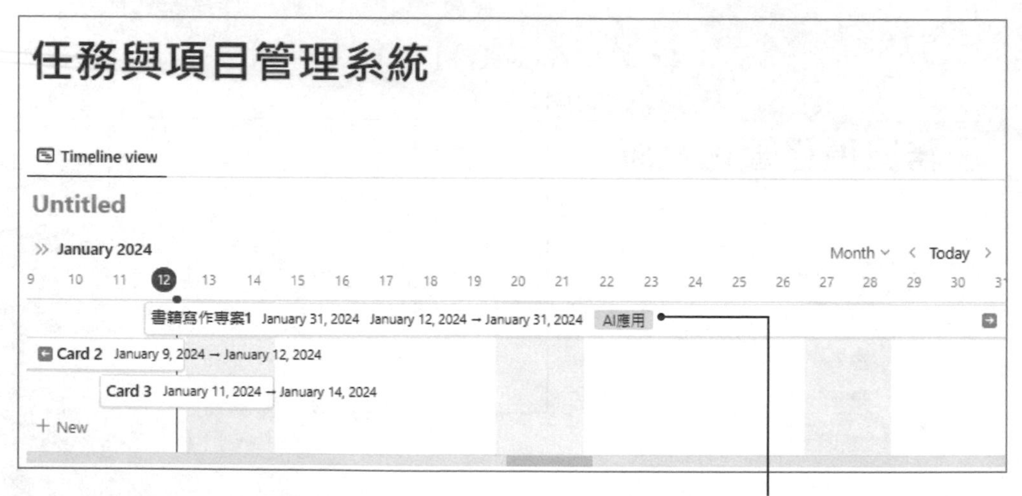

❹ 可以看到該卡片中已顯示這些已開啟的屬性

8-5-3 複製及編輯新卡片

接著我們示範如何加入其它的卡片，這裡建議的作法是利用複製的功能，再進行卡片資訊的修改，這種作法較快。請參考以下的步驟：

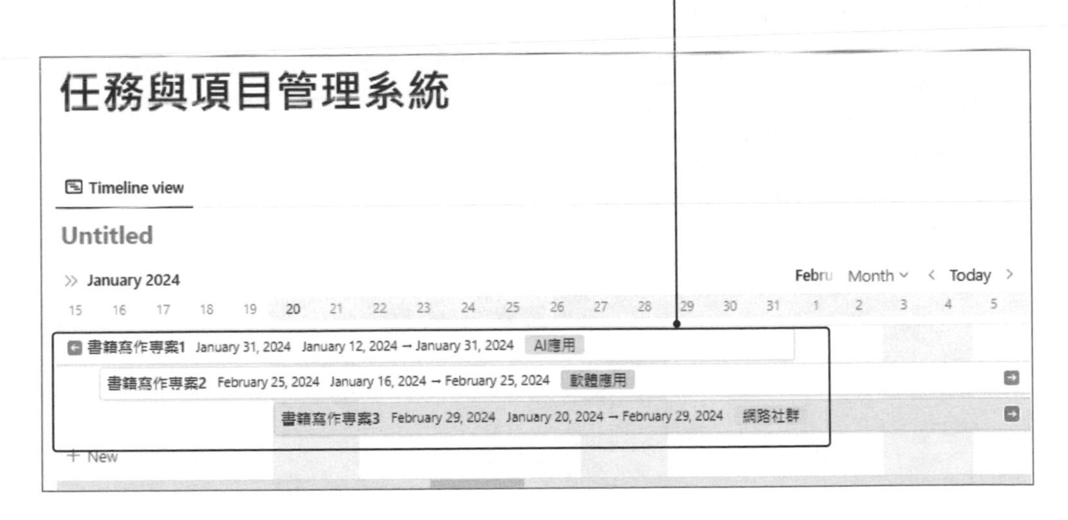

8-5-4 過濾器的應用

總體而言，過濾器提供了一個靈活的方式，讓用戶能夠根據特定需求，對資料進行有效的篩選，以更方便地獲取所需的資訊。例如篩選出書籍類別為「軟體應用」的卡片。作法如下：

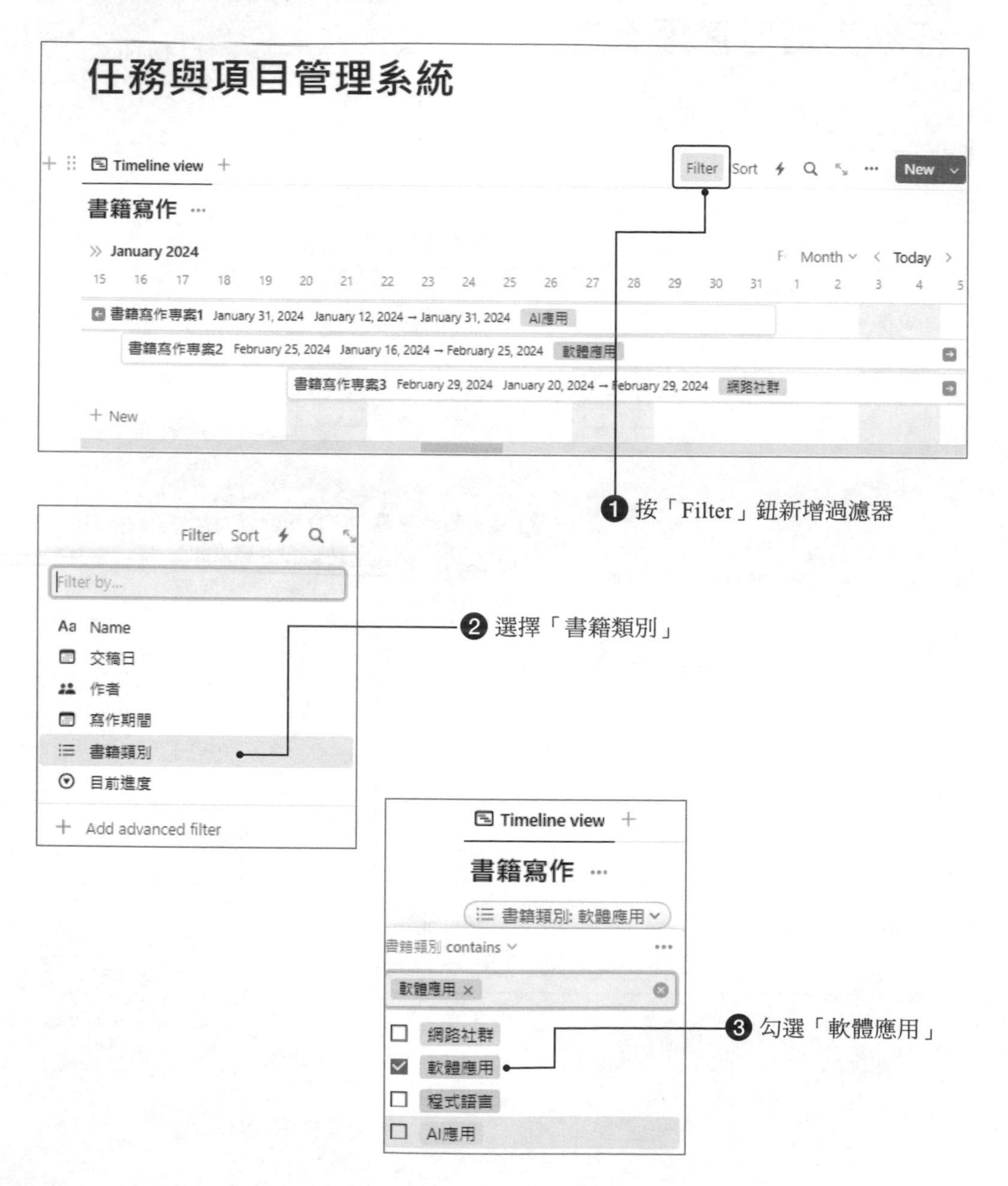

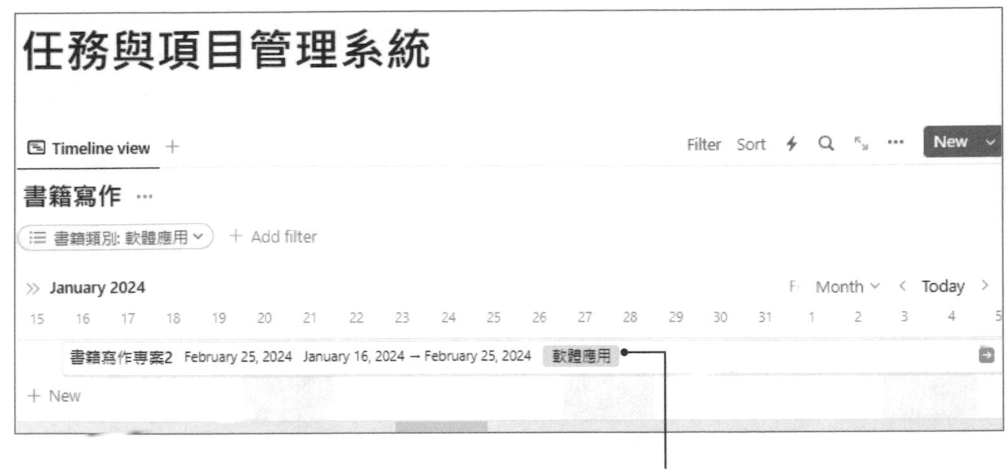

8-5-5 設定項目相依性

項目相依性是指在專案管理中，不同的項目或任務之間存在著某種關係，其中一個項目的完成或進展會影響另一個項目的進度或結果。這種相互關係可以是項目之間的依賴關係，其中一個項目的成功完成可能取決於另一個項目的開始、進展或完成。透過設定項目相依性，專案管理者能夠更有效地規劃、監控和控制項目進度，確保整個專案在時間上順利進行，降低風險並提高成功完成的機會。參考作法如下：

將滑鼠移動到卡片項目的右側，會看到一個圓形的圓圈，接著就可以拖曳連結線到另一個卡片項目，並會跳出「Dependences」的相依性設定視窗，設定好相關資訊後，就可以按下「Turn on dependencies」。

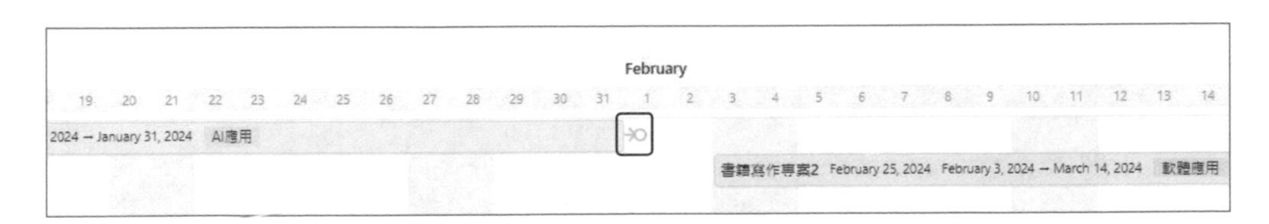

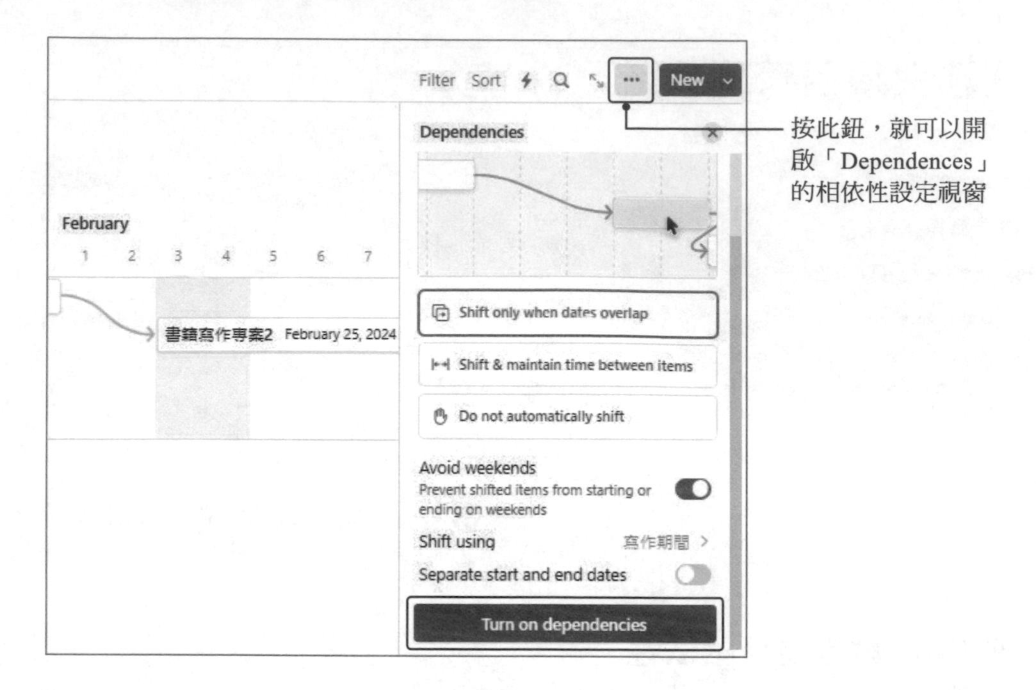
Filter
Sort
New
Dependencies
February
1 2 3 4 5 6 7
書籍寫作專案2 February 25, 2024
Shift only when dates overlap
Shift & maintain time between items
Do not automatically shift
Avoid weekends
Prevent shifted items from starting or ending on weekends
Shift using
寫作期間
Separate start and end dates
Turn on dependencies
按此鈕，就可以開啟「Dependences」的相依性設定視窗

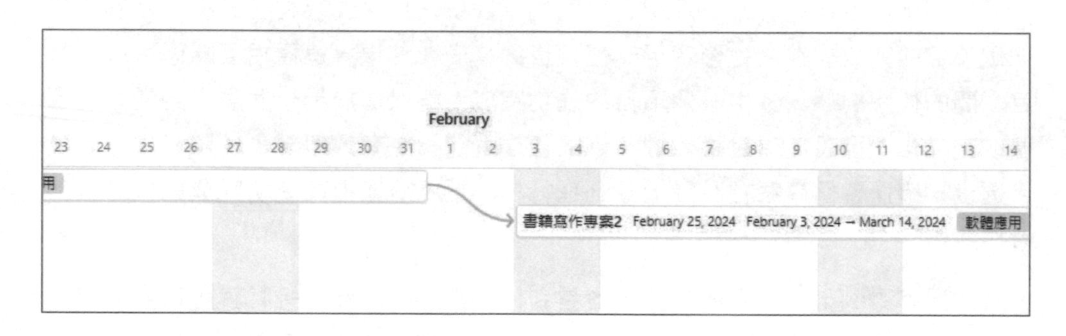
February
23 24 25 26 27 28 29 30 31 1 2 3 4 5 6 7 8 9 10 11 12 13 14
書籍寫作專案2 February 25, 2024 February 3, 2024 → March 14, 2024 軟體應用

Tips／卡片邏輯設定（Dependencies）視窗

在這個視窗的選項提供了在處理相依性時的不同移動和調整的選擇，以滿足用戶的不同需求和偏好。

右圖中的各個設定功能，說明如下：

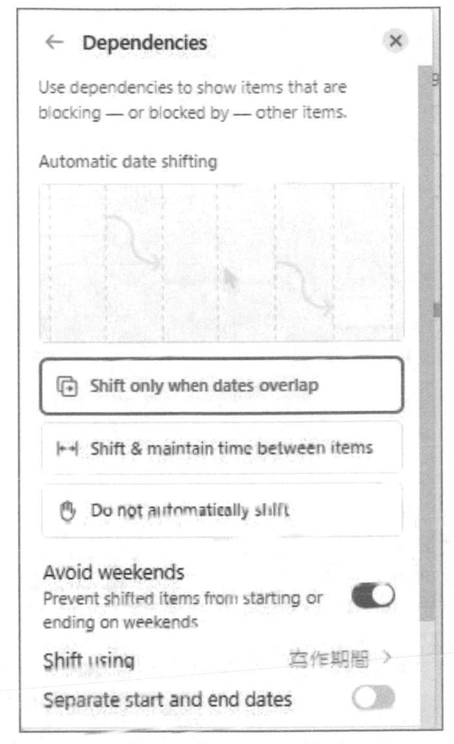

- **Shift only when dates overlap**：僅在日期重疊時進行移動

  當你設定相依性，且兩個任務的日期有部分重疊時，Notion 將僅在這些日期重疊的區域進行移動，以解決任務之間的相依性。

- **Shift & maintain time between Items**：移動並保持項目之間的時間

  當你設定相依性，Notion 將移動與相依項目之間的時間，以確保它們之間的時間間隔保持不變。

- **Do not automatically shift**：不自動移動

  不論相依性的設定如何，Notion 將不會自動調整任務的日期。這表示如果有日期衝突，你需要手動調整任務的日期。

- **Avoid weekends**：避免週末

  當設定相依性且有日期移動時，Notion 將儘量避免將任務移動到週末，以確保工作日的順利進行。

- **Shift using**：使用何種方式進行移動

  這可能是一個下拉選項，讓你選擇移動的方式，例如按天、按周、或者其他特定的時間間隔。

- **Separate start and end dates**：區分開始和結束日期

  這表示你可以為每一個任務區分開始日期和結束日期，而不僅僅是以單一日期作為參考點。

如果我們此時點擊「書籍寫作專案 1」就可以看到多了「Blocked by」及「Blocking」兩個屬性：

8-6 建構「工作進度板」區塊

在項目管理的過程中，追蹤任務的進展狀況對於確保工作順利進行是一件非常重要的工作。因此，在這一節中，我們將學習如何建構「工作進度板」區塊，這將成為您專案管理的寶貴工具，使您能夠即時了解項目的狀態並隨時調整策略。讓我們一起深入研究，打造一個實用而高效的工作進度管理系統。

Board view +
書籍類別 + Add filter
進行中 1
書籍寫作專案1
+ New
還沒啟動 2
書籍寫作專案2
書籍寫作專案3
+ New
Hidden groups
No 目前進度 0
已交稿 0

8-6-1 新增 Board view（看板檢視）資料庫

在建構「工作進度板」區塊中，一個強大的工具是 Board view（看板檢視）。這種視覺化的版面配置方式能夠使您更清晰地追蹤任務的進展，同時提供了更直觀的操作方式。在這一小節中，我們將學習如何新增「Board view（看板檢視）」，以及如何使用其配置項目，使您的工作進度監控更加靈活和高效。

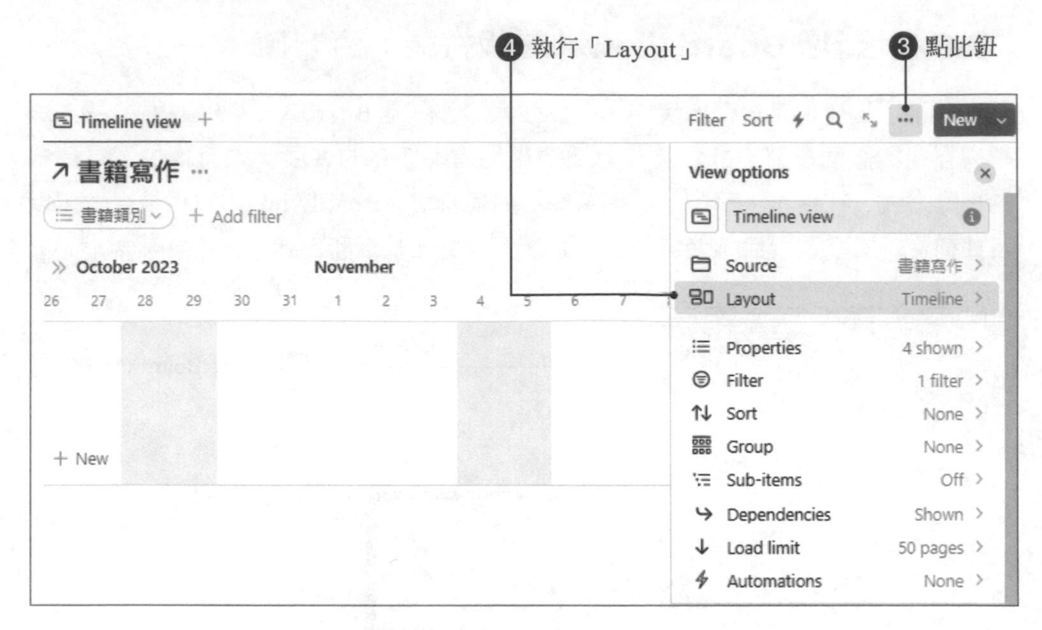
❹ 執行「Layout」
❸ 點此鈕
Timeline view
Filter
Sort
New
書籍寫作
書籍類別
Add filter
October 2023
November
View options
Timeline view
Source 書籍寫作
Layout Timeline
Properties 4 shown
Filter 1 filter
Sort None
Group None
Sub-items Off
Dependencies Shown
Load limit 50 pages
Automations None

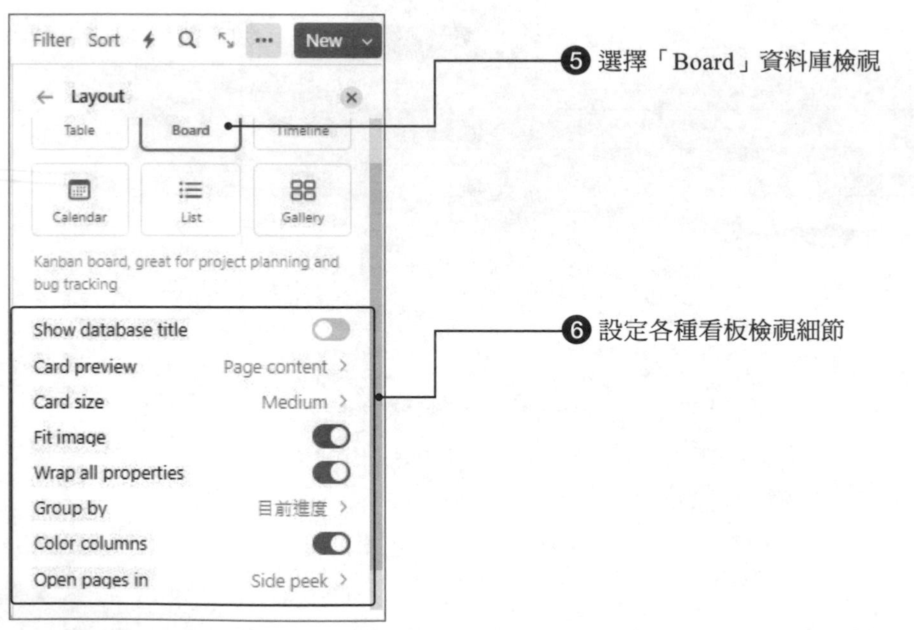
Filter
Sort
New
Layout
Table
Board
Calendar
List
Gallery
Kanban board, great for project planning and bug tracking
Show database title
Card preview Page content
Card size Medium
Fit image
Wrap all properties
Group by 目前進度
Color columns
Open pages in Side peek
❺ 選擇「Board」資料庫檢視
❻ 設定各種看板檢視細節

8-6-2 Layout（配置）設定選項

在建立「看板檢視」時，您可以進行配置，以符合您項目管理的具體需求。以下是 Layout（配置）設定選項的說明：

- **Show database title**：顯示資料庫標題

  當啟用此選項時，您將在看板的頂部看到資料庫的標題，有助於辨識和識別不同的看板。

- **Card preview**：預覽卡片內容

  啟用後，在卡片上將顯示該任務或項目的一部分內容，讓您在看板上更容易迅速了解每一個任務的重要資訊。

- **Card size**：設定卡片的大小。

  您可以調整卡片的大小，以便更適應您的顯示需求，這有助於在有限的空間中更有效地顯示資訊。

- **Fit image**：自動調整圖片大小以適應卡片

  當您在卡片中加入圖片時，啟用此選項可使圖片自動調整大小以符合卡片，避免圖片過大或過小。

- **Wrap all properties**：將所有屬性換行顯示

  當您有多個屬性時，啟用此選項可將它們按照列的形式換行顯示，有助於更清晰地組織和呈現資訊。

- **Group by**：按照指定的屬性分組

  您可以選擇按照某個特定屬性（例如負責人、優先級等）將卡片分組，使看板更有組織性。

- **Color columns**：為不同的列加入顏色標籤

  這允許您為每列加入顏色標籤，以更直觀地識別和區分不同的工作進度階段。

- **Open pages in**：指定在哪一個視窗中打開頁面

  您可以選擇在同一視窗中或新視窗中打開頁面，以滿足您對頁面打開方式的不同偏好。

這些配置項目允許您在建立「看板檢視」時進行個性化設定，以滿足您特定的項目管理需求，使您的看板更具彈性和易用性。完成後，我們就可以利用看板檢視（Board view）一目了然所有目前的工作進度情況。

如果要更加細部了解各個寫作專案的寫作期間、參考大綱…等細節，還可以搭配上方的「書籍寫作」的時間軸檢視方式的時程表，清楚掌握每一項工作的優先順序及進度安排。

8-7 建構「重點事項摘記」區塊

在項目管理的過程中，時常需要將焦點集中在特定事項上，以確保項目的順利進行。在這一小節中，我們將探討如何建構「重點事項摘記」區塊，這將成為您集中注意力、迅速查看關鍵事項的理想工具。無論是針對重要的策略決策還是必須快速解決的問題，這個功能將使您事半功倍。

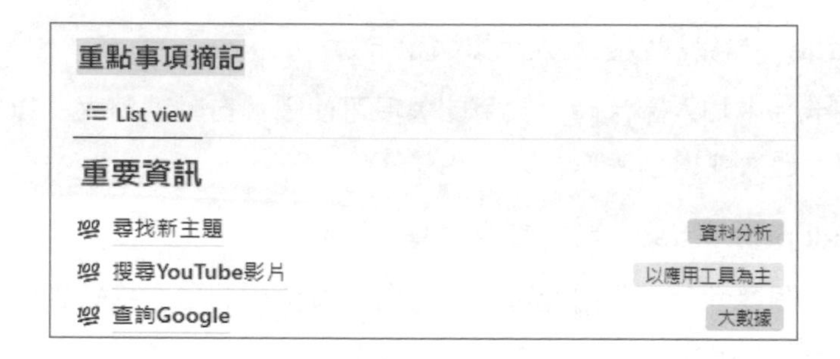

8-7-1 區塊的標題設定

有一個清晰而具有辨識度的區塊標題是確保您的「重點事項摘記」區塊能夠順利運作的第一步。在這一小節中，我們將介紹如何適切地設定區塊的標題，以便更有效地組織和管理您的重要事項。

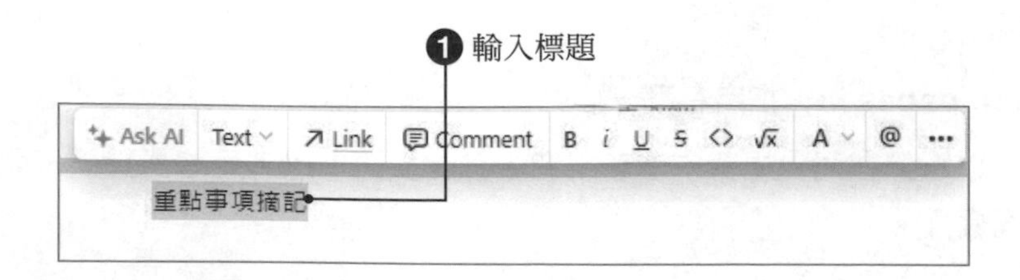

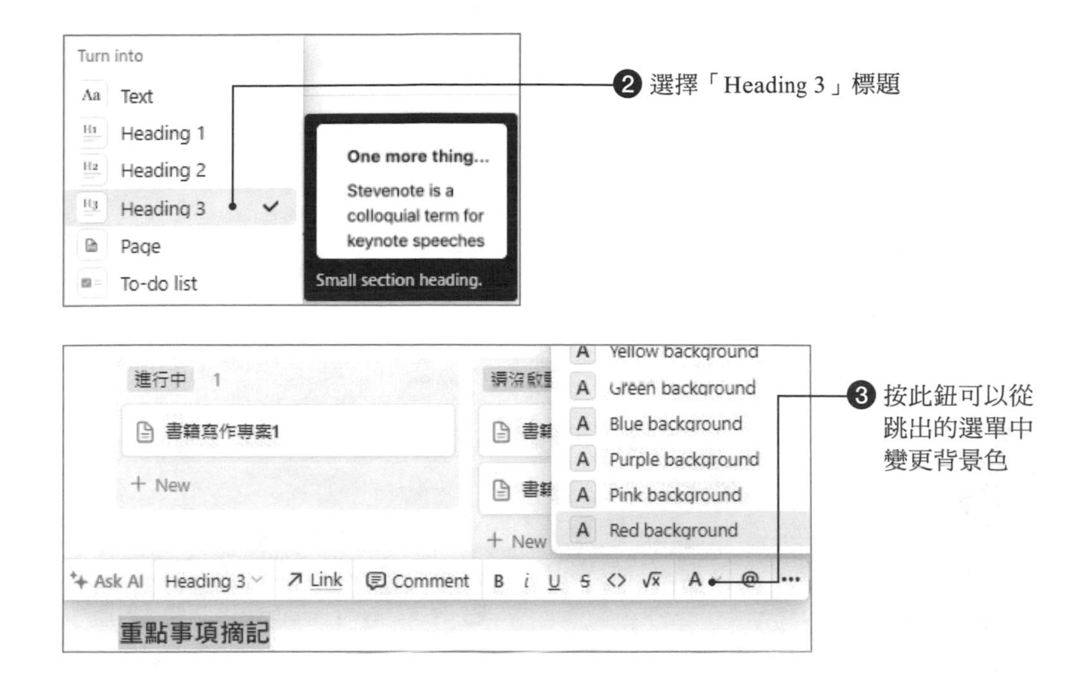

8-7-2 新增 List view（清單檢視）資料庫

「清單檢視」是一個強大的工具，它能夠讓您以清晰且有組織性的方式檢視「重點事項摘記」。在這一節中，我們將學習如何新增清單檢視，以最大程度地提高對重點事項的可視性，讓您能夠更輕鬆地管理工作。

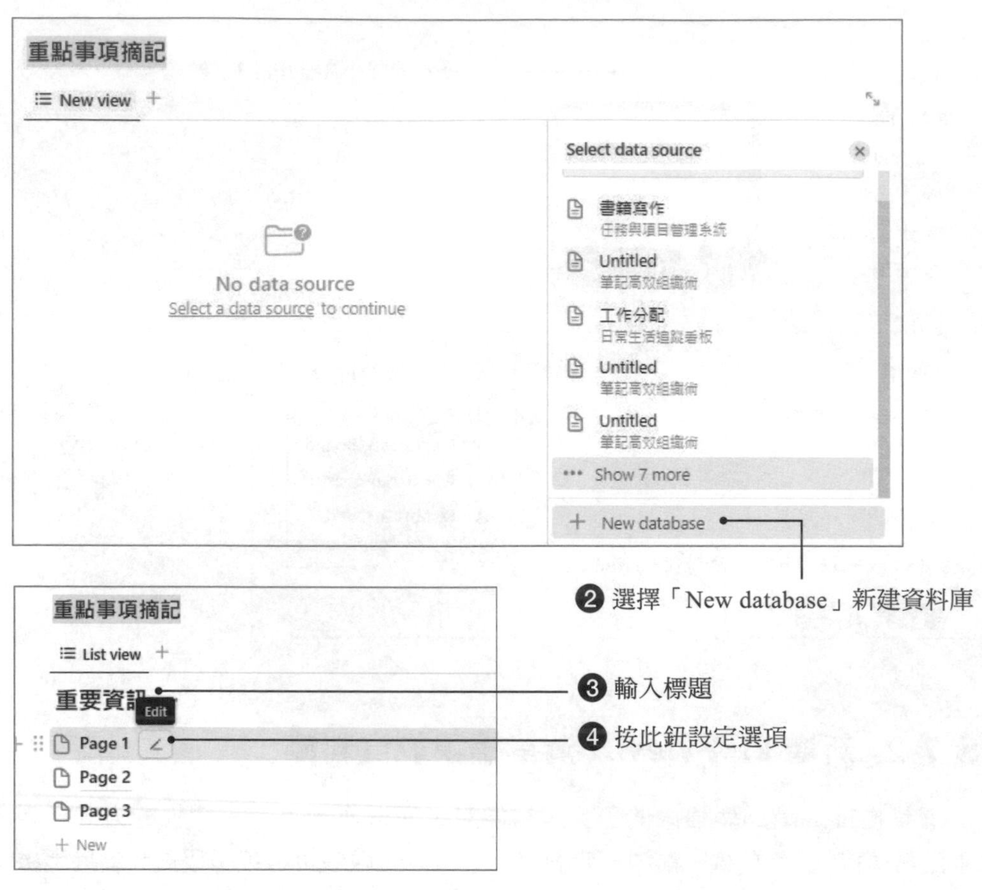
重點事項摘記
New view
Select data source
書籍寫作
Untitled
工作分配
Untitled
Untitled
Show 7 more
No data source
Select a data source to continue
New database
❷ 選擇「New database」新建資料庫
重點事項摘記
List view
重要資訊
Edit
Page 1
Page 2
Page 3
New
❸ 輸入標題
❹ 按此鈕設定選項

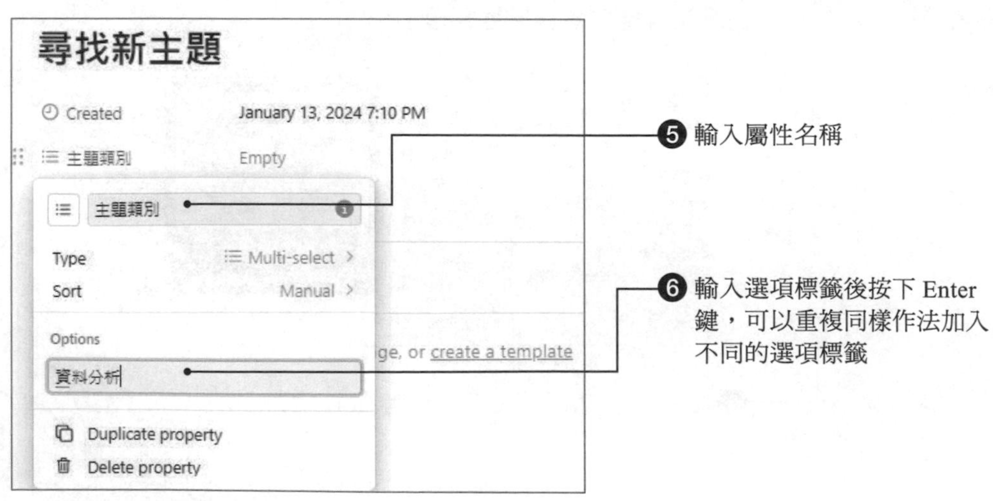
尋找新主題
Created
January 13, 2024 7:10 PM
主題類別
Empty
主題類別
Type
Multi-select
Sort
Manual
Options
資料分析
ge, or create a template
Duplicate property
Delete property
❺ 輸入屬性名稱
❻ 輸入選項標籤後按下 Enter 鍵，可以重複同樣作法加入不同的選項標籤

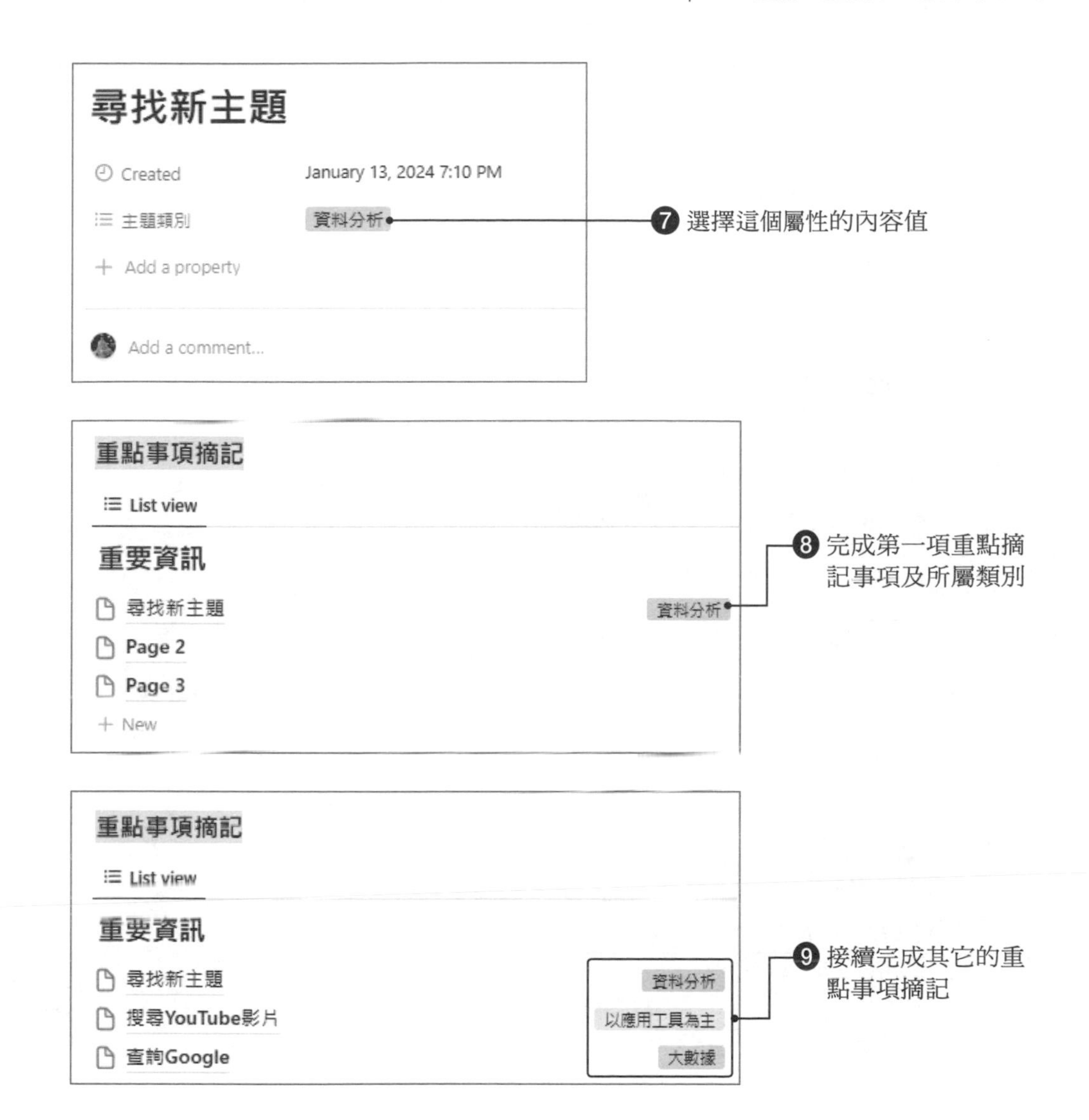

8-7-3 變更各清單前面圖示

每一個清單的前面圖示是區分不同事項的一個重要元素。在這一小節中，我們將討論如何變更各清單前面圖示，以符合您的需求和喜好。這樣的設定不僅能提升視覺辨識度，還能使您更迅速地識別並處理重點事項。

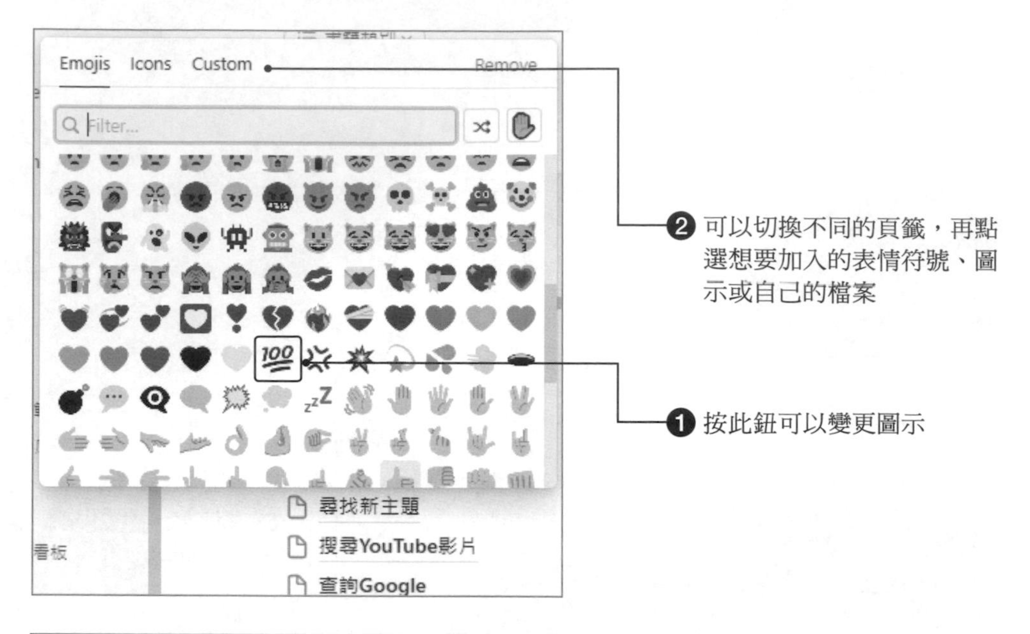
Emojis
Icons
Custom
Remove
Filter...
2 可以切換不同的頁籤，再點選想要加入的表情符號、圖示或自己的檔案
1 按此鈕可以變更圖示
尋找新主題
搜尋YouTube影片
查詢Google

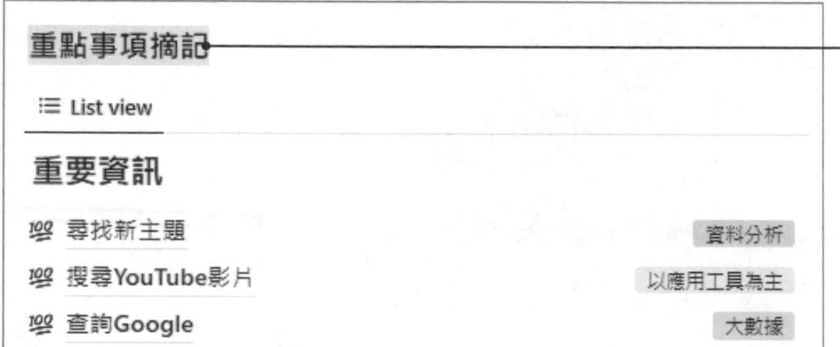
重點事項摘記
List view
重要資訊
尋找新主題
資料分析
搜尋YouTube影片
以應用工具為主
查詢Google
大數據

完成「重點事項摘記」區塊

第 9 章

Notion AI 革命：人工智慧的工作夥伴

Notion，這款由 Notion Labs Inc 所開發的應用程式，早已在協助使用者組織、建立和分享資訊的領域中樹立了一面旗幟。而在這不斷演進的數位時代，Notion AI 的嶄新功能正在為使用者帶來更智慧型、更高效的工作體驗。本章中，我們將探討 Notion AI 的革命性變革，揭露人工智慧如何成為工作上的得力夥伴，為我們帶來前所未有的便利。

9-1 發現 Notion AI：人工智慧的新前線

隨著人工智慧技術的快速發展，Notion AI 代表了這一革命性技術在辦公室和日常工作中的新應用。Notion AI 結合了先進的 AI 技術和 Notion 的強大功能，為使用者提供了一系列創新的工作工具。

9-1-1 Notion AI 的功能說明

Notion AI 的功能範疇非常廣泛，從文字處理到資料分析，它在許多方面都能顯著提升工作效率。以下是 Notion AI 的一些關鍵功能和它們如何被應用於各項工作。

首先，Notion AI 在文字處理方面的應用非常廣泛。它可以幫助使用者快速生成會議記錄、撰寫報告或者自動化常見的文件處理工作。例如，Notion AI 可以根據使用者的口頭說明或初步草稿，自動生成一份結構完整、格式規範的報告。

接下來，在資料分析和處理方面，Notion AI 可以幫助使用者從大量資料中提取有用資訊，並將這些資訊轉化為易於理解的報表。例如，Notion AI 可以自動分析銷售資料，並生成詳細的銷售趨勢報告。

此外，Notion AI 在任務管理和時間安排方面也非常有幫助。它可以根據使用者的工作習慣和偏好，自動安排任務和會議，並提醒使用者重要的截止日期和約會。這樣，使用者可以更加專注於工作本身，而不是花費時間在日程管理上。一個實際的應用案例是，假設您是一位專案經理，需要處理大量的專案相關任務和會議。您可以利用 Notion AI 來自動整理和分類這些任務，並根據每一個任務的緊急程度和重要性，安排合理的工作時間表。

總之，Notion AI 的功能非常廣泛，它不僅能幫助使用者提升文字處理和資料分析的效率，還能優化任務管理和排程。隨著 AI 技術的不斷進步，Notion AI 將在未來的工作和生活中扮演越來越重要的角色。

9-1-2 Notion AI 的資料分析工具

隨著人工智慧技術的不斷進步，Notion AI 不僅能幫助使用者突破限制，還能提升工作的效率和質量。本節將探討 Notion AI 的資料分析工具，展示它們如何幫助您進行資料驅動的決策。

1. **資料整理和視覺化**：Notion AI 提供了強大的資料整理和視覺化功能。使用者可以將大量資料匯入 Notion，利用 AI 工具快速整理和分類這些資料。然後，透過視覺化工具，如圖表和圖形，將資料轉化為易於理解和分享的格式。
2. **自動化資料分析**：Notion AI 的自動化資料分析功能可以幫助使用者快速識別資料趨勢和洞察。這包括對銷售資料進行趨勢分析、客戶行為分析，甚至是市場研究資料的深入解讀。
3. **預測模型和建議**：進一步地，Notion AI 可以基於現有資料建立預測模型，並提供基於資料驅動的行動建議。這對於規劃市場策略、優化產品功能或預測業務趨勢等方面特別重要。
4. **資料匯出和整合**：Notion AI 還允許使用者將分析後的資料匯出或與其他應用整合，以便於跨平台使用資料和進行更廣泛的分析。

一個具體的應用例子是，一家電子商務公司使用 Notion AI 來分析其網站流量和使用者購買行為。透過匯入銷售和流量資料到 Notion，公司能夠利用 AI 工具迅速分析哪些產品最受歡迎，哪些行銷通路效果最好。進一步地，AI 工具還能基於這些資料提供銷售預測和市場趨勢的洞察。

總結來說，Notion AI 的資料分析工具不僅能提高資料處理的效率，還能幫助使用者進行更加精準的資料驅動決策。透過有效利用這些進階工具，您可以在各種工作場景中發揮出色的分析能力，因此帶來更好的業務成果和工作效率。

9-2 Notion AI 與 ChatGPT 差別

在當前快速發展的人工智慧領域，Notion AI 和 ChatGPT 都是領先的技術產品，但它們在功能和應用上有著明顯的差異。本節將比較這兩種工具的功能，幫助您選擇最適合自己需求的工具。

9-2-1 能力大 PK：Notion AI 與 ChatGPT 比拼

首先，Notion AI 的強項在於其結構化資料管理和任務自動化功能。它非常適合用於專案管理、排程、文件整理等方面。舉個例子，如果您需要管理一個團隊專案，Notion AI 可以幫助您追蹤任務進度、安排會議和整理相關檔案。

相比之下，ChatGPT 擅長自然語言處理和生成，能夠提供更加流暢的對話體驗，適合用於快速生成文字、回答查詢或進行語言分析。例如，如果您需要快速撰寫一篇文章或尋求某個問題的答案，ChatGPT 能夠提供有效的協助。

在資料分析方面，Notion AI 提供了豐富的視覺化工具和資料整理功能，使其在處理和呈現資料方面更為出色。這對於需要整理大量資料和生成報告的使用者來說非常有用。

另一方面，ChatGPT 在互動對話和即時回饋方面具有獨特優勢。它可以進行更深入的對話交流，幫助使用者探索各種問題，甚至進行創意寫作或程式碼除錯。

總結來說，選擇 Notion AI 還是 ChatGPT 取決於您的具體需求。如果您需要強大的資料管理和專案協調工具，Notion AI 是理想的選擇；如果您尋求優秀的自然語言處理和互動對話能力，ChatGPT 將是更好的選擇。透過理解這兩種工具的功能差異和各自的強項，您可以更有效地選擇適合自己的 AI 工具。

9-2-2 選擇的藝術：何時用哪一個

在眾多工具和應用中，選擇最適合當下需求的工具是一項重要的技能。Notion AI 和 ChatGPT 各有所長，瞭解何時使用哪一個可以大幅提升您的工作效率和成效。以下是一些實用的指南，幫助您根據具體情境做出明智的選擇。

- **組織和管理資訊：**

  如果您的主要需求是組織和管理資訊，如專案計劃、任務追蹤、會議記錄或檔案整理，Notion AI 是更佳的選擇。例如，當您需要建立一個團隊工作空間，整合各項任務和文件，Notion AI 的多功能性和整合能力將非常有幫助。

- **生成和編輯文字：**

  對於需要快速撰寫文字、生成創意內容或進行語言分析的場合，ChatGPT 將是更合適的工具。例如，當您需要撰寫一篇文章、創作故事或尋找某個問題的快速回答時，ChatGPT 的自然語言處理能力能提供實質幫助。

- **資料視覺化和報告：**

  當涉及到資料分析、視覺化呈現和報告製作時，Notion AI 的資料處理能力顯得更為突出。例如，在需要分析銷售趨勢並生成圖表呈現給管理層時，Notion AI 的相關功能會更加適合。

- **對話互動和即時回饋：**

  如果您尋求的是即時的對話互動、快速的問答或創意腦力激盪，ChatGPT 能提供更流暢的互動體驗。在需要與 AI 進行深入對話或探索複雜問題時，ChatGPT 能夠更好地滿足您的需求。

總結來說，Notion AI 更適合於結構化的任務管理和資訊整合，而 ChatGPT 則擅長文字生成和互動對話。理解這兩種工具的獨特優勢，將使您能夠根據不同的工作或生活場合做出最佳選擇。

9-3 穿梭市場：Notion AI 的購買與設置

在智慧工作的新時代，Notion AI 能幫助您提升工作效率和創新能力。本節將指導您如何購買和設置 Notion AI，讓您輕鬆步入 Notion AI 的世界。

9-3-1 步入 Notion AI 的世界

開始使用 Notion AI 的過程既簡單又直接。以下是註冊、購買和初步設置 Notion AI 的基本步驟。

1. **註冊 Notion 帳號**：要使用 Notion AI，首先您需要有一個 Notion 帳號。您可以連上 Notion 的官方網站，並選擇註冊一個新帳號。通常，註冊過程需要您提供一些基本資訊，如郵件地址和密碼。
2. **選擇適合的方案**：Notion 提供了不同的訂閱方案，包括個人使用、團隊合作以及企業級應用等。您可以根據自己的需求選擇最適合的方案。對於初次使用者來說，Notion 通常會有免費的試用版，讓您先體驗基本功能。
3. **購買和啟用 Notion AI**：一旦選擇了合適的方案，您可以按照指引完成購買流程。購買後，您將獲得存取 Notion AI 功能的權限。在 Notion 平台上，透過簡單的設置步驟，您就可以開始使用 Notion AI 的各項功能。
4. **初步設置和自訂**：在 Notion 中，您可以根據自己的工作流程和需求來進行初步設置。例如，您可以建立特定的工作空間、設置任務管理板塊、整理文件資料庫等。Notion 的靈活性允許您按照自己的方式來組織和管理工作。

舉個實際例子，假設您是一名專案經理，需要管理多個專案和團隊成員。您可以在 Notion 中為每一個專案建立一個專門的工作空間，並利用 Notion AI 來自動生成專案報告、整理會議記錄和分配任務。

總之，步入 Notion AI 的世界並不困難。透過簡單的註冊、購買和設置過程，您就可以開始體驗 Notion AI 帶來的工作效率革命。隨著您對 Notion AI 的熟悉和應用，您將能夠更加高效地處理工作任務，並在工作中發揮創新。

9-3-2 Notion AI 如何購買

Notion AI 這項功能於 2023 年首度推出，免費版使用上會受到限制，僅能使用 20 次。若您對其表現滿意，則需考慮訂閱服務，您可選擇以每月為訂閱週期，支付 10 美元的費用。然而，若選擇以每年為訂閱週期，則每月僅需支付 8 美元的費用。

切記，Notion AI 的付費方案與「Notion」會員付費計畫截然不同。即便您已是 Notion 的付費會員，要解開 Notion AI 的種種限制，您仍需額外支付。同樣的，就算您為 Notion AI 支付了費用，這也不會影響您在 Notion 中的會員身份或升等。

若欲啟用 Notion AI，您需先擁有一個 Notion 的帳號，可透過前往 Notion 官方網站進行註冊流程。Notion AI 購買的方式如下：

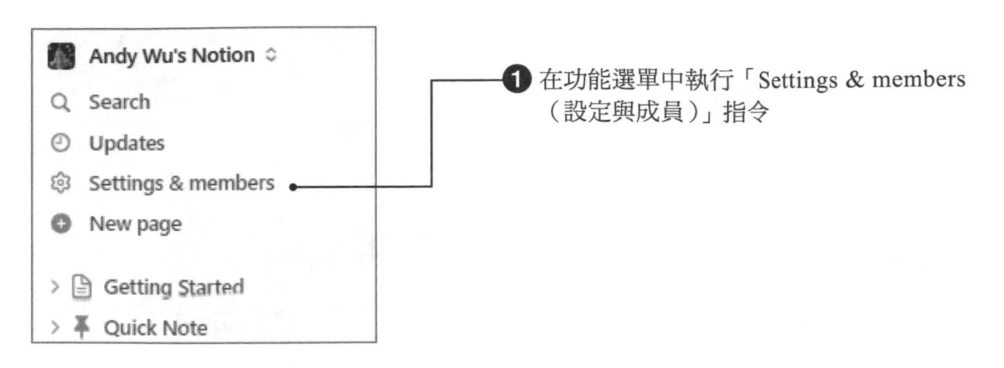

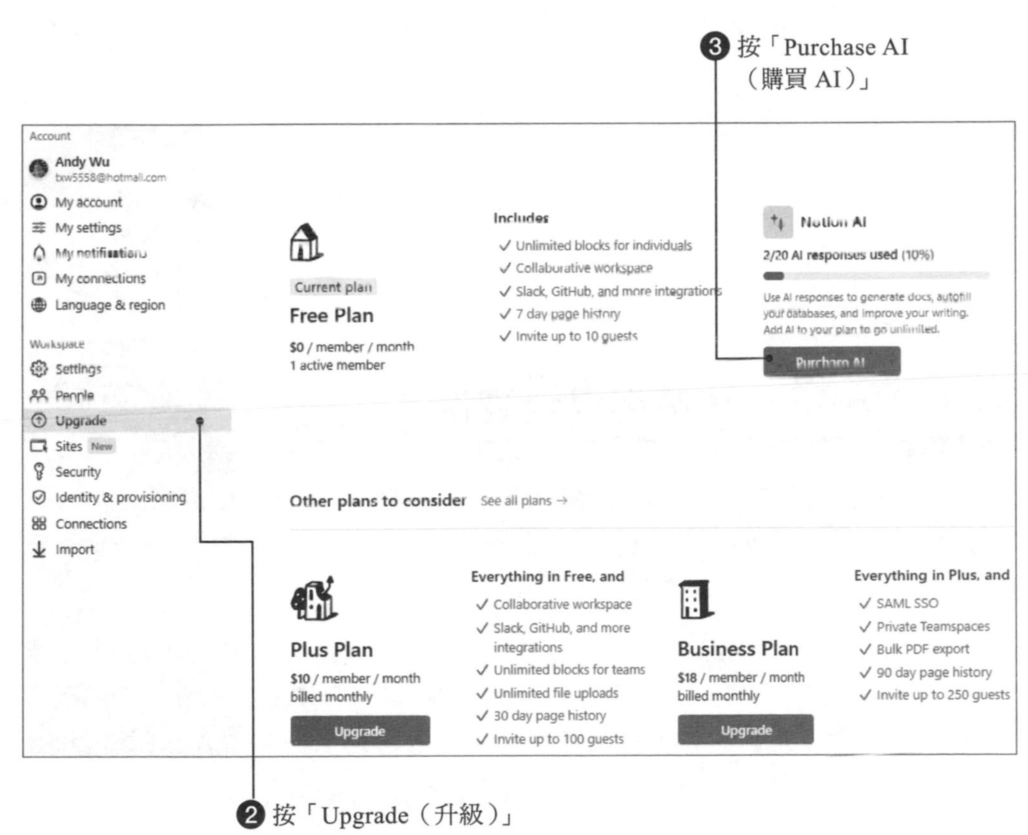

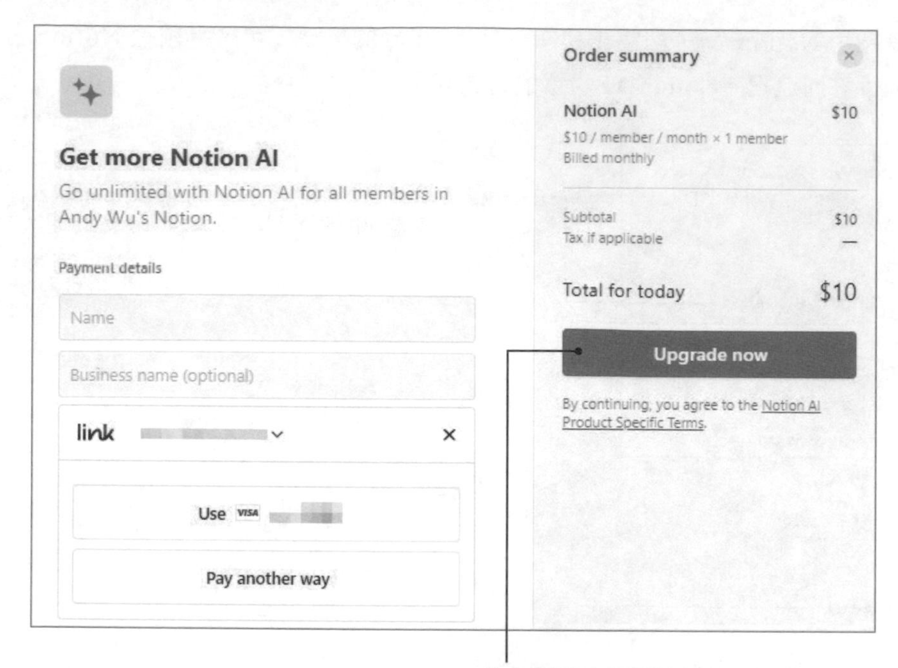

在左側填寫相關的付款資訊後，再按「Upgrade now（馬上升級）」鈕即可完成 Notion AI 的購買

9-4 Notion AI 應用場合實例

Notion AI 不僅僅是一個多功能的工具，它更是能夠適應多種工作和生活場合的智慧夥伴。這一節將探討 Notion AI 在不同場合下的應用優勢，並透過實際例子來説明它如何提升工作效率和生活質量。

首先，在企業管理和團隊合作方面，Notion AI 能幫助團隊成員共用資訊、協調任務和追蹤專案進度。例如，一家科技創業公司可以利用 Notion AI 來管理其產品開發週期，從產品規劃到市場推廣的每一步都可以在 Notion 中被有效地追蹤和管理。

其次，在個人時間管理和生活組織方面，Notion AI 同樣表現出色。它可以幫助個人安排日常工作、記錄重要事項、甚至追蹤個人健康和運動計劃。舉例來説，一位自由作家可以使用 Notion AI 來安排寫作計劃、追蹤稿件提交的截止日期，並管理日常的生活事務，比如約會和購物清單。

再者，在教育和學習領域中，Notion AI 的應用同樣廣泛。學生和教師可以利用它來整理學習資料、規劃課程、以及追蹤學習進度。例如，一位大學教授可以使用 Notion AI 來整理講義、分配和評估學生的作業，並與學生進行互動討論。

最後，在創意工作和內容創作領域，Notion AI 也能發揮巨大作用。它可以幫助創意工作者整理靈感、規劃專案、以及協同工作。比如一位攝影師可以利用 Notion AI 來管理攝影專案，包括場合規劃、素材整理和後期製作進度。

總結來說，Notion AI 的優勢在於它的多樣性和適應性，能夠滿足不同使用者在各種工作和生活情境中的需求。透過智慧化的功能和使用體驗，Notion AI 不僅提高了工作效率，還豐富了我們的生活方式。

9-4-1 Notion AI 在生活中的應用

Notion AI 在個人生活中同樣能發揮巨大作用。本節將探索 Notion AI 在日常生活管理方面的實際應用，包括個人計劃、家庭管理等方面的例子。

1. **個人計劃和目標設置**：Notion AI 可以幫助您規劃個人目標和日常任務，並根據您的進展自動調整計劃。例如，您可以在 Notion 中設置您的健身計劃，記錄每日的運動和飲食情況，Notion AI 則可根據您的進度給出建議和調整。
2. **家庭管理和組織**：在家庭管理方面，Notion AI 可以協助規劃家庭活動、管理家庭開支和記錄重要事項。舉個例子，您可以利用 Notion AI 來建立家庭開支記錄表，追蹤每月的支出和預算，甚至分析消費趨勢。
3. **個人興趣和愛好**：對於個人興趣和愛好的追蹤，Notion AI 同樣表現出色。例如，如果您是攝影愛好者，可以使用 Notion AI 來整理攝影作品、規劃拍攝行程，甚至記錄靈感和拍攝技巧。
4. **旅行計劃和管理**：在規劃旅行時，Notion AI 可以幫助您列出行程安排、預算計劃和行李清單。您甚至可以記錄旅行日記和照片，把美好的回憶保存在 Notion 中。

一個具體的例子是，假設您正計劃一次家庭度假。您可以在 Notion 中建立一個旅行計劃，包括航班資訊、住宿預訂、景點清單和必需品打包清單。利用 Notion AI，您可以輕鬆管理這些資訊，確保旅行順利愉快。

總結來說，Notion AI 在生活中的應用非常廣泛，它不僅可以幫助您更好地管理個人生活和家庭事務，還能協助您追蹤個人興趣和愛好，使生活更加有序和豐富。透過有效利用 Notion AI，您可以將注意力集中在真正重要的事情上，享受更高質量的生活體驗。

9-4-2 Notion AI 在學習中的應用

Notion AI 在學習過程中的應用同樣十分廣泛，從筆記整理到研究資料分析，它能有效地協助提高學習效率和質量。以下將探討幾個具體的 Notion AI 在學習中的應用實例。

1. **筆記整理和管理**：Notion AI 可以幫助學生和研究者將課堂筆記、閱讀摘要和研究資料有效地整理和管理。舉個例子，學生可以在 Notion 中建立不同的筆記頁面，並利用 Notion AI 將課堂重點、讀書摘要和研究想法組織起來，形成結構化的學習資料庫。
2. **學習計劃和進度追蹤**：Notion AI 可以協助制定學習計劃並追蹤進度。例如，準備考試的學生可以在 Notion 中設置學習目標，如每天學習特定章節，並使用 Notion AI 來追蹤學習進度和評估學習效果。
3. **研究資料的分析和組織**：對於進行學術研究的使用者，Notion AI 可以幫助分析和組織大量研究資料。研究人員可以將相關的學術文獻、實驗資料和研究假設加入到 Notion 中，利用 AI 的分析能力來提煉重要資訊和趨勢。
4. **複習和自我測試**：Notion AI 還可以用於製作測試題目和進行反覆練習。學生可以在 Notion 中建立問題集，並利用 Notion AI 來生成題目和答案，以此來加強對學習內容的掌握。

總結來說，Notion AI 在學習領域的應用非常多元和實用，它不僅可以幫助使用者更有效地進行筆記整理和學習計劃管理，還能協助進行研究資料的深入分析和複習準備。利用 Notion AI，學習者可以更輕鬆地管理學習任務，並提高學習成果。

9-4-3 Notion AI 在職場中的應用

在現代職場環境中，有效的工作流程管理和資料整理對於提高效率非常重要。Notion AI 以其多功能性和智慧化特性，能夠在不同的職場環境中提供有效的支援和解決方案。以下是幾個 Notion AI 在職場中的應用實例，說明它如何幫助專業人士有效地處理日常工作挑戰。

1. **提升會議效率**：在會議管理方面，Notion AI 可以幫助組織和整理會議資料，自動生成會議記錄和行動要點。例如，一家公司的團隊領導可以在會議期間使用 Notion AI 來記錄重點討論事項，會後自動將這些記錄整理成結構化的會議紀錄，並分配後續行動任務給相關團隊成員。
2. **優化專案管理**：Notion AI 在專案管理方面的應用也非常有效。它可以協助追蹤專案進度、分析資料和生成報告。舉例來說，一個工程專案經理可以使用 Notion AI 來監控專案的每一個階段，從預算管理到進度追蹤，並透過智慧分析工具來預測可能的風險和延遲。
3. **文件自動化和整理**：在文件管理方面，Notion AI 能夠幫助自動化日常文件處理工作，提高工作效率。例如，人力資源部門可以利用 Notion AI 來自動生成員工的入職材料、培訓手冊和績效評估報告。
4. **客戶關係管理**：Notion AI 還可以應用於客戶關係管理，幫助企業更有效地與客戶互動。比如，銷售團隊可以在 Notion 中建立客戶資料庫，並利用 AI 分析客戶資料，因此更準確地訂定銷售策略和客戶溝通計劃。

一個具體的例子是，一家廣告公司使用 Notion AI 來管理其廣告專案。團隊成員可以在 Notion 中共用創意構思、客戶回饋和專案進度。Notion AI 則幫助自動整理這些資訊，並提供資料驅動的見解來指導專案決策。

總結來說，Notion AI 在職場中的應用範圍非常廣泛，它不僅能夠幫助提升會議效率和優化專案管理，還能自動化日常文件處理和改善客戶關係管理。透過有效利用 Notion AI，職場專業人士可以更有效地應對工作中的各種挑戰，並提高整體工作效能。

9-4-4 Notion AI 在自動化工作流程中的應用

Notion AI 在自動化日常工作流程方面提供了巨大的幫助，能夠有效地節省時間並使使用者能夠專注於更有創造力的任務。透過設置一系列智慧化的操作，Notion AI 可以幫助使用者減少重複性工作，提高整體工作效率。以下是 Notion AI 在自動化工作流程中的一些具體應用實例。

1. **自動化任務管理**：Notion AI 可以幫助使用者自動追蹤和管理各項任務。例如，一名專案經理可以利用 Notion AI 設定專案的各個階段和相關任務，並自動提醒團隊成員關於即將到來的截止日期和重要會議。
2. **電子郵件和通訊整合**：透過將 Notion AI 與電子郵件和通訊工具整合，可以自動化郵件管理和通訊記錄。例如，Notion AI 可以自動將重要的郵件內容整理到對應的專案或任務中，方便快速回顧和處理。
3. **檔案和報告自動生成**：Notion AI 可以幫助自動化檔案和報告的建立過程。舉例來說，一家公司的財務部門可以使用 Notion AI 根據最新的資料自動生成財務報告，減少人工輸入的時間和精力。
4. **資料分析和視覺化**：Notion AI 能夠自動對收集到的資料進行分析並生成視覺化報告，這對於需要處理大量資料的使用者特別有用。比如，市場分析師可以利用 Notion AI 來追蹤和分析市場趨勢，並自動生成相關的圖表和分析報告。

一個具體的應用例子是，一家廣告代理商使用 Notion AI 來自動追蹤廣告投放的效果。透過設置特定的指標和目標，Notion AI 能夠自動收集資料，並根據這些資料提供優化建議和策略調整。

總結來說，利用 Notion AI 自動化工作流程不僅能夠幫助使用者節省大量的時間，還能提升工作的精確度和創造力。透過有效利用 Notion AI 的各項功能，使用者可以將更多精力投入到需要深思熟慮和創新的工作中，因此提高整體的工作效能和質量。

9-5 認識 Notion 內建 AI 指令

如果各位是在 Notion AI 空白頁面操作時，可以按下「Space（空白鍵）」叫出如下圖的 AI 指令選單：

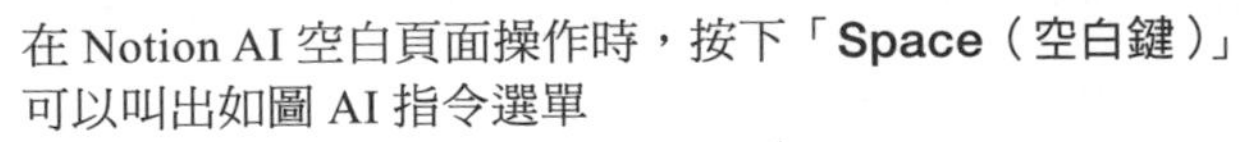

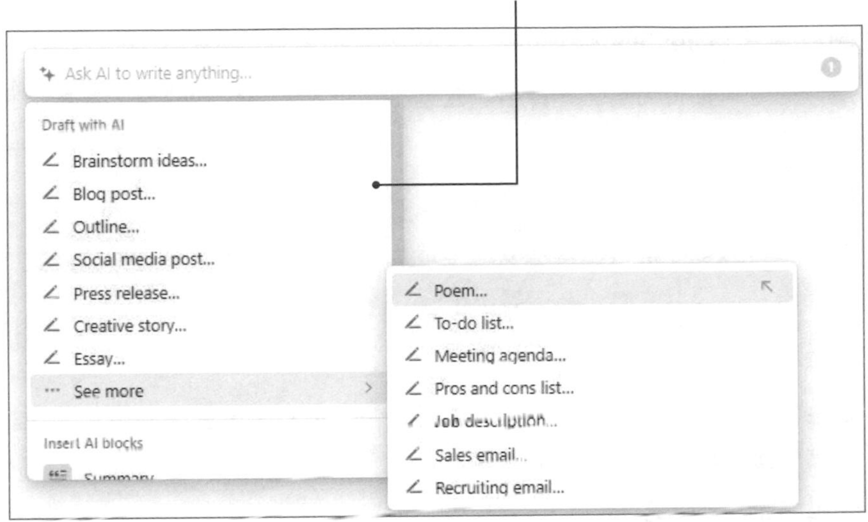

以下是您提供的 Notion AI 系統內建 AI 指令的功能和特點的重新說明：

- **構思點子（Brainstorm ideas）：**

  這個指令協助使用者產生新的想法或解決問題方案。不論是創新專案、商業策略或學術研究，都可在各種情境下使用。

- **撰寫部落格文章（Blog post）：**

  這個指令支援使用者編寫引人入勝的部落格文章。它能夠生成具吸引力標題和有趣內容的文章，並根據使用者需求進行最佳化。

- **製作大綱（Outline）：**

  這個指令協助使用者建立文章、報告或演講的大綱。提供有結構的框架，幫助使用者組織和規劃內容。

● **社交媒體發文（Social media post）：**

這個指令協助使用者建立引人入勝的社交媒體發文。生成有吸引力的標題和內容，並根據特定社交媒體平台進行最佳化。

● **新聞稿（Press release）：**

這個指令協助使用者撰寫新聞稿。生成具有新聞價值的標題和內容，並根據新聞稿的標準格式進行最佳化。

● **創意故事（Creative story）：**

這個指令協助使用者創作故事。生成豐富情節和角色的故事，並根據使用者的創作風格進行最佳化。

● **論文（Essay）：**

這個指令協助使用者撰寫論文。生成具有清晰論點和充實證據的論文，並根據學術寫作的標準格式進行最佳化。

● **詩歌（Poem）：**

這個指令協助使用者創作詩歌。生成富含情感和美麗語言的詩歌，並根據使用者的創作風格進行最佳化。

● **待辦事項清單（To-do list）：**

這個指令協助使用者建立待辦事項清單。提供有結構的框架，幫助使用者組織和規劃任務。

● **會議議程（Meeting agenda）：**

這個指令協助使用者建立會議議程。提供有結構的框架，幫助使用者組織和規劃會議。

● **利弊清單（Pros and cons list）：**

這個指令協助使用者建立利弊清單。提供有結構的框架，幫助使用者分析和評估各種選擇的優缺點。

● **工作描述（Job description）：**

這個指令協助使用者建立工作描述。生成具有清晰職責和要求的工作描述，並根據特定職位進行最佳化。

- **銷售電郵（Sales email）：**

  這個指令協助使用者建立銷售電郵。生成吸引力標題和內容，並根據特定銷售策略進行最佳化。

- **招聘電郵（Recruiting email）：**

  這個指令協助使用者建立招聘電郵。生成吸引力標題和內容，並根據特定招聘策略進行最佳化。

另一種使用情況是，如果頁面已經有內容，Notion AI 會主動閱讀頁面資訊。當您啟用 Notion AI 後，您將看到更多 AI 指令，詳見下圖：

以下是主要的指令功能和特點的詳細說明：

- **Continue writing（繼續寫作）：**

  這個指令可以幫助使用者在寫作中加入更多的內容。它可以根據已有的內容生成相關的新內容，並保持一致的風格和上下文。

- **Summarize（摘要）：**

  這個指令可以幫助使用者將長篇的內容縮短為重點摘要。它可以提取內容的主要觀點，並以簡潔的方式呈現。無論是閱讀報告、文章，還是學術論文，「Summarize（摘要）」功能都能讓我們事半功倍。也就是說它能夠協助使用者迅速閱讀或摘要出內容的重點。舉例來說，若您在 Notion Page 中收集了資料，想要快速理解內容或摘取要點，您可以使用 Notion AI 工具中的 Summarize。它將幫助整理出約 100 至 200 字的要點摘要，讓您迅速瞭解筆記的核心內容。

- **Find action items（找出行動專案）：**

  這個指令可以幫助使用者從內容中找出需要採取行動的專案。它可以識別出任務、期限和負責人等資訊，並將其整理為清晰的行動專案列表。

- **Translate（翻譯）：**

  這個指令可以幫助使用者將內容翻譯成其他語言。它可以準確地將內容翻譯成使用者需要的語言，並保持原始內容的意義和上下文。

- **Explain this（解釋這個）：**

  這個指令可以幫助使用者理解難以理解的內容。它可以提供詳細的解釋，並用簡單易懂的語言來說明複雜的概念或術語。

- **Improve writing（改進寫作）：**

  這個指令可以幫助使用者提高寫作質量。它可以提供寫作建議，並幫助使用者修改語法、拼寫和風格等問題。

- **Fix spelling & grammar（修正拼寫和語法）：**

  這個指令可以幫助使用者修正拼寫和語法錯誤。它可以識別出錯誤，並提供正確的修改建議。

● **Make shorter（讓它更短）：**

這個指令可以幫助使用者將內容縮短。它可以刪除不必要的詞語，並將長句縮短為更簡潔的句子。

● **Make longer（讓它更長）：**

這個指令可以幫助使用者將內容擴展。它可以加入更多的詳細資訊，並將簡單的句子擴展為更詳細的段落。

● **Change tone（改變語氣）：**

這個指令可以幫助使用者改變寫作語氣。它可以將內容的語氣改變為正式、非正式、友好、嚴肅等，以適應不同的讀者和情境。

● **Simplify language（簡化語言）：**

這個指令可以幫助使用者將內容簡化。它可以將複雜的句子和術語轉換為簡單易懂的語言。

9-6 Notion AI 內容調整

如果我們對目前頁面的內容不滿意，想要藉助 Notion AI 進行內容的調整修正工作，這種需求下，就可以先選取想要調整的頁面內容，再於選單中執行「Ask AI」指令：

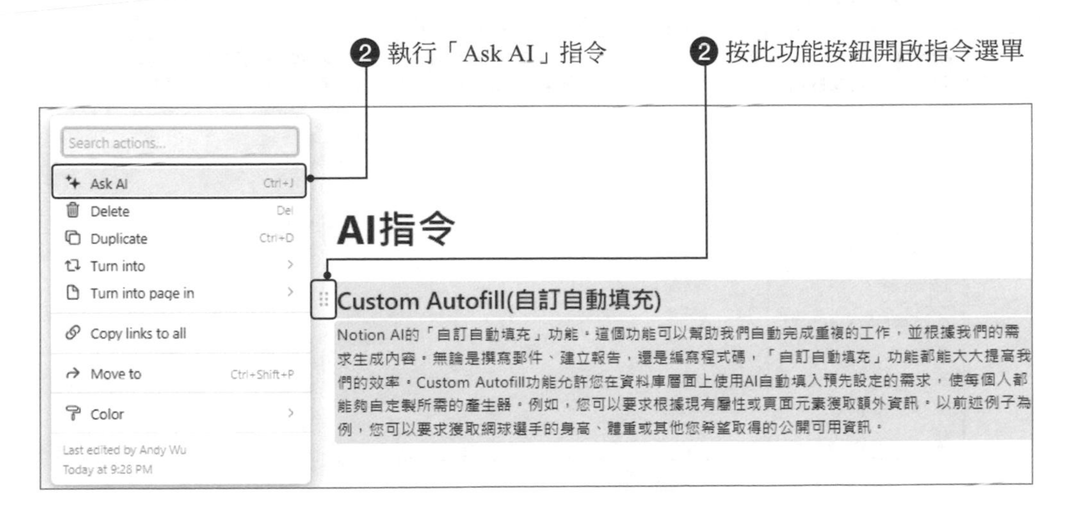

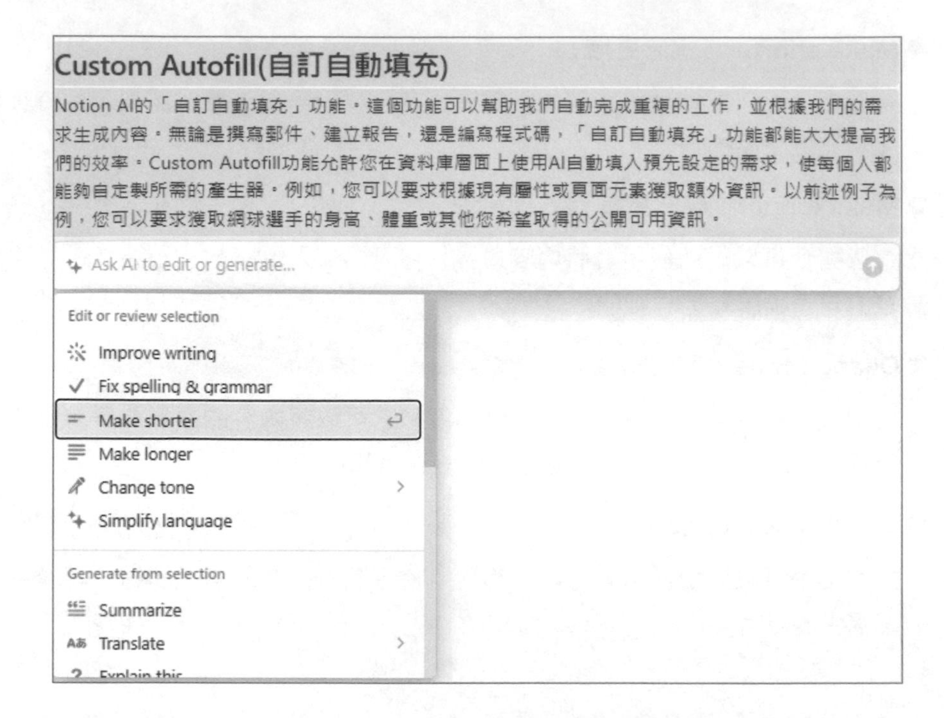

Notion AI 會根據使用者所下達的指令進行內容調整，例如此例中我們下達的指令是「Make shorter（縮短內容）」，就會產生類似下圖經過 Notion AI 調整過的內容，同時出現一個選單，如下圖所示：

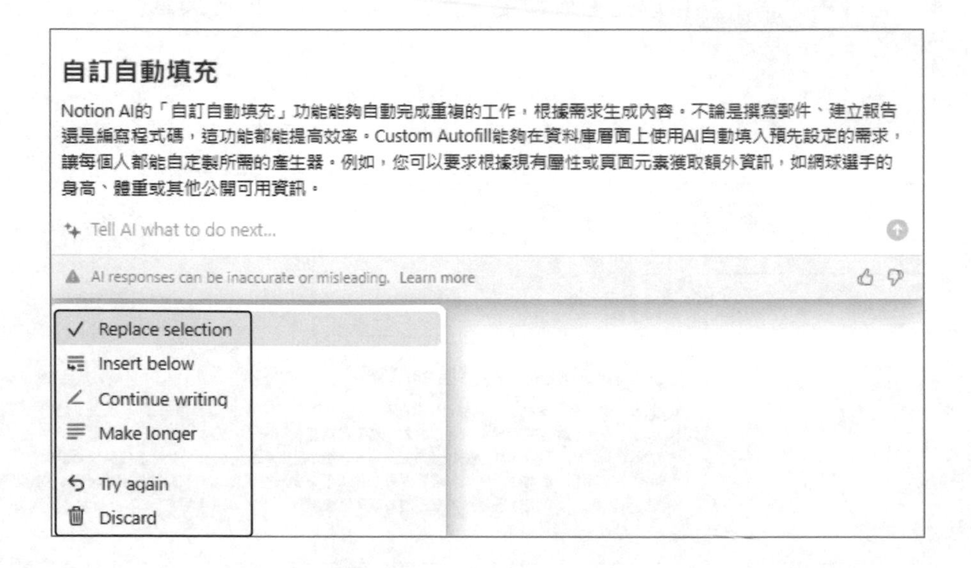

這個選單可以允許各位進行下一步的處理動作，上面選單的各項 Notion AI 指令功能說明如下：

- **取代所選部分（Replace selection）：**

  這個指令允許使用者替換或修改所選取的內容。它提供了更便捷的方法，讓使用者可以快速更改檔案中的特定區域，節省編輯時間。

- **下方插入（Insert below）：**

  在目前所選元素的下方插入新的內容或區塊。它使檔案編輯更靈活，讓使用者可以方便地調整內容的排列順序或加入新內容。

- **繼續撰寫（Continue writing）：**

  為使用者提供一個即時的、流暢的文稿撰寫體驗。AI 會根據前文內容自動生成接續的文句，幫助使用者順利進行創作，提高寫作效率。

- **擴展內容（Make longer）：**

  以 AI 的方式自動擴展內容，使其更為詳盡或豐富。它提供了快速擴充內容的選項，適用於需要更多細節或更深入內容的情境。

- **重試（Try again）：**

  在使用 AI 指令後，重新嘗試讓系統生成內容。它提供使用者進一步微調或改進內容的機會，以獲得更符合需求的結果。

- **放棄（Discard）：**

  放棄目前 AI 生成的內容，回到原始的狀態。它提供了取消操作的選項，避免使用者不滿意的生成內容留在檔案中，保持檔案整潔與準確。

9-7 Notion AI 進階功能

在這個章節中，我們將深入探討 Notion AI 的進階功能。這些功能不僅提升了 Notion 的使用體驗，也讓我們的工作和學習更加高效。讓我們來看看這些強大的功能吧！

9-7-1 Key Info（關鍵資訊）

接下來，我們將探討 Notion AI 的「Key Info（關鍵資訊）」功能。這個功能可以幫助我們從大量的內容中找出最重要的資訊。無論是商業報告、市場研究，還是個人筆記，「關鍵資訊」功能都能讓我們快速掌握重點。「關鍵資訊」功能有助於自動整理筆記、修正錯別字、列舉文章重點、翻譯，甚至製作表格等。例如，Notion AI 能夠自動執行繁瑣的任務，如建立行事曆、製作報告。此外，它能夠快速搜尋您的筆記、文章或其他檔案，並提供與您查詢相關的結果。

9-7-2 自訂自動填充（Custom Autofill）

Notion AI 的「自訂自動填充」功能可以幫助我們自動完成重複的工作，並根據我們的需求生成內容。無論是撰寫郵件、建立報告，還是編寫程式碼，「自訂自動填充」功能都能大大提高我們的效率。自訂自動填充（Custom Autofill）功能允許您在資料庫層面上使用 AI 自動填入預先設定的需求，使每個人都能夠自訂所需的產生器。

9-8 以 Notion AI 建立生活實例

實例名稱：規劃打發時間點子及增加心靈快樂的作法

輸入空白鍵，叫出 Notion AI 的指令視窗，輸入請列出打發時間的點子，如下圖所示：

接著 Notion AI 會自動產生內容，只要各位點擊「Done（完成）」指令就會將 AI 所生成的內容儲存起來。

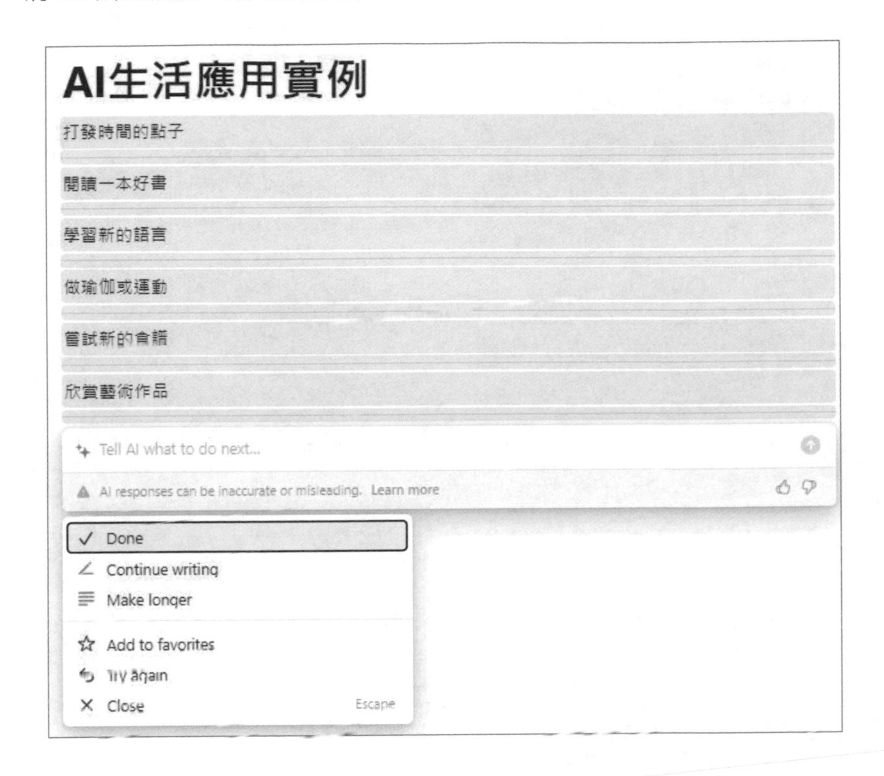

3 STEP 輸入空白鍵，叫出 Notion AI 的指令視窗，要求列出增加心靈快樂的作法，如下圖所示：

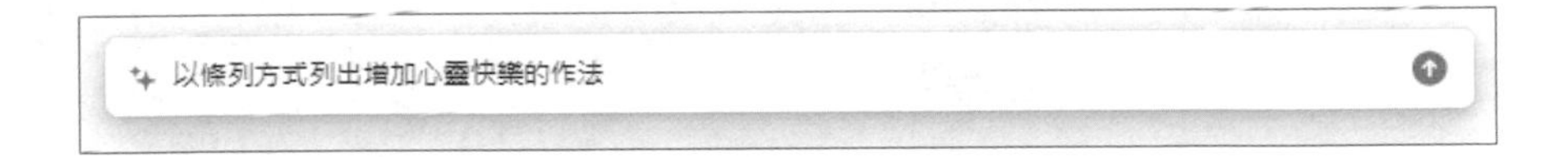

4 STEP 接著 Notion AI 會自動產生內容，只要各位點擊「Done（完成）」指令就會將 AI 所生成的內容儲存起來。如下圖所示：

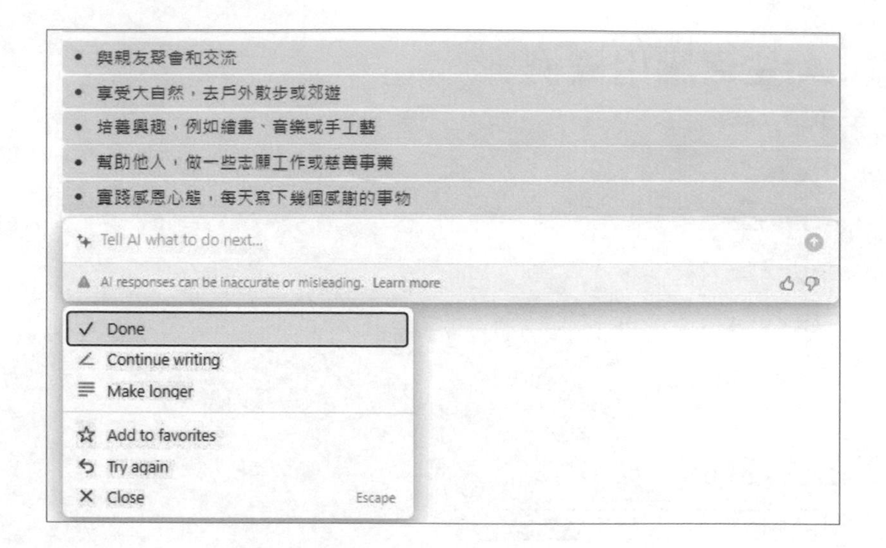

5 STEP 將資料全選後，點擊「Ask AI」：

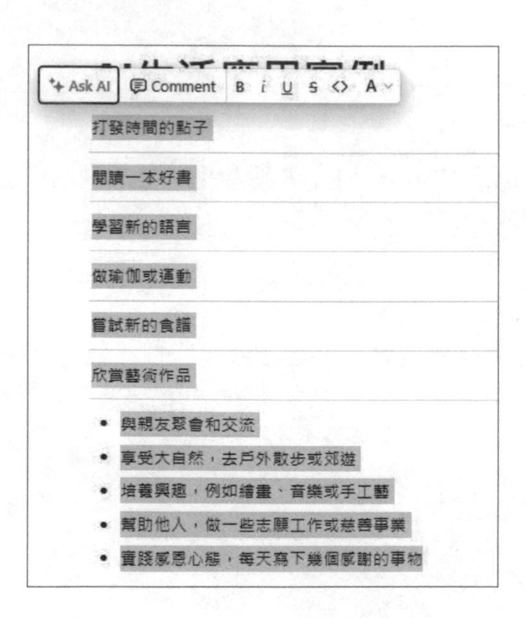

6 STEP 接著輸入要合併資料的指令。如下圖所示：

7 STEP 接著 AI 就會將資料合併，如果內容沒有問題，就可以執行「Insert below」指令將，如下圖所示：

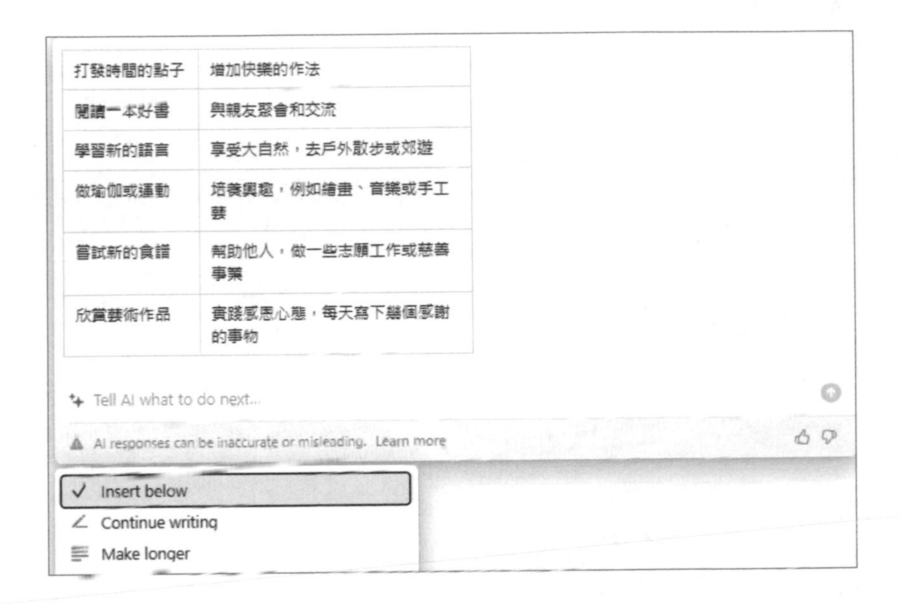

打發時間的點子	增加快樂的作法
閱讀一本好書	與親友聚會和交流
學習新的語言	享受大自然，去戶外散步或郊遊
做瑜伽或運動	培養興趣，例如繪畫、音樂或手工藝
嘗試新的食譜	幫助他人，做一些志願工作或慈善事業
欣賞藝術作品	實踐感恩心態，每天寫下幾個感謝的事物

8 STEP 將 AI 合併的內容插入到頁面的下方，如下圖所示。建議各位還是要再自行整理 AI 所提供的資料，以確認格式或內容符合自己的期待。

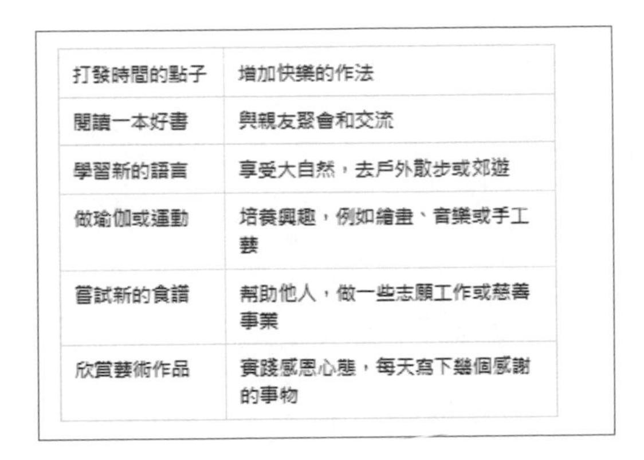

打發時間的點子	增加快樂的作法
閱讀一本好書	與親友聚會和交流
學習新的語言	享受大自然，去戶外散步或郊遊
做瑜伽或運動	培養興趣，例如繪畫、音樂或手工藝
嘗試新的食譜	幫助他人，做一些志願工作或慈善事業
欣賞藝術作品	實踐感恩心態，每天寫下幾個感謝的事物

9-9 以 Notion AI 建立學業實例

實例名稱：規劃 Python 語言一週學習計劃

STEP 1 輸入空白鍵，叫出 Notion AI 的指令視窗，輸入學習計劃要輸入的內容，如下圖所示：

STEP 2 接著 Notion AI 會自動產生內容，只要各位點擊「Done（完成）」指令就會將 AI 所生成的內容儲存起來。

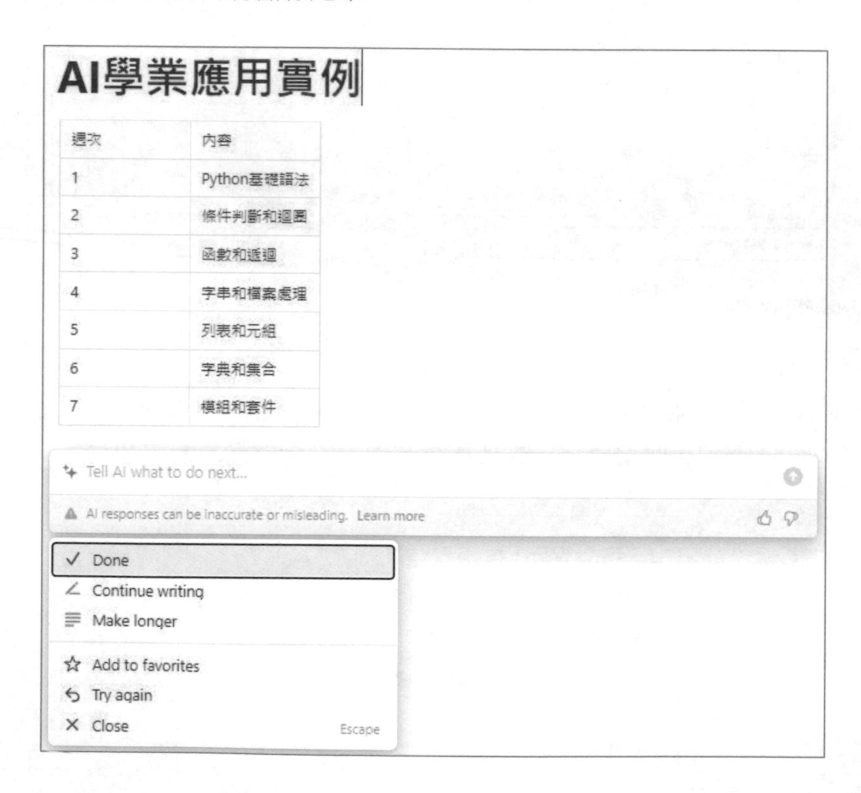

3 STEP 輸入空白鍵，叫出 Notion AI 的指令視窗，要求列出相關的學習資源，如下圖所示：

4 STEP 接著 Notion AI 會自動產生內容，只要各位點擊「Done（完成）」指令就會將 AI 所生成的內容儲存起來。如下圖所示：

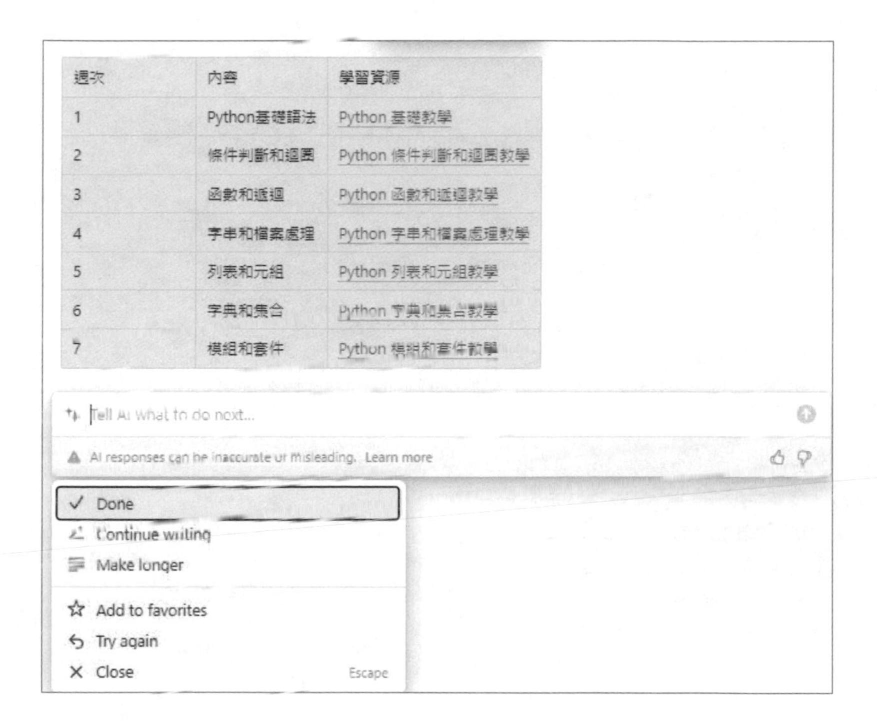

週次	內容	學習資源
1	Python基礎語法	Python 基礎教學
2	條件判斷和迴圈	Python 條件判斷和迴圈教學
3	函數和遞迴	Python 函數和遞迴教學
4	字串和檔案處理	Python 字串和檔案處理教學
5	列表和元組	Python 列表和元組教學
6	字典和集合	Python 字典和集合教學
7	模組和套件	Python 模組和套件教學

5 STEP 輸入空白鍵，叫出 Notion AI 的指令視窗，要求新增一欄位並列該對應主題相關的學習資源，如下圖所示：

接著 Notion AI 會自動新增一個欄位將學習資源列出。如果需要表達的方式可以更加詳細清楚，則可以點擊「Make longer（加長一點）」指令就會在現有內容增加一些內容來做為補充。如下圖所示：

AI學業應用實例

週次	內容	學習資源
1	Python基礎語法	https://example.com/python-basic-tutorial
2	條件判斷和迴圈	https://example.com/python-conditional-loops
3	函數和遞迴	https://example.com/python-functions-recursion
4	字串和檔案處理	https://example.com/python-strings-file-processing
5	列表和元組	https://example.com/python-lists-tuples
6	字典和集合	https://example.com/python-dictionaries-sets
7	模組和套件	https://example.com/python-modules-packages

接著各位就可以看到表格下方又多了一些文字的補充說明，如下圖所示：

AI學業應用實例

週次	內容	學習資源
1	Python基礎語法	https://example.com/python-basic-tutorial
2	條件判斷和迴圈	https://example.com/python-conditional-loops
3	函數和遞迴	https://example.com/python-functions-recursion
4	字串和檔案處理	https://example.com/python-strings-file-processing
5	列表和元組	https://example.com/python-lists-tuples
6	字典和集合	https://example.com/python-dictionaries-sets
7	模組和套件	https://example.com/python-modules-packages

在右邊新增一個欄位將學習資源的網址列出，以便您可以更方便地訪問相關資源。

9-10 以 Notion AI 建立職場實例

Notion 憑藉其多功能性與直觀的操作介面，已在職場中樹立起一面強大的工作利器。而本單元將介紹 Notion AI 在文案內容的輔助。這一功能的引入，不僅使文案處理更加高效，同時也在確保文案品質的同時節省了豐富的時間。現在，就讓我們一同探索，如何透過 Notion AI 建立職場中的實用案例。

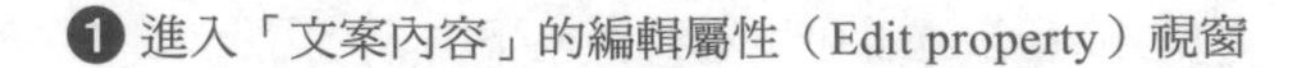

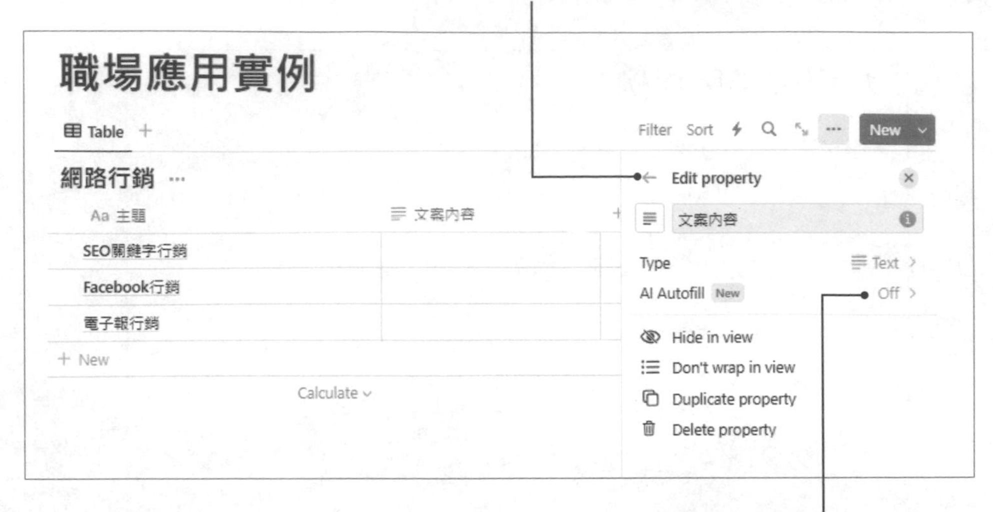

❸ 設定「Custom autofill」

❹ 輸入在此欄位元使用的指令

❺ 按「Try on this view」

當您希望深度體驗 Notion AI 的更多功能時，您將會遇到升級付款的選項，該畫面如下所示：

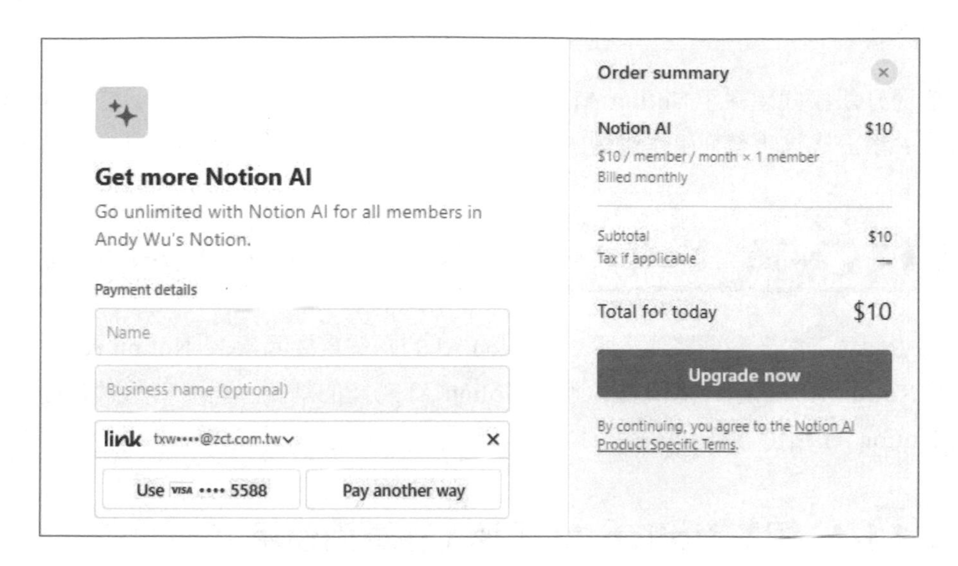

對於原本並未訂閱任何付費方案的使用者，無論是 Plus 還是教育版 Plus，都需支付每月 10 美元的費用。然而，若您已經是某種付費方案的使用者，不論是 Plus、Business 還是 Enterprise 版本，只需支付每月 8 美元，即可享有更多高級功能。值得注意的是，這樣的升級提供了更多的彈性，使使用者能夠根據其需求和預算選擇最適合的方案。

以下是一些升級後的新增功能和優勢：

- **協同作業強化：**

  解鎖升級後，您可以更輕鬆地與團隊成員協作，同時享有更高效的團隊工作體驗。

- **進階 AI 功能：**

  Notion AI 提供更多智慧推薦和自動化工具，以提高工作效率。例如，更智慧的內容建議和自動標記功能。

- **專業支援：**

  付費使用者享有更快速和優先的客戶支援服務，確保問題能夠更及時地得到解決。

- **擴充儲存空間：**

  升級後，您將獲得更大的雲端儲存空間，可以儲存更多的檔案、圖片和其他資源。

這種升級模式確保了 Notion AI 的可持續發展，同時為使用者提供了更多選擇和價值。對於尋求更全面工作體驗的專業使用者，這是一個值得考慮的升級機會。

9-11 認識「Notion AI 區塊」與「Notion AI 欄位」

在這個章節中，我們將深入探討 Notion AI 的兩個重要元素：「Notion AI 區塊」和「Notion AI 欄位」。這兩種元素是 Notion AI 功能的基礎，理解它們對於有效使用 Notion AI 相當重要。

9-11-1 認識 Notion AI 區塊（在頁面使用）

Notion 的 AI 區塊（Notion AI Block）具備先進的預設任務指令功能，使得我們能夠預先設定所需操作，隨著頁面內容或欄位的更新，AI 區塊將自動執行對應的更新，無需每次都重新輸入提示詞。Notion AI 區塊的獨特之處在於使用者可以事先指定區塊應執行的任務，讓系統在頁面內容或欄位更新時能夠智慧地自動更新，省去重複輸入的步驟，提高使用效率。

要建立 AI 區塊，只需使用「/AI Block」的指令，系統內建三種不同類型的 AI 區塊，如下所示。然而，值得注意的是，前兩種 AI 區塊在非英文內容的辨識上可能較差，因此我建議採用「Custom AI Block」區塊，以獲得更精確的結果。

Tips ／「Custom AI Block」的建議

由於前兩種 AI 區塊在非英文內容的識別度較低，建議使用者優先考慮選用「Custom AI Block」。這一種區塊具有更高度的自訂性，使用者可以根據特定需求訓練 AI，以提升區塊在處理多樣內容時的效能。例如假設您需要建立一個專案管理頁面，使用「Custom AI Block」可讓您自訂指令，例如「自動標記重要事件」，使得當頁面新增重要事件時，AI 區塊會智慧辨識該事件並標記，讓您更迅速地管理專案進度。

在 Notion 頁面中，您可以使用 /AI Block 的方式建立三種不同的 AI 區塊，如下圖所示：

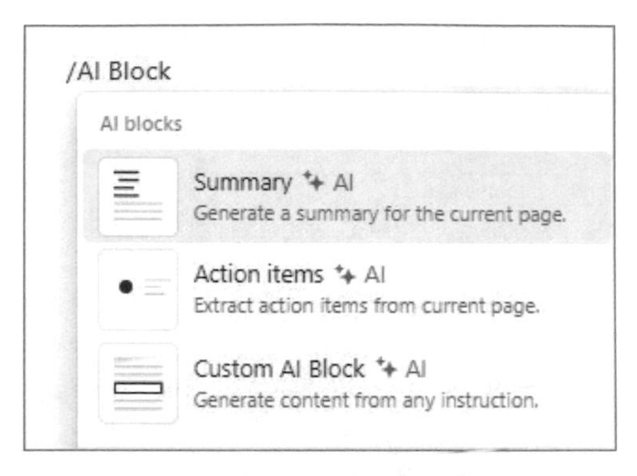

▲ 三個不同的 AI 區塊

- **摘要（Summary）：**

  摘要區塊能夠自動分析文字內容，提煉出重要資訊，形成簡潔而有條理的摘要。這有助於快速瞭解文章的主題要點。例如您有一份長篇文章，使用摘要區塊可以迅速生成該文章的主題概要，使您更迅速地獲取關鍵內容，而無需閱讀整篇文章。

- **行動專案（Action Items）：**

  行動專案區塊是一種自動化的工具，它可以辨識文字中的任務或行動專案，將其集中顯示，以便您更容易追蹤和管理待辦事項。例如在會議記錄中使用行動專案區塊，可以立即標記出需要採取行動的事項，以確保及時處理會議中的決定事項。

- **自訂 AI 區塊（Custom AI Block）：**

  自訂 AI 區塊提供了更靈活的功能，允許使用者根據特定需求定制 AI 分析和操作。這使得 Notion 的 AI 功能更具彈性。假設您有一個特定行業的專案，您可以使用自訂 AI 區塊來訓練 Notion AI 以更好地理解和處理與該行業相關的專有術語和內容，使其更適應您的工作需求。

這些 AI 區塊使得 Notion 在資訊管理和任務處理方面更具強大的自動化功能，同時提高了工作效率和使用者體驗。

9-11-2 認識 Notion AI 欄位（在資料庫中使用）

前述的 Notion AI 區塊主要應用在頁面上，本單元所介紹的 Notion AI 欄位則是針對我們在資料庫中的使用而設計的工具。在這裡，有一些常見的 Notion AI 欄位類型可供選擇，包括以下幾種：

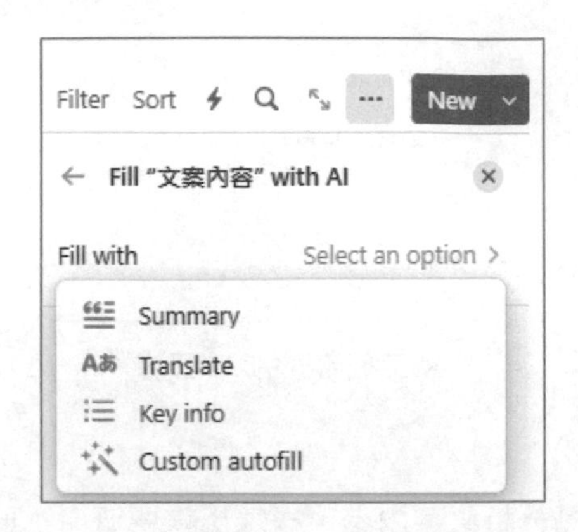

- **AI 摘要（AI Summary）：**

  AI 摘要欄位能夠自動分析並提煉資料內容，生成簡潔的摘要，使您能夠迅速瞭解大量資訊。例如在一個包含大量文字內容的資料庫中，使用 AI 摘要欄位可以自動生成每一個項目的重點內容，方便快速檢閱。

- **AI 翻譯（AI Translate）：**

  AI 翻譯欄位具有自動翻譯功能，能夠即時將文字轉換為其他語言，促進多種語言資料的管理。例如在國際性的專案中，使用 AI 翻譯欄位可將評論或內容快速翻譯成團隊成員所使用的不同語言，促進跨文化合作。

- **AI 關鍵資訊（AI Key Info）：**

  AI 關鍵資訊欄位能夠辨識並提取文字中的關鍵資訊，協助篩選出重要內容。例如在一份市場調查報告的資料庫中，使用 AI 關鍵資訊欄位可以自動辨識並提取報告中的主要趨勢和資料，方便使用者快速瞭解市場動態。

- **AI 自訂自動填充（AI Custom Autofill）：**

  AI 自訂自動填充欄位具有高度自訂性，可以根據使用者需求進行訓練，自動填充資料庫中的特定欄位。例如在客戶資料庫中，使用 AI 自訂自動填充欄位可根據客戶名稱自動填入相關聯絡資訊，節省資料輸入的時間。

這些 Notion AI 欄位的特色使其成為資料庫管理中強大的工具，提升了資訊處理的效率和精確性。

在建立 Notion AI 欄位之後，我們可以進入欄位設定面板，底下為常見可以設定欄位的功能說明：

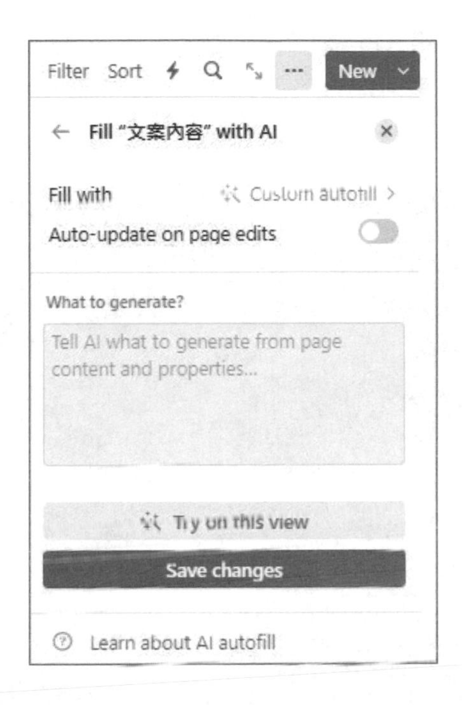

- **頁面編輯自動更新（Auto-update on page edits）：**

  啟用此選項後，當頁面內容進行編輯時，Notion AI 欄位將自動更新，確保生成的資訊隨著頁面的修改而即時更新。

- **生成內容類型（What to generate?）：**

  這個選項允許使用者指定 Notion AI 欄位應生成的具體內容類型，可以是摘要、翻譯、關鍵資訊等，根據需求進行設定。

- **在此檢視中試用（Try on this view）：**

  使用者可以選擇在特定檢視中試用 Notion AI 欄位，預覽生成的內容，以確保滿足需求。

- **更新所有頁面（Update all pages）：**

  啟用此功能將對資料庫中所有頁面應用 Notion AI 的更新，確保所有相關資訊都是最新的。

- **關閉 AI 自動填充（Turn off AI autofill）：**

  使用者可以選擇關閉 AI 自動填充，停止 Notion AI 對該欄位的自動更新。在某些情境下，使用者可能希望手動管理特定內容，因此可以選擇關閉 AI 自動填充功能。

這些 Notion AI 欄位的設定選項提供了更多的彈性，可以幫助使用者能夠自訂和控制 AI 生成內容的運作方式，以滿足不同的使用需求。

第 10 章

Notion 的未來航道與成長資源

在這一章節中，我們將深入探討 Notion 的未來發展潛力和趨勢，並發掘學習和成長的豐富資源。從市場動向到技術創新，我們將剖析 Notion 如何適應和引領行業變革。同時，本章還將提供各種學習資源，包括官方教學、社區論壇及網路課程，助力使用者提升技能，充分利用 Notion 這一強大工具。

10-1 趨勢預測：Notion 的未來發展

隨著技術不斷進步和市場需求的變化，Notion 正面臨著重大的轉型機會。例如，隨著遠距工作的普及，Notion 可能會加強其協作工具的功能，讓團隊成員即使在不同地點也能高效合作。

另一方面，Notion 也可能會集成更多的人工智慧功能，如自動化內容生成和資料分析，因此提高使用者的工作效率。又如進階的語音識別和自然語言處理能力，使得使用者與 Notion 的互動更加直覺和高效。

此外，Notion 可能會進一步強化其 API 介面，與更多外部應用程序和服務整合，提供更豐富的自動化工作流程。這些創新將使 Notion 不僅成為個人和團隊的生產力工具，更成為企業和教育機構的強大資源管理平台。

隨著使用者對個性化服務的需求增加，Notion 也可能會提供更多定製化的選項，讓使用者根據自己的需求調整介面和功能。這些創新將有助於 Notion 在競爭激烈的生產力工具市場中保持領先地位。

10-2 知識寶藏：Notion 學習的礦脈

這一節著重於探索 Notion 提供的豐富學習資源，主要的目的在協助使用者充分發揮 Notion 的潛力，並把握學習和成長的機會。

10-2-1 Notion 官方指南與社區論壇

您可以在 Notion 官網上找到豐富的學習資源，包括官方指南、教學和社區論壇等。這些資源將幫助您更有效地利用 Notion，無論您是新手還是進階使用者。

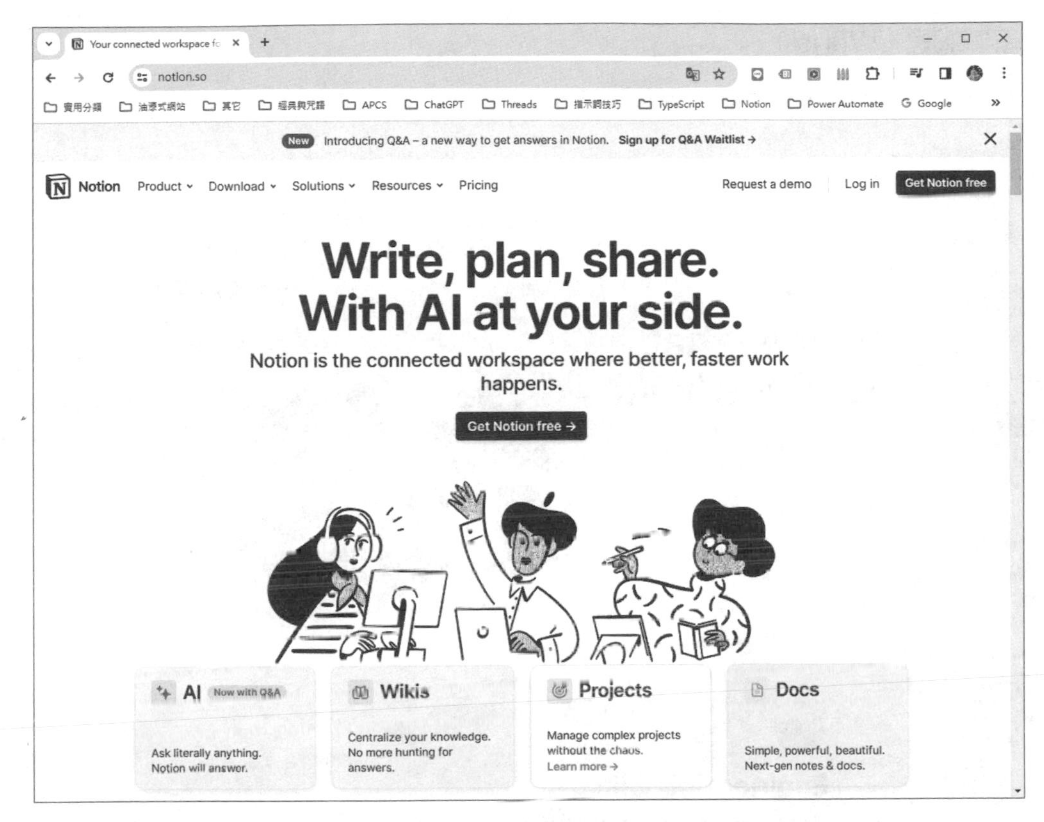

▲ https://www.notion.so/

10-2-2 Notion 官網產品介紹

Notion 是一個多功能的工作平台，結合了維基、文件管理和專案追蹤等功能。其主要特色包括：

維基（Wikis）

集中知識管理，方便使用者彙整和分享資訊。

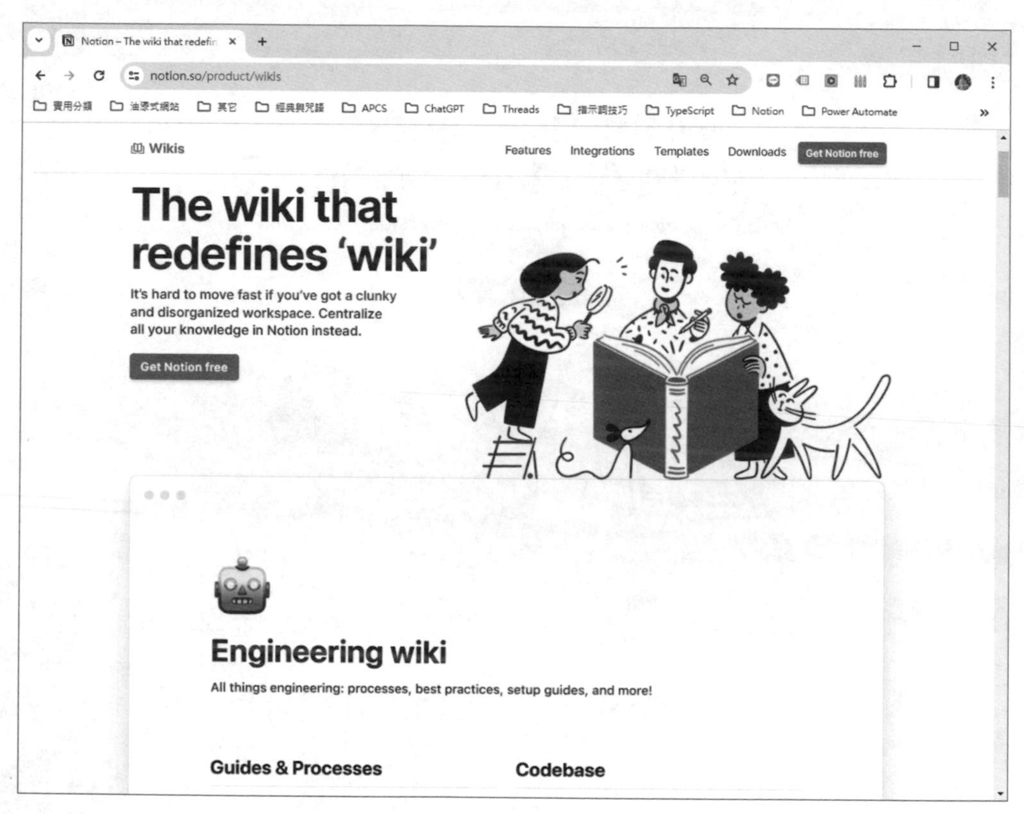

▲ https://www.notion.so/product/wikis

專案（Projects）

提供管理複雜專案的工具，增進組織和清晰度。

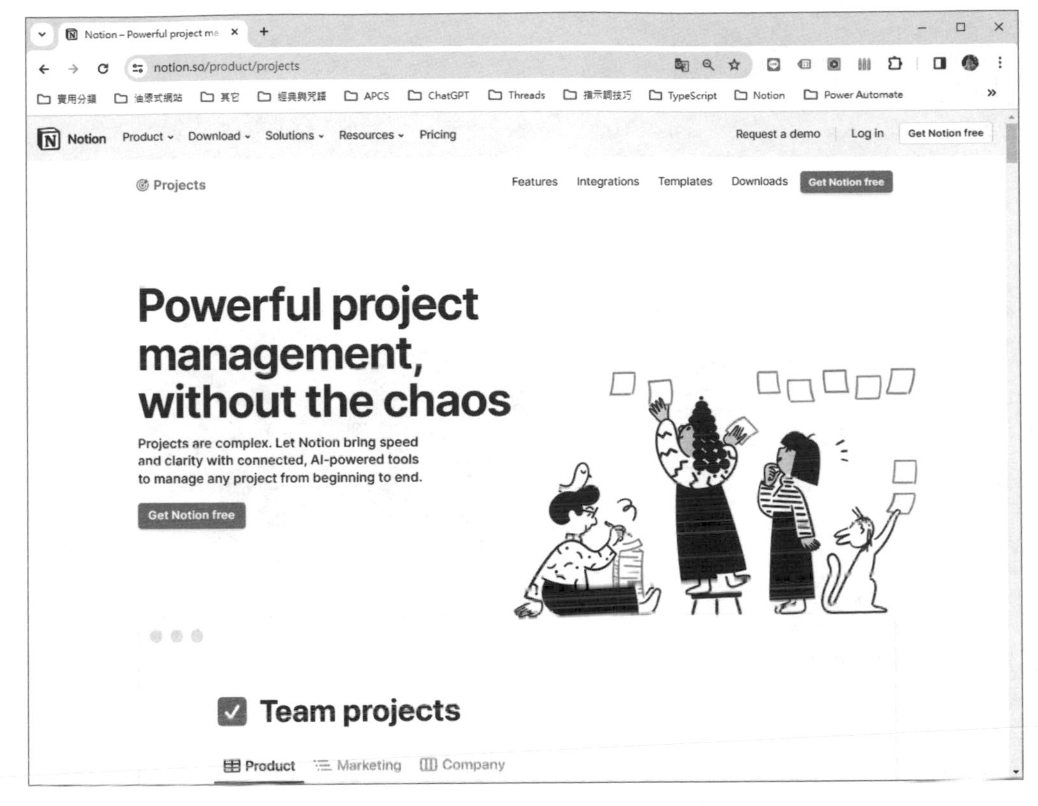

▲ https://www.notion.so/product/projects

文件（Docs）

建立和共享文件的平台，簡單而功能強大。

▲ https://www.notion.so/product/docs

Notion AI

整合的人工智慧助手，增強使用者互動和生產力。

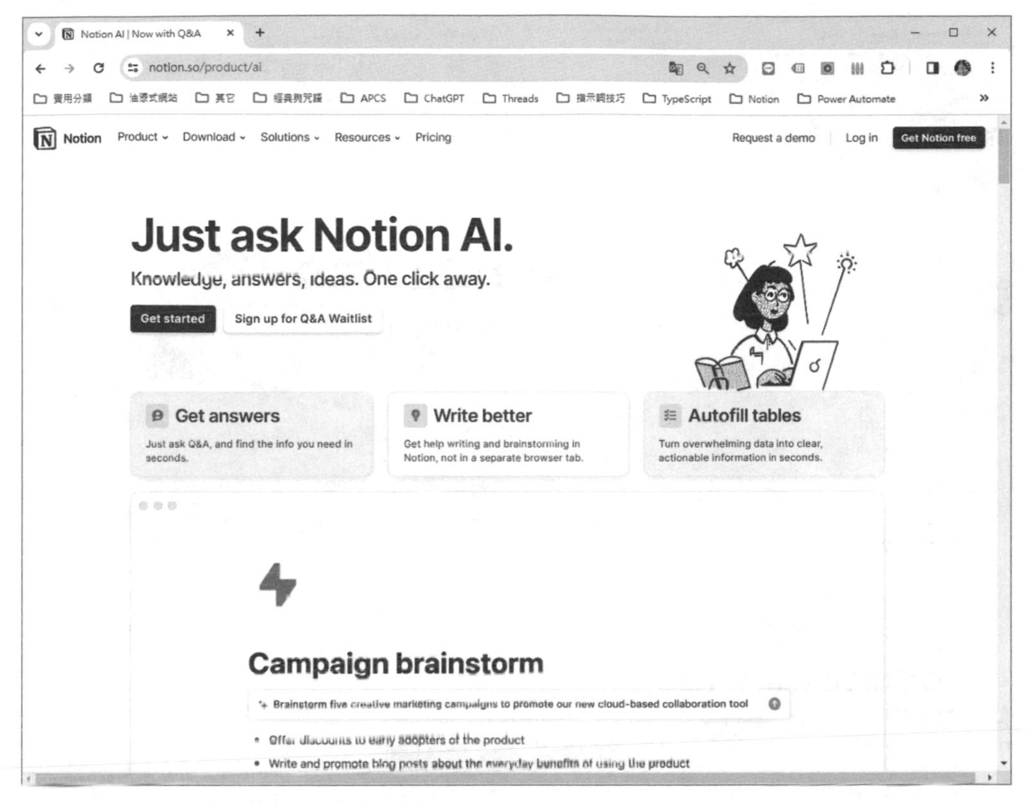

▲ https://www.notion.so/product/ai

模板庫（Template Gallery）

提供現成的設置以快速開始。

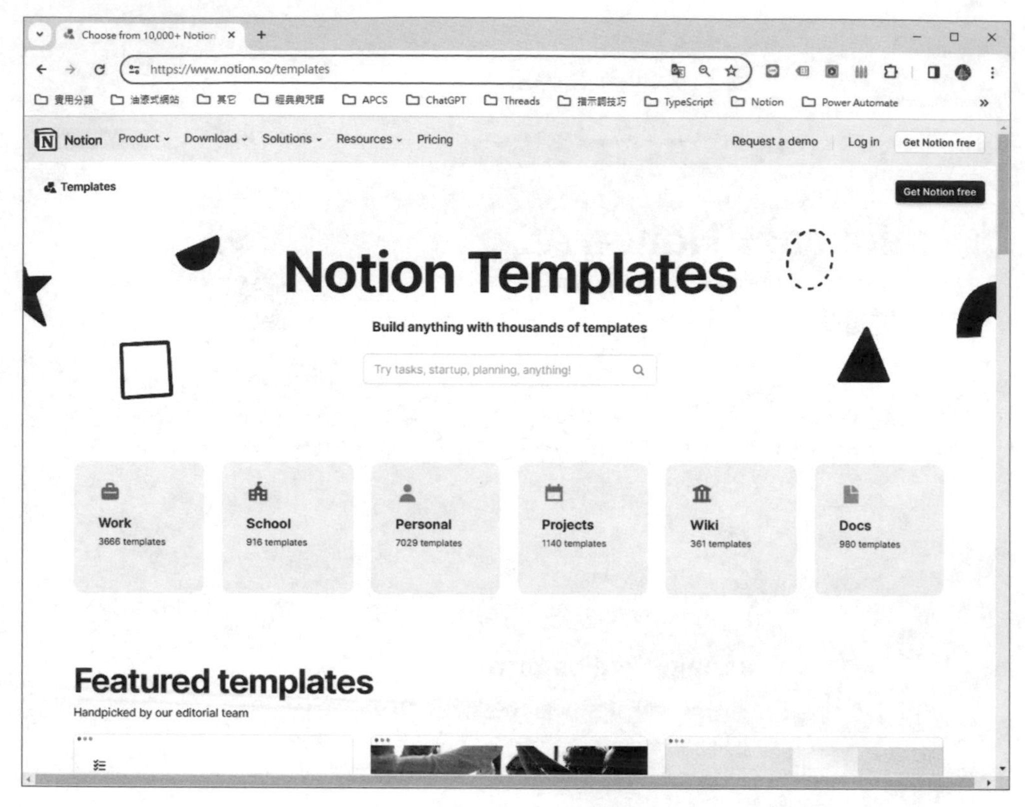

▲ https://www.notion.so/templates

顧客故事（Customers Story）

主要突顯 Notion 應用於不同行業和組織中的成功案例。

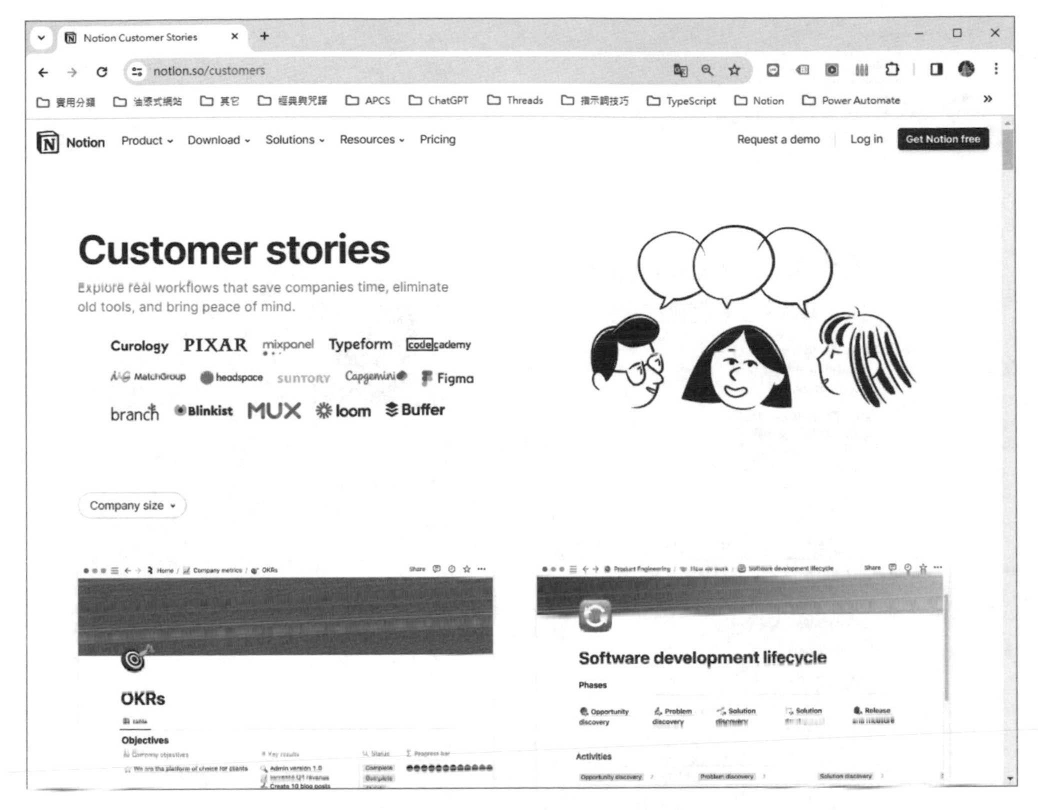

▲ https://www.notion.so/customers

連接（Connections）

促進與其他工具的整合。

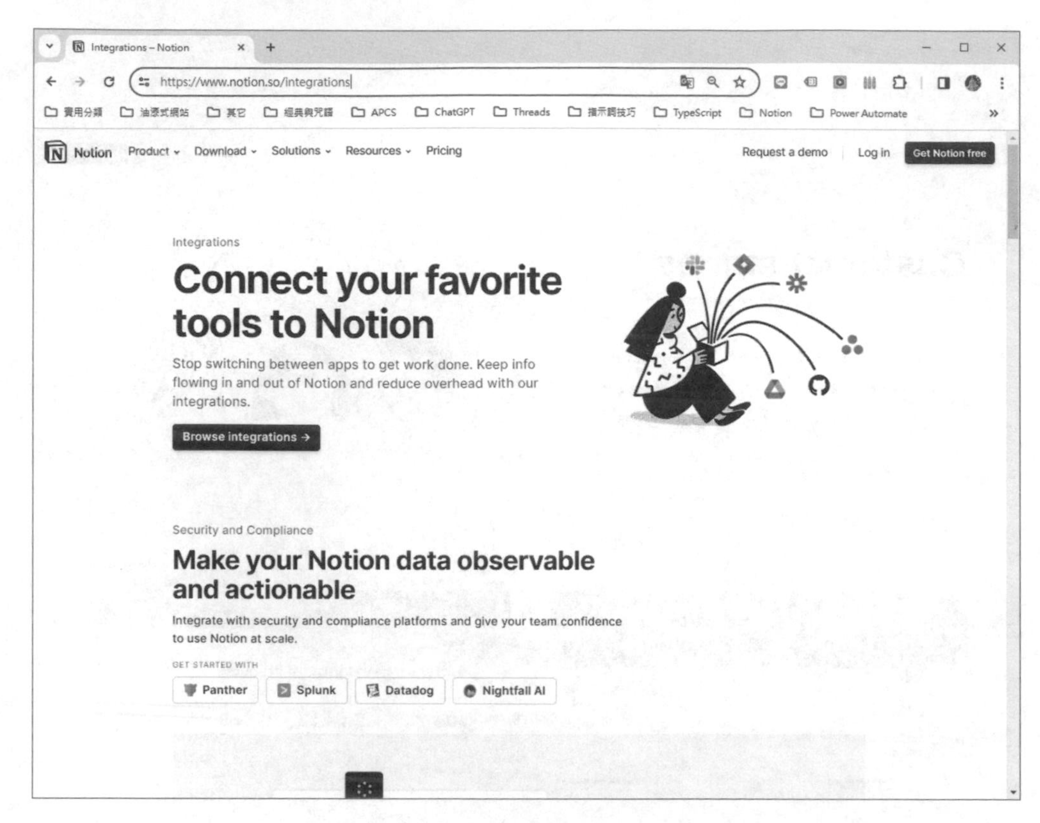

▲ https://www.notion.so/integrations

Notion 還針對不同團隊大小和功能提供專門解決方案，包括企業、小型企業和個人使用。此外，它支援設計、工程和管理等不同團隊功能的協作。另外，Notion 官網為使用者提供了一系列詳細的指南和教學。這些資源包括基本的操作教學、進階功能使用指南，以及各種創新使用案例的呈現。

而 Notion 的社區論壇則匯集了來自全球的使用者經驗和智慧，讓新手和進階使用者都能在這裡找到解答和靈感。例如，您可以在論壇找到如何利用 Notion 進行專案管理的實用建議，或者發現如何將 Notion 應用於日常生活中的創意用途。這些資源不僅有助於新手快速掌握 Notion 的基本操作，也支援進階使用者深入理解並發揮 Notion 的最大潛能。

10-2-3 網路課堂：探索 Notion 的線上教育資源

隨著 Notion 在全球的普及，越來越多的線上平台和課程開始提供針對 Notion 的教學，這些資源非常適合希望通過自學或專業指導來提高 Notion 技能的使用者。

首先，許多線上教育平台如 Udemy、Coursera 和 Skillshare 都提供了關於 Notion 的專門課程。這些課程涵蓋了從基本操作到進階技巧的各個方面，並且通常由經驗豐富的專業人士主講。例如，在 Udemy 上，您可以找到針對個人時間管理和團隊協作使用 Notion 的詳細課程。您可以訪問以下網站來尋找相關的 Notion 教學資源：

Udemy

訪問 Udemy，在搜索欄輸入 "Notion"，您將找到多種關於 Notion 使用的課程。

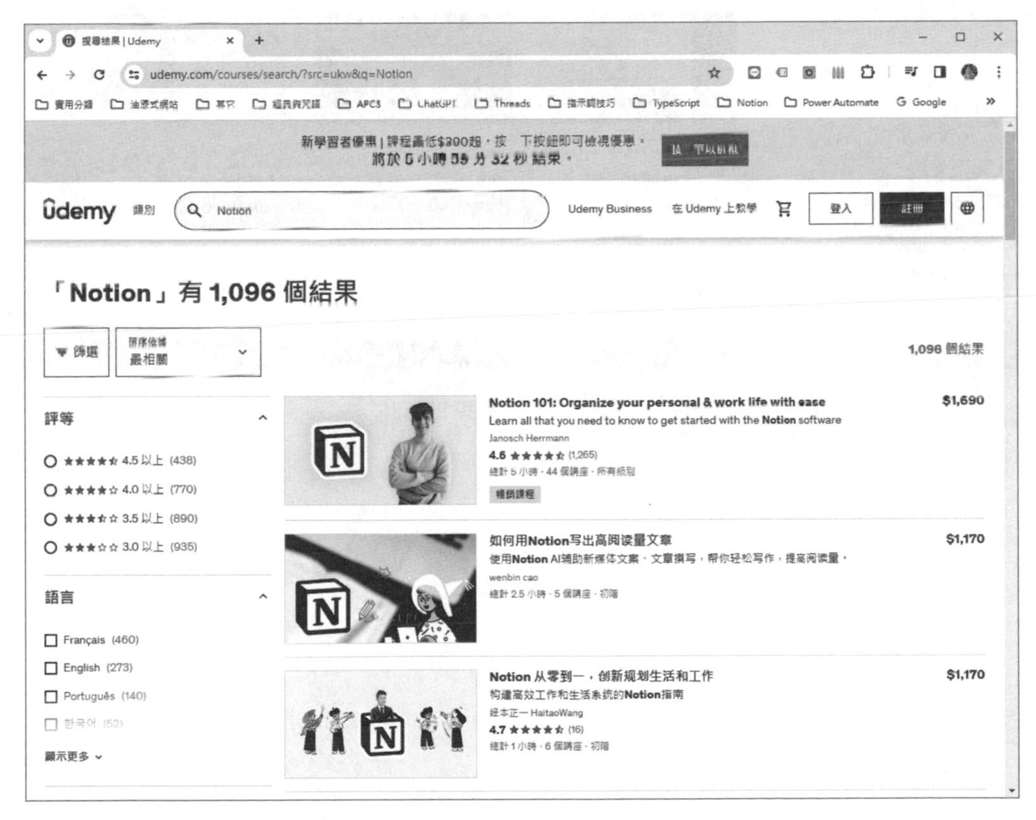

▲ https://www.udemy.com/

Coursera

造訪 Coursera，搜索 "Notion" 以尋找相關課程。

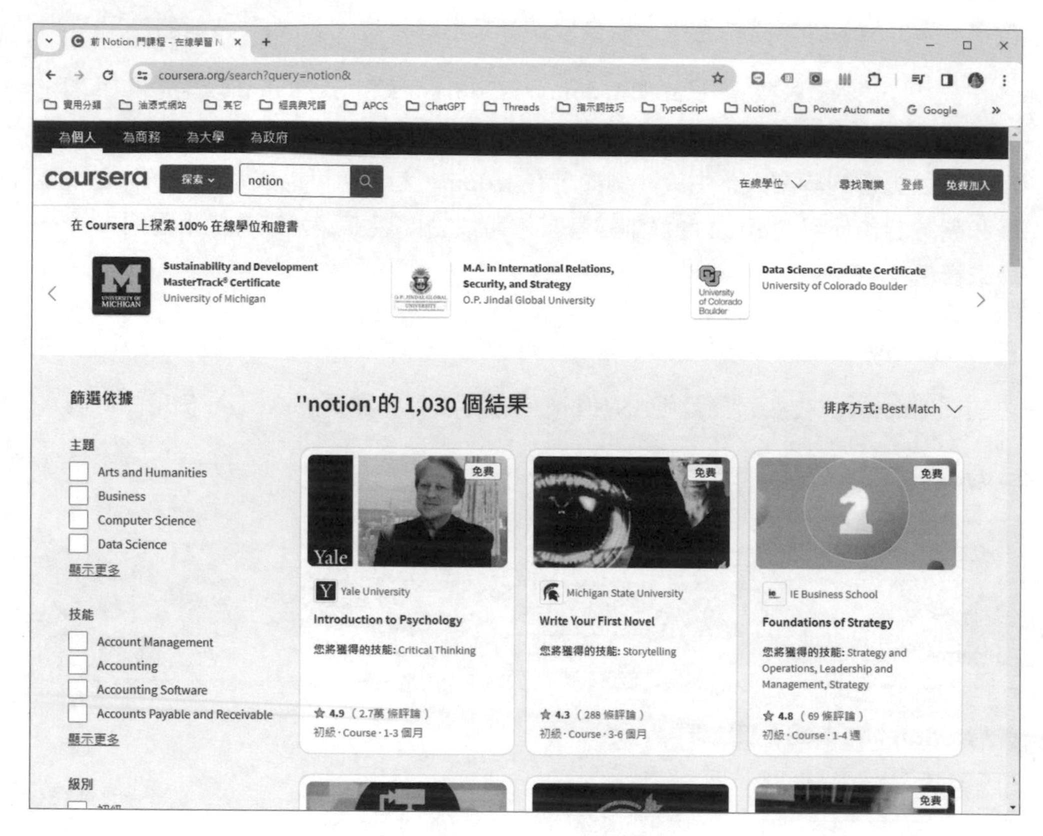

▲ https://www.coursera.org/

Skillshare

造訪 Skillshare，搜索 "Notion" 來探索豐富的教學內容。

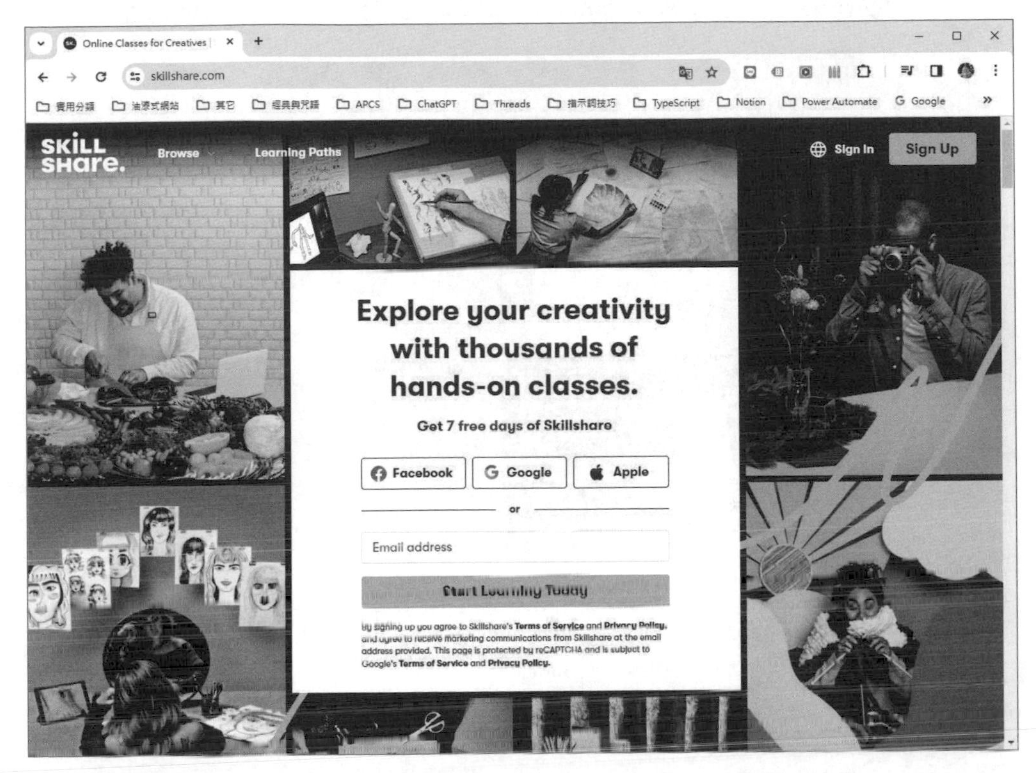

▲ https://www.skillshare.com/

此外，YouTube 上也有大量的免費教學影片和教學，由各個領域的專家和熱情使用者建立。這些影片不僅包含基本的操作指南，還有許多創意使用案例的分享，如何將 Notion 用於日常生活的規劃、學術研究的組織，甚至是複雜的商業專案管理。

您可以在 YouTube 上搜索 "Notion tutorial" 或 "Notion tips" 等關鍵字，以觀看相關的免費教學影片。這些平台提供了廣泛的 Notion 學習資源，從基礎操作到進階技巧都涵蓋在內。

(2) Notion tutorial - YouTube
youtube.com/results?search_query=Notion+tutorial
YouTube TW
Notion tutorial
全部
Shorts
影片
未觀看
已觀看
最新上傳
直播
篩選器
首頁
Shorts
訂閱內容
你的內容
Better work processes = better work. Get there with monday.com
贊助商廣告 · monday.com
Watch how monday.com can help any team reach their goals, with ease.
Free trial
monday.com
1:03
Notion教學影片
薑餅資 · 播放清單
Notion新手教學 - 01 介面操作 · 5:25
Notion新手教學 - 02 頁面 Pages · 3:01
查看完整播放清單
Notion介面
新手教學
21 部影片

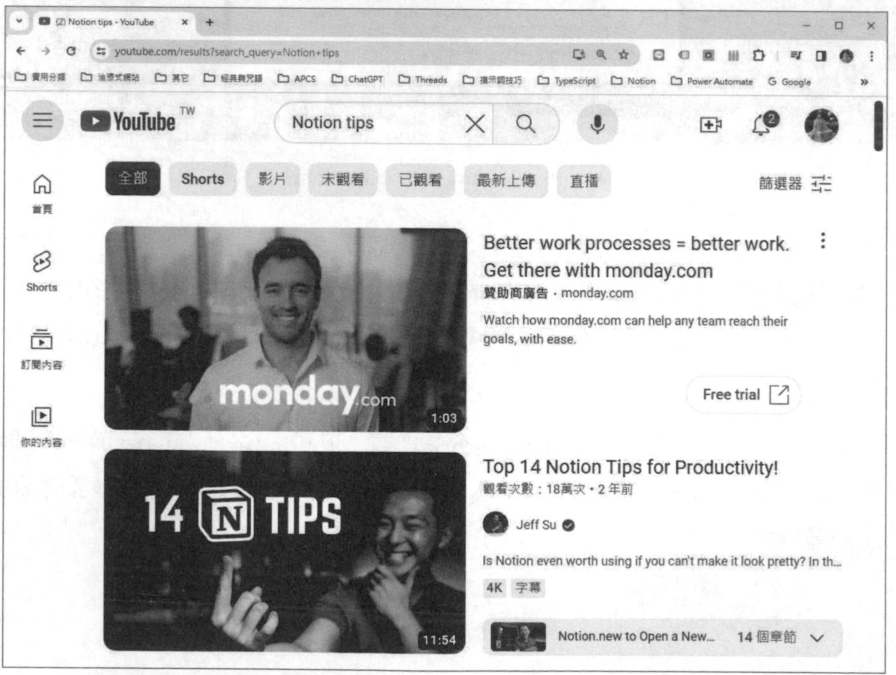
(2) Notion tips - YouTube
youtube.com/results?search_query=Notion+tips
YouTube TW
Notion tips
全部
Shorts
影片
未觀看
已觀看
最新上傳
直播
篩選器
首頁
Shorts
訂閱內容
你的內容
Better work processes = better work. Get there with monday.com
贊助商廣告 · monday.com
Watch how monday.com can help any team reach their goals, with ease.
Free trial
monday.com
1:03
Top 14 Notion Tips for Productivity!
觀看次數：18萬次 · 2 年前
Jeff Su
Is Notion even worth using if you can't make it look pretty? In th...
4K
字幕
14 TIPS
11:54
Notion.new to Open a New...
14 個章節

最後，Notion 的官方社區和論壇也是學習和成長的重要資源。在這裡，使用者可以找到來自全球各地的 Notion 愛好者，分享技巧、解決問題，甚至示範他們獨特的使用方式。例如，社區中就有使用者分享如何使用 Notion 來追蹤健康和健身目標，或者管理家庭預算和支出。

Notion 的官方社區和論壇主要集中在以下幾個平台：

- **Notion 官方社區網站：**

  這是 Notion 使用者討論和分享心得的主要平台。使用者可以在此找到各種技巧、教學和創意用法的討論。

- **Reddit 上的 Notion 社區：**

  Reddit 上有一個專門的 Notion 社區，這裡匯聚了熱情的 Notion 使用者，他們分享使用經驗、技巧以及個性化模板。

- **Twitter 上的 Notion 官方賬號：**

  Notion 在 Twitter 上（@NotionHQ）活躍地發佈最新消息和提示，並與社區成員互動。

- **Facebook 上的 Notion 社群：**

  Facebook 上也有幾個由 Notion 使用者建立和管理的社群，提供了一個進行問答和分享經驗的平台。

- **Notion 官方部落格：**

  雖然不是傳統意義上的論壇，但 Notion 的官方部落格提供了豐富的資訊，包括新功能介紹、使用者故事、和最佳實踐指南。

綜上所述，無論您是剛開始接觸 Notion，還是希望深入挖掘其潛力，這些線上教育資源都能提供極大的幫助，幫您在 Notion 的學習之旅上取得進展。

NOTE

NOTE

NOTE

讀者回函

讀 者 回 函

感謝您購買本公司出版的書，您的意見對我們非常重要！由於您寶貴的建議，我們才得以不斷地推陳出新，繼續出版更實用、精緻的圖書。因此，請填妥下列資料(也可直接貼上名片)，寄回本公司(免貼郵票)，您將不定期收到最新的圖書資料！

購買書號：　　　　　書名：

姓　　名：________________

職　　業：☐上班族　☐教師　☐學生　☐工程師　☐其它

學　　歷：☐研究所　☐大學　☐專科　☐高中職　☐其它

年　　齡：☐10~20　☐20~30　☐30~40　☐40~50　☐50~

單　　位：________________ 部門科系：________________

職　　稱：________________ 聯絡電話：________________

電子郵件：________________

通訊住址：☐☐☐ ________________

____

您從何處購買此書：

☐書局　☐電腦店 ________ ☐展覽 ________ ☐其他 ________

您覺得本書的品質：

內容方面：☐很好　☐好　☐尚可　☐差

排版方面：☐很好　☐好　☐尚可　☐差

印刷方面：☐很好　☐好　☐尚可　☐差

紙張方面：☐很好　☐好　☐尚可　☐差

您最喜歡本書的地方：________________

您最不喜歡本書的地方：________________

假如請您對本書評分，您會給(0~100分)：________ 分

您最希望我們出版那些電腦書籍：

請將您對本書的意見告訴我們：

您有寫作的點子嗎？☐無　☐有　專長領域：________________

歡迎您加入博碩文化的行列哦！

✂請沿虛線剪下寄回本公司

Give Us a Piece Of Your Mind

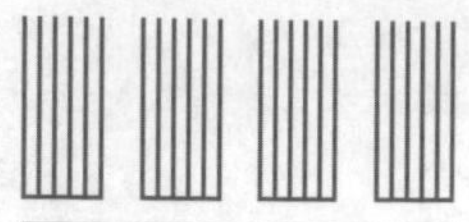

廣 告 回 函
台灣北區郵政管理局登記證
北台字第4647號
印刷品・免貼郵票

221

博碩文化股份有限公司 產品部

台灣新北市汐止區新台五路一段112號10樓A棟

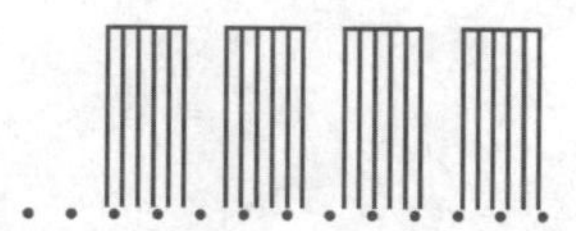

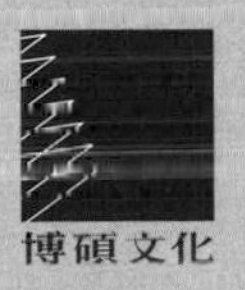
博碩文化

博碩文化